KCI - B - 13 - 003

개정 콘크리트 구조 부재의

스트럿-타이 모델 설계 예제집

한국콘크리트학회 편

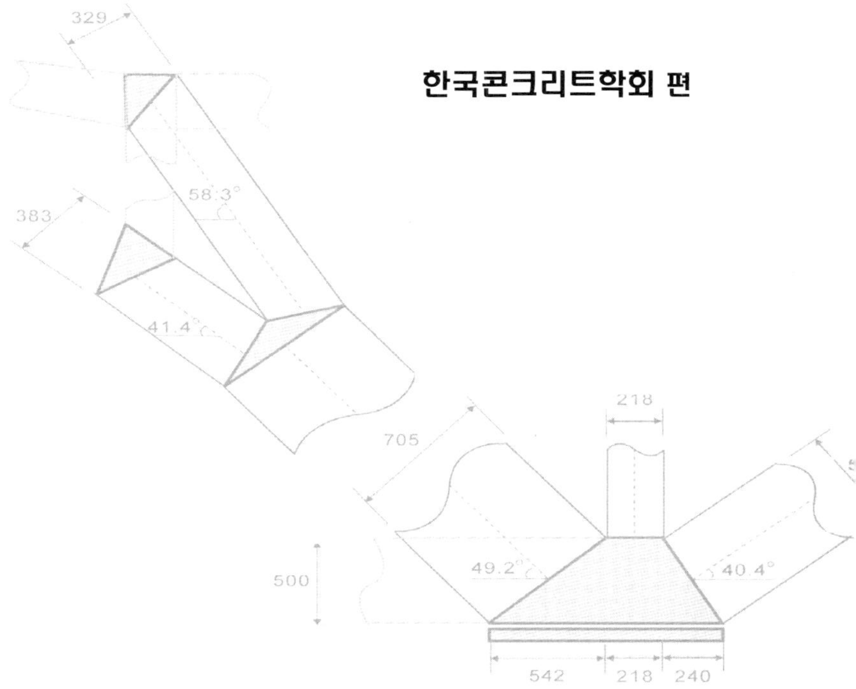

사단법인 한국콘크리트학회 Korea Concrete Institute

이 도서의 국립중앙도서관 출판시도서목록(CIP)은 서지정보유통지원시스템 홈페이지(http://seoji.nl.go.kr)와 국가자료공동목록시스템(http://www.nl.go.kr/kolisnet)에서 이용하실 수 있습니다.(CIP제어번호: CIP2013004207)

개정판을 내면서

스트럿-타이 모델은 부재의 기하학적 형태 또는 하중의 급격한 변화에 의하여 하중이나 부재의 형태가 불연속적이며 평면유지의 법칙이 적용되지 않는 응력교란영역(D영역) 설계에 효율적으로 적용할 수 있습니다. 스트럿-타이 모델은 유럽기준(EC-02기준)을 비롯하여 ACI-318 기준, AASHTO 기준 등에 적용되었으며, 2007년도에 출판된 우리나라 「콘크리트 구조설계기준」의 부록에 채택되어 사용되고 있습니다. 현행 기준에서는 깊은보와 전단경간비가 2보다 작은 브래킷(bracket)과 내민 받침(corbel)은 스트럿-타이 모델에 의하여 설계하도록 하고 있습니다.

스트럿-타이 모델의 설계 개념은 재료 메커니즘에 근거하여 비교적 간단하게 부재내력을 평가할 수 있도록 되어 있으며, 설계자의 역량을 최대한 발휘할 수 있도록 획일적인 평가식을 사용하고 있지 않습니다. 따라서 최적의 스트럿-타이 모델을 선정할 경우에는 경제적이며 효율적인 설계가 가능하지만, 부적절한 모델을 선정할 경우에는 비경제적이며 때로는 위험한 설계가 될 수 있습니다. 특히 스트럿-타이 모델은 기하학적인 형태에 따라서 계산되는 철근의 양에 많은 차이가 발생할 수 있으며, 부재의 힘의 흐름 파악에 익숙하지 않은 설계자에게는 모델 선정이 어렵고 이에 따라 계산된 철근의 양이 과다할 수 있습니다.

이러한 이유로 실무 활용을 위한 「콘크리트 구조 부재의 스트럿-타이 모델 설계 예제집」이 2006년에 발간되었습니다. 2006년에 발간된 예제집은 세 영역으로 이루어져 있으며 2003년에 개정된 「콘크리트 구조설계기준」을 기본으로 하여 출판되었습니다. 그러나 콘크리트 구조설계기준이 2007년과 2012년에 개정되면서 2003년 기준의 내용과 달라져서 예제집에 수록된 계산 결과가 실무자에게 혼란을 야기할 수 있고, 초판 출판 시에는 시간적인 여유가 충분하지 않아 계산과정에 대한 상세한 검토가 이루어지지 않았기에 개정판을 출판하게 되었습니다.

개정되는 「콘크리트 구조 부재의 스트럿-타이 모델 설계 예제집」은 다음과 같은 세 가지를 주요 관점으로 하였습니다.

첫째, 2012년에 개정된 「콘크리트 구조기준」에 근거하여 예제 내용을 변경하였습니다. 「콘크리트 구조설계기준(2003)」은 「콘크리트 구조기준(2012)」과 여러 차이가 있습니다. 특히, 하중계수와 강도감소계수가 다르기 때문에 개정판에는 「콘크리트 구조기준(2012)」과 일치하는 하중계수와 강도감소계수를 사용하여 예제과정을 재검토하였습니다.

둘째, 예제 내용을 실무에 맞게 정리하고 다양화 하였습니다. 개정판에서는 연결보, 말뚝지지와 암반지지 기초, 교대기초에 대한 새로운 예제를 추가하였으며, 실제 많이 사용되지 않은 내용은 통합하여 정리하였습니다.

셋째, 「콘크리트 구조기준(2012)」에 수록되는 스트럿-타이 모델 설계에 근거하여 기존의 예제를 재계산하였습니다. 2012년에 개정된 구조기준에는 2007년 기준의 스트럿-타이 모델이 보완되었습니다. 새롭게 개정된 예제집에는 최소 철근비를 계산하는 식과 타이의 강도감소계수 등의 개정된 내용이 반영되었습니다.

개정된 콘크리트 구조 부재의 스트럿-타이 모델 설계 예제집은 초판과 동일하게 세 Part로 구성되어 있습니다. 영역 1은 '스트럿-타이 모델 방법의 기본 개념', 영역 2는 '스트럿-타이 모델 기준(2012년)', 영역 3은 20개의 설계 예제로 구성되어 있습니다.

각 설계 예제는 기술자들의 이해를 돕고 실제로 실무에 활용할 수 있도록 예제를 개발하여 집필한 것으로서, 현업에 종사하고 있는 많은 기술자들에게 도움이 되었으면 하는 마음입니다. 끝으로, 「콘크리트 구조 부재의 스트럿-타이 모델 설계 예제집」이 출간되기까지 열악한 조건에서 집필에 열과 성의를 다해 주신 우리 학회 집필위원들과 학회 사무국 직원 여러분께 감사의 마음을 전합니다. 또한 편집과 강도감소계수 변경을 검토해준 성균관대학교 콘크리트공학 연구실 대학원생에게 감사의 마음을 전합니다.

2012. 12

사 단 법 인 한국콘크리트학회
회 장 심 종 성
집필위원장 이 정 윤

머리말

스트럿-타이 모델은 소성이론과 힘의 평형조건을 이용한 일종의 트러스 모델이며, 부재의 응력교란영역(D영역) 설계에 매우 효율적이고 합리적인 설계법입니다. 스트럿-타이 모델은 유럽 중심으로 발전하였는데, 2007년도 개정 우리나라 「콘크리트 구조설계기준」도 스트럿-타이 모델 설계방법이 부록에 채택되어 앞으로 D영역 설계에 스트럿-타이 모델을 사용하게 되었습니다. 그런데 스트럿-타이 모델이 합리적인 D영역 설계방법이지만 힘의 흐름 파악을 통한 스트럿-타이 모델의 기하학적 형태 결정에 익숙하지 않은 실무자에게는 현행 기준의 실험 결과에 기초한 반경험식보다 스트럿-타이 모델이 복잡할 수 있습니다. 또한 스트럿-타이 모델 방법은 확정된 해가 있는 것이 아니라 설계자가 제한조건 내에서 힘의 흐름을 설계자의 의도대로 배치하고 그에 따른 해를 결정하는 능동적 설계 방법으로서, 설계자가 자신의 역량을 최대한 발휘할 수 있는 장점이 있는 반면에 모델에 대한 명확한 이해가 없으면 위험도 따릅니다. 이러한 이유로 실무 활용을 위한 스트럿-타이 모델 설계 예제집의 편찬이 필요하여, 이 「콘크리트 구조 부재의 스트럿-타이 모델 설계 예제집」을 발간하게 되었습니다.

「콘크리트 구조 부재의 스트럿-타이 모델 설계 예제집」은 세 Part로 구성되어 있는데, Part 1은 '스트럿-타이 모델 방법의 기본 개념'이고, Part 2는 '스트럿-타이 모델 설계기준'으로 전단-비틀림위원회가 2003년~2004년 동안 위원회 활동을 통해 작성한 연구결과로서 2007년도 개정 「콘크리트 구조설계기준」의 부록 Ⅲ에 해당합니다. Part 3은 설계 예제로 구성되어 있으며, 깊은보, 전이보, PSC 부재의 정착부, 보-기둥 접합부, 박스 우각부, 코벨, 교각 코핑부, 구조벽체, 옹벽 및 기초 등의 D영역 설계를 위해 스트럿-타이 모델 방법을 이용한 예제 18개가 수록되어 있습니다. 각 설계 예제는 기술자들의 이해를 돕고 실제로 실무에 활용할 수 있도록 새로운 예제를 개발하여 집필한 것으로서 현업에 종사하고 있는 많은 기술자들에게 도움이 되었으면 하는 마음입니다.

그러나 지금까지 스트럿-타이 모델에 대한 상당한 연구가 수행되었음에도 불구하고 아직 i) 여러 개의 부재가 교차하는 경우 어떻게 절점영역(Nodal Zone)을 합리적으로 치수화(Dimensioning)해야 하는지, ii) 이에 따른 절점영역의 강도 검토 문제, iii) 모든 절점영역 및 스트럿에 대하여 정확한 치수를 산정하고 이에 따라 모든 절점영역 및 스트럿에 대하여 강도 검토를 할 필요가 있는지, iv) Hydrostatic 혹은 Unequal Stress 응력상황을 각각 어떤 경우에서 채택해야 하는지, v) Continuous Stress와 Discontinuous Stress Field에 대한 구별이 명확하지 않은 점, vi) 절점영역과 확장절점영역을 중복해도 되는지 등은 여전히 논란의 대상으로 남아 있습니다. 아직 이러한 문제를 포괄적이고 합리적으로 해결할 수 있는 설계방법은 제시된 바 없으므로, 현재로서는 각각의 경우에 구조기술자의 개인적 경험 및 판단이 요구되고 있습니다. 따라서 이 예제집에서도 이러한 문제에 대한 풀이는 위원회의 통합된 의견이라기보다는 개별 집필위원들의 독립된 의견을 반영하고 있음을 밝혀 둡니다.

끝으로, 「콘크리트 구조 부재의 스트럿-타이 모델 설계 예제집」이 출간되기까지 적극적인 지원을 해주신 김상식 회장님께 감사의 말씀을 드립니다. 또한 열악한 조건에서 집필에 열과 성의를 다해 주신 집필위원들과 이광명 연구위원장, 홍성걸 도서출판위원장 및 발간물 심의위원, 최종검토를 세심하게 해주신 김진근 교수님을 비롯하여 학회 사무국 직원 여러분께 감사드립니다.

2006. 12

사단법인 한국콘크리트학회
회 장 김 상 식
집필위원장 김 대 중

개정판 집필진

차례	집 필 위 원 집필위원장 : 이정윤
Part 1 : 스트럿-타이 모델 방법의 기본 개념	윤영묵 경북대학교 토목공학과 교수
Part 2 : 스트럿-타이 모델 기준	한국콘크리트학회 전단-비틀림전문위원회
Part 3 : 설계 예제	
예제 1 : 철근콘크리트 보의 설계	
1.1 철근콘크리트 깊은보	윤영묵 경북대학교 토목공학과 교수
1.2 턱이 진 T형 보	김병헌 현대엔지니어링 구조부
예제 2 : 전이 보의 설계	
2.1 개구부가 있는 전이 보	조순호 광주대학교 건축학부 교수
2.2 개구부가 없는 전이 보	정제평 호남대학교 토목환경공학과 교수
예제 3 : PSC 부재의 정착부 설계	
3.1 PSC beam 단부 정착부	김대중 전남도립대학교 토목환경과 교수
3.2 PSC box-girder 정착부	변형균 B&S엔지니어링 구조부 전무
예제 4 : 보-기둥 접합부의 설계	
4.1 내부 보-기둥 접합부	홍성걸 서울대학교 건축학과 교수
4.2 모서리 접합부	하태훈 대우건설기술연구원 건축연구팀 책임연구원
예제 5 : 박스 우각부의 설계	
5.1 헌치부가 있는 우각부	김 우 전남대학교 건설지구환경공학부 교수
5.2 헌치부가 없는 우각부	정제평 호남대학교 토목환경공학과 교수
예제 6 : 코벨의 설계	
6.1 단일 코벨	박홍근 서울대학교 건축학과 교수
6.2 더블 코벨	신윤봉 대우건설기술연구원
예제 7 : 교각 코핑부의 설계	
7.1 T형 교각 코핑부	김병헌 현대엔지니어링 구조부
7.2 π형 교각 코핑부	윤영묵 경북대학교 토목공학과 교수
예제 8 : 구조벽체의 설계	
8.1 일반 모델에 의한 계산	김길희 공주대학교 건축공학부 교수
8.2 격자 모델에 의한 계산	이정윤 성균관대학교 건축토목공학부 교수
예제 9 : 교각기초의 설계	
9.1 말뚝지지 독립기초	윤영묵 경북대학교 토목공학과 교수
9.2 암반지지 독립기초	채현수 경북대학교 토목공학과 연구원
예제 10 : 연결보의 설계	김강수 서울시립대학교 건축학부 교수 김상우 공주대학교 건축공학과 연구교수
예제 11 : 교대기초의 설계	윤영묵 경북대학교 토목공학과 교수 정찬핵 범진이앤씨 대표이사

초판 집필진

차례	집 필 위 원 집필위원장 : 김대중
Part 1 : 스트럿-타이 모델 방법의 기본 개념	윤영묵 경북대학교 토목공학과 교수
Part 2 : 스트럿-타이 모델 설계기준	한국콘크리트학회 전단-비틀림위원회
Part 3 : 설계 예제	
예제 1 : 철근콘크리트 보의 설계	
1.1 철근콘크리트 깊은보	윤영묵 경북대학교 토목공학과 교수
1.2 턱이 진 T형 보	김병헌 경북대학교 토목공학과 연구원
예제 2 : 전이 보의 설계	
2.1 개구부가 있는 전이 보	조순호 광주대학교 건축학부 교수
2.2 개구부가 없는 전이 보	정제평 (주) 용마엔지니어링 광주자문단 부장
예제 3 : PSC 부재의 정착부 설계	
3.1 PSC beam 단부 정착부	김대중 남도대학 토목환경과 교수
3.2 PSC box-girder 정착부	변형균 (주) B&S엔지니어링 구조부 전무
예제 4 : 보-기둥 접합부의 설계	
4.1 내부 보-기둥 접합부	홍성걸 서울대학교 건축학과 교수
4.2 모서리 접합부	하태훈 (주) 대우건설기술연구원 건축연구팀 선임연구원
예제 5 : 박스 우각부의 설계	
5.1 헌치부가 있는 우각부	김 우 전남대학교 건설지구환경공학부 교수
5.2 헌치부가 없는 우각부	정제평 (주) 용마엔지니어링 광주자문단 부장
예제 6 : 코벨의 설계	
6.1 단일 코벨	박홍근 서울대학교 건축학과 교수
6.2 더블 코벨	박홍근 서울대학교 건축학과 교수
예제 7 : 교각 코핑부의 설계	
7.1 T형 교각 코핑부	김병헌 경북대학교 토목공학과 연구원
7.2 π형 교각 코핑부	윤영묵 경북대학교 토목공학과 교수
예제 8 : 구조벽체의 설계	
8.1 개구부가 없는 구조벽체	김길희 공주대학교 건축공학부 교수
8.2 개구부가 있는 구조벽체	이정윤 성균관학교 건축공학과 교수
예제 9 : 옹벽 및 기초의 설계	
9.1 옹벽	최익창 목포해양대학교 해양시스템공학부 교수
9.2 독립기초	윤영묵 경북대학교 토목공학과 교수

차 례

Part 1 스트럿-타이 모델 방법의 기본개념

Part 2 스트럿-타이 모델 기준

Part 3 설계 예제

1

스트럿-타이 모델 방법의 기본개념

Part 1 스트럿-타이 모델 방법의 기본개념

1. 스트럿-타이 모델 방법의 필요

기하학적 또는 정역학적 불연속성을 갖는 코벨, 접합부, 개구부, 깊은보, 정착부 등의 콘크리트 구조 부재의 극한설계를 수행하기 위하여 복잡한 해석방법이나 제한된 경우에만 적용이 가능한 실험적 방법을 필요로 한다. 또한 일반적으로 콘크리트 구조 부재 내의 철근의 상세설계는 체계적으로 이루어지지 않고 있다. 비록 현재의 여러 설계기준서는 정착길이, 겹이음, 철근간격, 그리고 철근의 훅이나 굽힘 등의 철근배근상세에 대한 규정과 축력과 전단을 받는 구조 부재의 수직철근 및 구속철근의 배치에 관한 약간의 규정이 명시되어 있지만, 철근의 상세설계에 관한 포괄적이고 일관성 있는 기준을 제시해 놓지 않았다. 이러한 설계기준서의 보완을 위해 종종 상세설계 매뉴얼이 이용되고 있으나, 이 매뉴얼은 체계적인 이론을 바탕으로 해서 이루어진 것이 아니라 전형적인 배근상세도를 모아둔 것에 불과하며, 설계자가 이러한 '전형적인 배근상세'를 새롭고 낯선 설계환경에 적용하는 것은 쉬운 일이 아니다.

또한 설계과정을 보여주는 편람의 경우 접근하기 좋은 점은 있으나 각각의 배근상세는 서로 다른 설계이론을 근거로 하고 있으며, 그나마 그에 관한 해설조차 없는 실정이므로 대개의 경우 설계자가 힘의 흐름을 머릿속에 그리고 구조물을 이루고 있는 구조 부재의 기능을 이해하기에는 어려움이 있다.

설계에 있어서 보다 근본적인 접근방식으로 스트럿-타이 모델을 사용할 수 있다. 스트럿-타이 모델은 구조물의 일부 또는 구조물의 전체에서 콘크리트에 작용하는 압축력을 나타내는 스트럿, 철근에 작용하는 인장력을 나타내는 타이, 그리고 스트럿과 타이가 만나는 절점영역으로 구성된다. 스트럿-타이 모델에서는 하중의 전달경로가 시각적으로 나타나며, 필요철근량, 철근의 배치위치, 그리고 응력이 집중되는 곳에서의 콘크리트 응력이 결정된다. 스트럿-타이 모델을 이용한 설계과정은 힘의 전달경로에 대한 이해를 높이고, 설계자로 하여금 익숙하지 않은 설계조건들을 다루는 능력을 향상시킨다.

스트럿-타이 모델은 초기의 트러스 유사법(Ritter 1899, Morsch 1909)을 일반화시킨 것으로서 작용하중과 경계조건으로부터 형성된 응력장의 이산화한 표현이다. 초기의 트러스 유사법은 균열 후의 콘크리트는 더 이상의 인장력을 저항할 수 없으며 균열 후의 콘크리트 보는 축방향과 나란한 상현재 및 하현재와 경사진 콘크리트 스트럿과 수직방향 타이로 구성된 복부를 가지는 트러스와 같은 거동을 한다고 가정하였다. 이러한 초기의 연구는 1960년대 이후의 연구에 새로운 원동력이 되었다. Leonhardt(1965) 및 Lampert & Thurlimann(1971)은 철근콘크리트 및 프리스트레스트콘크리트 보의 전단 및 비틀림 설계를 위한 다양한 경사각을 갖는 경사부재로 구성되는 트러스 모델을 제안하였으며, Marti(1980)는 소성이론을 트러스 모델에 접목시켜 비항복영역으로 그 적용범위를 확대하였다.

또한 Mitchell & Collins(1974) 및 Collins & Mitchell(1980)은 수직방향 및 축방향 철근과 경사진 스트럿의 변형률에 대한 적합조건을 고려하여 보의 전단거동 및 비틀림 변형을 예측할 수 있는 트러스 모델을 개발하였다. 1980년대에 들어 Schlaich & Weischede (1981) 및 Schlaich et al.(1987)은 일반구조물 및 구조 부재에 대한 B영역 및 D영역을 정의하였으며, 트러스 모델을 일반화하여 모든 콘크리트 부재 혹은 구조물의 설계에 사용할 수 있는 스트럿-타이 모델을 소개하였다. CSA(1984, 2004) 및 CEB- FIP(1993)는 스트럿-타이 모델을 이용한 설계방법을 도입하였고, 이를 개선하기 위해 많은 연구자들의 노력이 이어져 왔다.

그 결과 AASHTO LRFD(1994, 2010), NZS 3101(1995, 2006), 도로교표준시방서(1996, 2005), BS8110(1997), Eurocode 2(1992, 2004), 그리고 FIB(1999, 2010) 등의 세계 주요 설계기준서는 스트럿-타이 모델 방법을 공식적인 설계방법으로 채택하기에 이르렀다. ACI 318(2002, 2011) 및 콘크리트 구조설계기준(2007)에서도 깊은보, 내민받침, 파일캡 등의 부재 설계 시 스트럿-타이 모델을 적용할 수 있음을 언급하였고, 특히 기존의 경험식에 의존하던 깊은보의 전단설계방법을 스트럿-타이 모델 방법으로 대체하였다. 이러한 변화는 기존의 방법으로 콘크리트 구조 부재의 거동을 정확하게 파악하여 설계를 수행하는 것은 한계가 있다는 것을 보여주는 것이다.

2. 스트럿-타이 모델 방법의 적용 절차

콘크리트 구조 부재 혹은 구조물은 B영역과 D영역이라고 불리는 부분으로 구분할 수 있다. B영역은 보의 전단지간이 커서 보 작용에 의하여 하중이 지지되며, 단면 변형률이 선형으로 되어 평면보존의 법칙이 성립되는 부분을 말한다. D영역은 전단지간이 작아서 아치작용에 의하여 하중이 지지되며, 보 이론을 적용할 수 없는 부분을 말한다. 예를 들면, 집중하중 작용점 부근, 지점반력이 작용하는 부분, 브래킷 또는 내민받침, 깊은보, 보-기둥의 연결부, 턱이 진 단부, 단면이나 단면력이 급변하는 곳, 개구부가 있는 부재, 프리-텐션 및 포스트-텐션 콘크리트 부재의 정착부, 그 밖에 기하학적 불연속부 등이 D영역이다. 그림 1.1은 일반적은 구조물을 B영역과 D영역으로 구분하여 나타낸 것이며, 그림 1.2는 D영역의 예를 보여주고 있다.

탄성해석방법은 균열 발생 전의 응력의 흐름을 비교적 정확하게 예측할 수는 있지만, 균열 발생 후 있을 수 있는 응력의 재분배는 예측할 수 없다. 또한 비탄성 유한요소해석방법은 파괴에 이를 때까지의 모든 하중에 대한 D영역에서의 응력흐름을 예측할 수 있으나, 이 방법은 특별한 조사연구 등에는 적절하나 보통의 해석 및 설계에는 부적절하다. 그러나 스트럿-타이 모델 방법은 균열 발생 전은 물론이고 균열 발생 후에도 하중의 재분배를 예측할 수 있다. 보 이론을 적용할 수 없는 대부분의 D영역은 스트럿-타이 모델을 이용하여 다음과 같은 절차에 의해 설계한다.

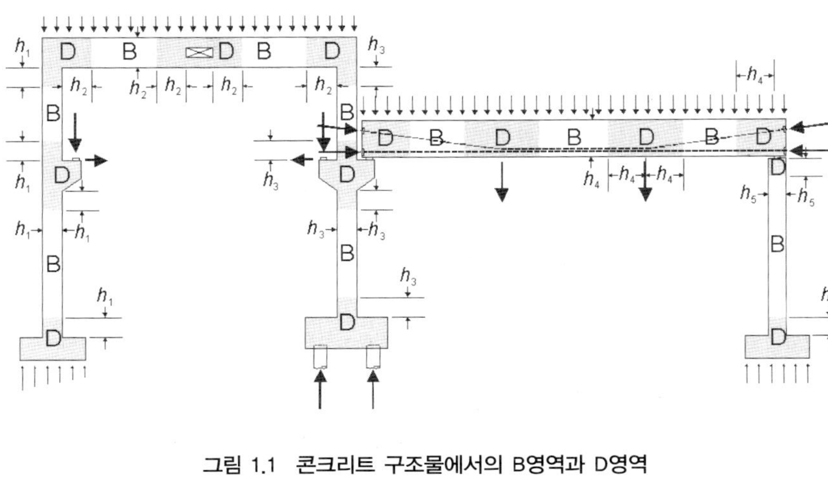

그림 1.1 콘크리트 구조물에서의 B영역과 D영역

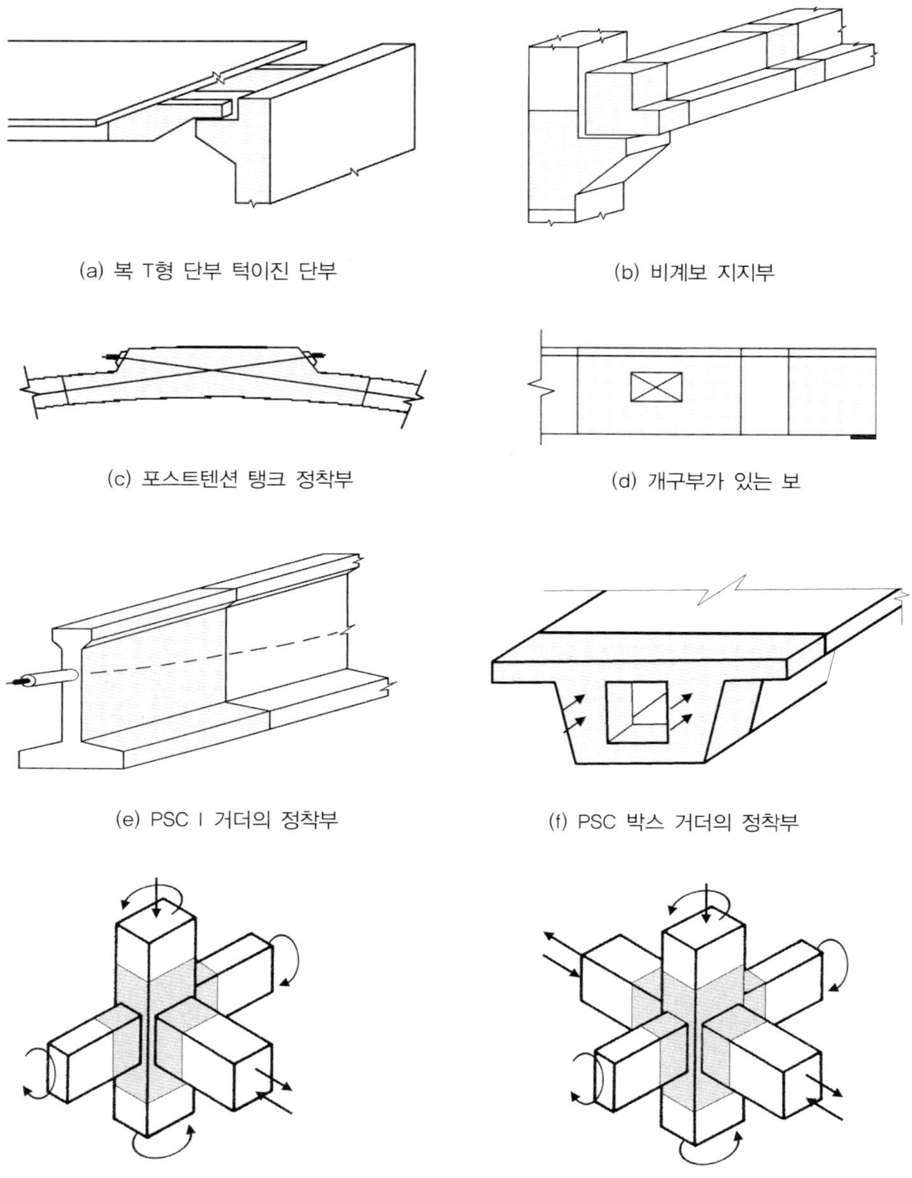

(a) 복 T형 단부 턱이진 단부

(b) 비계보 지지부

(c) 포스트텐션 탱크 정착부

(d) 개구부가 있는 보

(e) PSC I 거더의 정착부

(f) PSC 박스 거더의 정착부

(g) 보-기둥 접합부

그림 1.2 응력교란영역(D영역)의 예

단계 1 : 설계대상 영역을 설정하고 설계대상 영역의 설계를 위한 초기조건을 결정한다.

단계 2 : 설계대상 영역의 설계를 위한 스트럿-타이 모델을 선정한다.

단계 3 : 스트럿과 타이의 단면력을 스트럿-타이 모델의 구조해석을 통해 계산한다. 구조해석 시 스트럿과 타이의 필요단면적은 스트럿과 타이의 유효강도 범위 내에서 결정한다. 스트럿과 타이의 필요단면적이 설계대상영역과 스트럿-타이 모델의 기하학적 형상에 의해 결정되는 이들 요소의 최대 허용단면적을 초과하지 않아야 하며, 이를 위반할 경우 초기의 설계조건을 수정하여 단계 2로 되돌아간다.

단계 4 : 절점영역의 강도를 검토한다. 절점영역의 강도에 문제가 있을 시, 철근타이의 정착방법과 지압판의 크기를 변경하여 절점영역의 강도를 재검토하거나 초기의 설계조건을 수정하여 단계2로 되돌아간다.

단계 5 : 타이의 유효강도를 고려하여 필요철근량을 산정한다. 철근의 배치와 정착은 관련 "콘크리트 구조기준"에 수록된 스트럿-타이 모델 구조기준을 만족해야 한다.

3. 스트럿-타이 모델의 선정

스트럿-타이 모델 방법의 적용에 있어서 중요한 요소들 중 하나는 배근상세를 고려하는 적합한 모델을 선정하는 것이다. 모델의 선정 시 시공의 용이성, 부재의 평형성, 재료의 연성, 그리고 부재의 사용성 등을 고려하여야 한다. 많은 경우에 있어서 부재의 실용성과 부재 제작의 용이함이 설계모델의 선정에 중요한 영향을 미친다. 철근배근의 패턴은 인접한 부재에 사용되는 철근의 배치형태에 영향을 받는다.

스트럿-타이 모델의 선정은 간단한 설계의 경우에 있어서는 쉬운 작업이다. 압축응력장을 대변하는 경사진 스트럿은 균열의 진행양상을 예측함으로써 예측한 균열양상과 평행하게 배치할 수 있으며, 타이는 철근의 일반적 배근상황을 참고로 하여 배치할 수 있다. 이러한 두 가지 절차는 콘크리트 구조 부재의 기본적인 설계에 대한 지식과 경험을 필요로 한다. 복잡한 설계에서는 지식과 경험뿐 아니라 해석적인 절차가 필요하다.

FIB(1999, 2010)는 깊은보를 위한 스트럿-타이 모델로서 전단지간대 유효깊이의 비 a/d에 따라 그림 1.3과 같은 3가지 형태의 스트럿-타이 모델을 사용하도록 제안하고 있다. 이러한 깊은보를 위한 모델 선정의 규정은 a/d가 작은 보의 경우 보의 거동이 아치 메커니즘에 의해 지배를 받고 a/d가 큰 보의 경우에는 트러스 메커니즘의 지배를 받는다는 원리에 바탕을 둔 것이다.

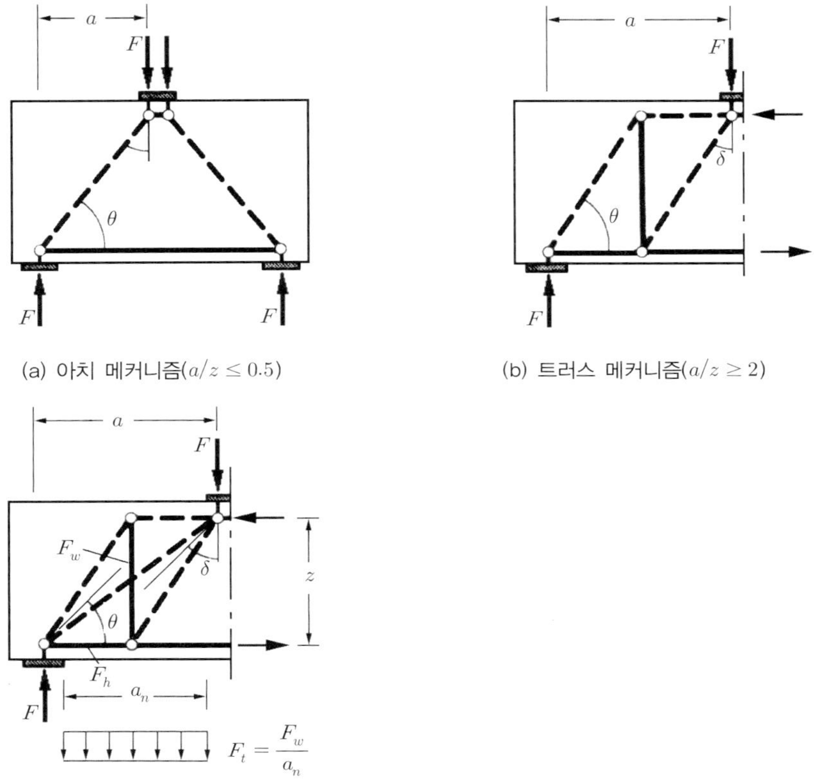

(a) 아치 메커니즘($a/z \le 0.5$)

(b) 트러스 메커니즘($a/z \ge 2$)

(c) 아치 및 트러스 메커니즘 ($0.5 \le a/z \le 2$)

그림 1.3 FIB(1999, 2010)의 깊은보 스트럿-타이 모델

FIB(1999, 2010)는 경우에 따라 그림 1.3(c)와 같은 부정정 트러스 구조의 스트럿-타이 모델을 사용하므로 부정정 트러스 구조를 해석하는 방법에 대한 기준을 제시하고 있다. 즉 부정정 트러스 구조를 부정정 차수에 따라 여러 개의 정정 트러스 구조로 치환하고, 치환된 각 정정 트러스 구조에 작용하는 하중에 대하여 하중분배율을 이용하여 결정해주는 방법을 취하고 있다. 그림 1.3(c)는 1차 부정정 트러스 구조이므로 그림 1.3(a)와 (b)의 두 개의 정정 트러스 구조로 치환하고, 식 (1.1)을 통해 하중분배율을 결정하도록 규정하고 있다.

$$F_w = \frac{2a/z - 1}{3 - N_{sd}/F} F, \quad 0 \leqq F_w \leqq F, \quad \cot\theta = \frac{F_h}{F} \tag{1.1}$$

여기서, F_w는 수직 타이가 부담하는 단면력, N_{sd}는 설계영역에 작용하는 외부 수평력, 그리고 F는 설계영역에 작용하는 수직하중을 의미한다. 식 (1.1)에서 a/z의 비가 0.5보다 작을 경우에는 $F_w = 0$이 되어 그림 1.3(a)와 같은 스트럿-타이 모델이 되며, a/z의 비가 2보다 클 경우에는 $F_w = F$가 된다고 가정하여 그림 1.3(b)와 같은 스트럿-타이 모델을 사용하도록 규정하고 있다.

스트럿-타이 모델의 선정을 위한 방법 중 하나는 내부의 응력 흐름에 기본을 두고 있는 탄성응력경로법이다(Schlaich et al. 1987). D영역 자유도의 평형을 만족시킨 후에 하중 및 경계조건에 대한 탄성응력 흐름을 결정하며 결정한 하중경로를 따라 스트럿-타이 모델을 선정한다. 그림 1.4는 전형적인 D영역에 대한 탄성응력 흐름과 이를 근거로 선정한 스트럿-타이 모델을 보여주고 있다.

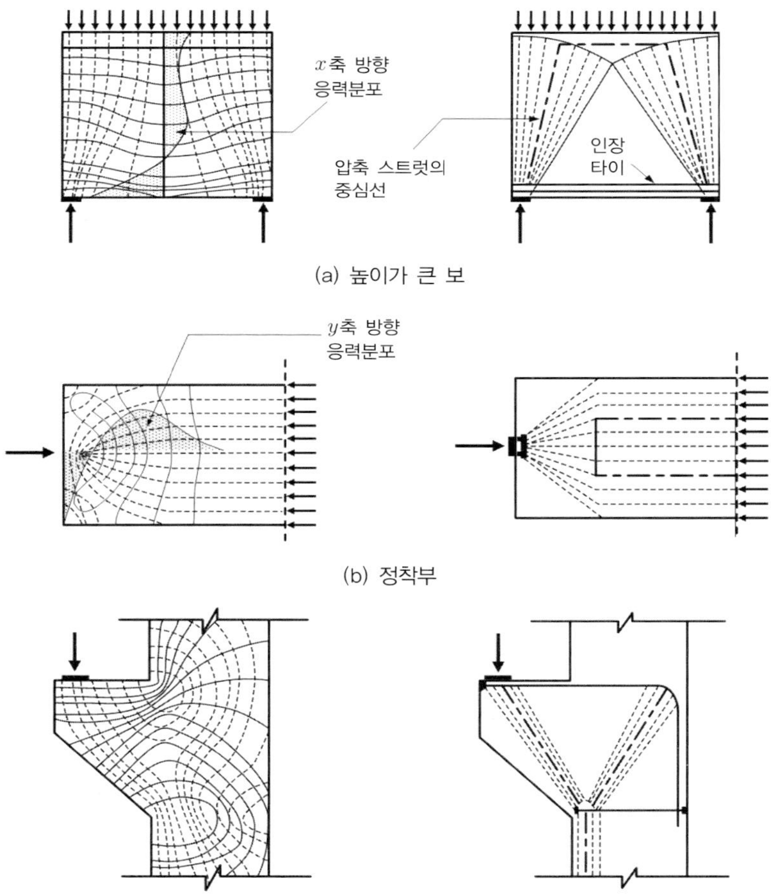

(a) 높이가 큰 보
(b) 정착부
(c) 코벨

그림 1.4 탄성응력 흐름에 근거한 스트럿-타이 모델의 선정

스트럿-타이 모델 방법은 하한소성이론에 기초한 것이므로 주어진 상황에 따라 설계자가 다른 스트럿-타이 모델을 선정할 수 있다. 그러므로 최적의 모델을 선정하는 기준도 달라질 수 있다.

그러나 일반적으로 탄성응력의 흐름을 가장 적절하게 반영하는 모델을 선정한다면 최적의 모델을 선정할 수 있다. 일반적으로 콘크리트 스트럿의 변형률은 철근타이에 비해 무시될 수 있으므로 철근의 체적을 최소화시키는 모델을 선정해야 한다. 이러한 개념을 바탕으로 Schlaich et al.(1987)은 스트럿-타이 모델을 최적화하는 다음의 식을 제안하였다.

$$\Sigma F_i \cdot l_i \cdot \varepsilon_{mi} = Minimum \tag{1.2}$$

여기서, F_i, l_i, 그리고 ε_{mi}는 각각 i 부재의 단면력, 길이, 그리고 평균변형률을 나타낸다. 이 식은 균열 후의 스트럿과 타이의 선형탄성거동에 대한 최소 변형에너지의 원리로부터 유도되었다. 콘크리트 스트럿의 변형률은 인장철근에 비해 극히 작은 값을 가지므로 콘크리트 스트럿에 대해서는 위의 식을 적용하지 않는다.

4. 스트럿과 타이의 유효강도

스트럿-타이 모델은 콘크리트 구조 부재 파괴 시의 이산화한 응력장의 표현이다. 스트럿-타이 모델은 그림 1.5와 같이 콘크리트 스트럿(Strut), 콘크리트 또는 철근타이(Tie), 그리고 절점영역(Nodal zone)의 3가지 기본적인 요소로 구성되어 있다. 타이는 두 개 절점 사이의 일차원적인 요소인 반면 콘크리트 스트럿과 콘크리트 타이는 실제로 두 개의 인접한 절점 사이에 확장될 수 있는 2차원 또는 3차원 응력장으로 나타난다. 스트럿과 타이의 설계강도 P_r은 축하중을 받는 부재의 강도로서 다음과 같이 간주한다.

$$P_r = \phi P_n \tag{1.3}$$

여기서, P_n은 스트럿 혹은 타이의 공칭강도이며 ϕ는 스트럿 혹은 타이의 강도감소계수이다. 핀으로 연결된 트러스의 절점에 상응하는 스트럿-타이 모델의 절점영역은 스트럿과 타이의 단면력이 다른 스트럿과 타이로 전달되는 영역이다.

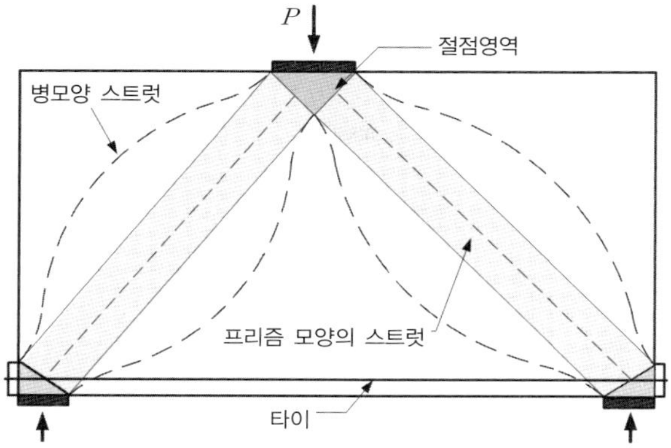

그림 1.5 스트럿-타이 모델의 구성요소

4.1 스트럿

스트럿-타이 모델의 압축부재는 스트럿이다. 스트럿은 그 스트럿의 방향에서 압축력을 가지는 콘크리트의 압축응력장을 표현한다. 그림 1.6(a)와 같은 프리즘 스트럿은 압축응력장의 가장 간략화한 이상화 형태로써, 일반적으로 균일하고 평행한 응력궤도를 가지는 응력장의 모델에 사용한다.

그러나 그림 1.6(b)에서 보듯이 자주 스트럿의 단면적이 변화하는데, 이 스트럿은 그림 1.6(c)에서와 같이 몇 개의 스트럿과 타이로 이상화할 수 있다.

콘크리트 스트럿의 설계강도는 다음과 같이 취한다.

$$P_r = \phi_{cs} f_{cs} A_{cs} \tag{1.4}$$

여기서, ϕ_{cs}, f_{cs}, 그리고 A_{cs}는 각각 콘크리트 스트럿의 강도감소계수, 유효강도, 그리고 단면적이다. A_{cs}의 값은 이용 가능한 콘크리트 면적과 스트럿 단부의 정착조건을 고려하여 결정한다. 콘크리트 스트럿의 유효강도 f_{cs}는 많은 논쟁의 대상이다. 일반적으로 콘크리트 원주형 공시체의 일축압축강도 f_{ck}의 일부분으로써 다음과 같은 식으로 표시한다.

$$f_{cs} = \nu f_{ck} \tag{1.5}$$

여기서, ν는 1보다 작은 유효강도계수이다. 스트럿-타이 모델은 극한상태의 거동을 표현하는 모델이므로 실제 콘크리트 구조 부재에서 발생하는 균열은 콘크리트의 압축강도를 감소시킨다. 따라서 유효강도계수는 콘크리트 스트럿의 균열과 콘크리트 스트럿을 가로지르는 인장변형에 의한 콘크리트 강도의 감소를 반영하는 값이다.

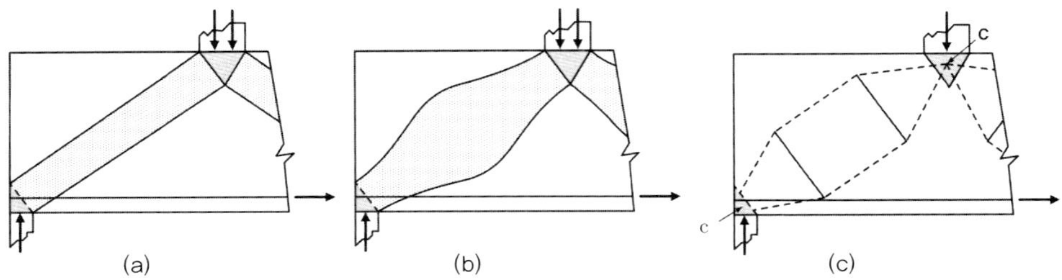

그림 1.6 콘크리트 스트럿

콘크리트 스트럿의 유효강도를 결정하기 위해 많은 연구가 진행되어 왔으며, 많은 종류의 유효강도 식 혹은 값이 여러 연구자 및 설계기준에 의해 제안되었다(Thulimann, 1976 ; Nielsen et al., 1978; Ramirez & Breen, 1983; CSA, 1984, 2004 ; Marti, 1985; Schlaich et al., 1987 ; Bergmeister et al., 1991 ; Alshegeir, 1992 ; Adebar & Zhou, 1993 ; CEB-FIP, 1993 ; AASHTO-LRFD, 1994, 2010 ; Yun & Ramirez, 1996 ; FIB 1999, 2010 ; MacGregor, 1997 ; ACI 318, 2002, 2011 ; 윤영묵, 2005). 제안된 각 방법에 대한 소개는 생략한다.

스트럿에 평행하고 압축항복응력 f_y를 갖는 철근을 포함하는 스트럿의 설계강도는 다음과 같이 취한다.

$$P_r = \phi_{cs} f_{cs} A_{cs} + \phi_{ss} f_{ss} A_{ss} \tag{1.6}$$

여기서, ϕ_{ss}, $f_{ss}(=f_y)$, 그리고 A_{ss}는 각각 철근 스트럿의 강도감소계수, 유효강도, 그리고 단면적이다.

4.2 타이

타이는 스트럿-타이 모델의 인장부재이다. 보통 타이의 단면력은 힘의 작용선에 대해 대칭으로 위치한 철근에 의해 저항된다. 필요한 철근의 양은 타이의 단면력으로부터 산출한다. 이상적으로 타이는 극한하중 상태에서 항복에 도달하도록 해야 한다. 연성 파괴거동 상태를 보장하기 위하여 콘크리트의 파괴에 앞서 타이는 항복하여야 한다. 타이는 한 개 또는 다수의 철근 또는 프리스트레싱 강재로 구성할 수 있다. 타이의 일부인 철근은 하나의 타이로 거동하기 위해 동일한 변형을 겪어야 한다. 타이의 설계강도는 다음과 같이 취한다.

$$P_r = \phi_{st}[f_{st}A_{st} + A_{ps}(f_{pe} + f_{st})] \tag{1.7}$$

여기서, ϕ_{st}는 철근타이와 프리스트레싱 강재타이의 강도감소계수 A_{st} 및 A_{ps}는 각각 철근타이 및 프리스트레싱 강재타이의 면적, 그리고 $f_{st}(=f_y)$ 및 f_{pe}는 각각 철근타이의 유효강도 및 프리스트레스 손실 후의 프리스트레싱 강재의 응력이다. 식 (1.7)의 두 번째 항은 프리스트레싱 강재가 항복점에 도달되지 않도록 보장하려는 의도이다.

콘크리트의 인장저항은 일반적으로 허용되지 않는다. 그러나 철근타이를 실용상의 이유로 사용할 수 없는 경우에는 콘크리트 타이를 사용할 수 있다.

5. 스트럿-타이 모델의 치수화

치수화(Dimensioning)란 스트럿과 타이의 단면적을 결정하여 스트럿-타이 모델의 기하학적 적합조건을 검토하고, 스트럿과 타이의 단면력을 다른 스트럿과 타이로 전달하는 절점영역의 강도조건을 검토하며, 그리고 최종적으로 선정한 스트럿-타이 모델을 이용하여 콘크리트 구조 부재 혹은 구조물을 상세설계하는 것을 말한다.

5.1 스트럿-타이 모델의 기하학적 적합조건 검토

기본적으로 단면적 결정이 필요한 각각 두 종류의 스트럿과 타이, 즉 설계압축력 P_{rs}를 받는 콘크리트 스트럿과 철근 스트럿, 그리고 설계인장력 P_{rt}를 받는 보강재(철근 혹은 PS강재) 타이와 콘크리트 타이가 있다. 스트럿 및 타이의 단면적은 콘크리트 혹은 철근 스트럿의 유효강도 f_s 및 보강재 혹은 콘크리트 타이의 유효강도 f_t의 선정 후 다음의 조건을 만족하도록 결정한다.

$$P_{rs} \leqq \phi_s A_{strut} f_s \tag{1.8a}$$

$$P_{rt} \leqq \phi_t A_{tie} f_t \tag{1.8b}$$

여기서, ϕ_s 및 ϕ_t는 각각 스트럿 및 타이의 강도감소계수이다. 만약 스트럿과 타이의 치수가 실제의 콘크리트 구조 부재 치수를 벗어날 경우, 또는 평행한 두 스트럿의 단면적이 중첩될 경우, 즉 스트럿-타이 모델의 기하학적 적합조건이 위배될 경우 그 모델을 수정한다.

5.2 절점영역의 강도조건 검토

스트럿-타이 모델의 절점영역은 하중경로의 방향 변화가 있는 영역에서의 복잡하고 복합된 응력상태를 단순하게 이상화한 것이다. 절점영역은 스트럿-타이 시스템의 요소를 핀으로 연결하는 영역이며 스트럿과 타이의 단면력이 방향이 바뀌어서 다른 스트럿과 타이로 전달되는 영역을 나타낸다. 절점영역의 형상은 정착부의 철근 및 정착판의 설계조건을 결정할 수 있는 중요한 역할을 한다. 절점영역의 형상은 셋 또는 더 많은 스트럿 또는 타이의 교차점을 연결하여 결정한다.

여러 1차원 응력장이 절점영역에서 만나기 때문에 평면 콘크리트 구조 부재에서의 절점영역은 2차원 응력장이 된다. 절점에서는 모든 힘이 한 점에서 작용하기 때문에 절점에 연결된 스트럿과 타이에는 휨이 발생하지 않는다.

스트럿(하중판 혹은 지압판 포함)과 타이의 교차점을 연결하여 결정한 절점영역은 일반적으로 특이절점 및 퍼진절점으로 구분한다. 만약 스트럿과 타이가 집중응력장을 나타낸다면 그 절점은 특이절점이며, 타이와 함께 또는 서로 만나는 광범위한 콘크리트 응력장은 큰 절점을 형성하는데 이 절점이 퍼진절점이다.

두 가지의 절점영역의 형태에서 특이절점은 일반적으로 힘의 전달이 돌발적이고 더 큰 응력집중을 받기 때문에 더 위험하다. 특이절점의 형상 결정방법에 대한 많은 연구가 진행되고 왔으며 몇몇 종류의 형상 결정방법이 제안되었으나(Marti, 1985 ; Schlaich et al., 1987 ; Schlaich & Anagnostou, 1990 ; AASHTO-LRFD, 1994, 2010 ; 윤영묵, 2001 ; ACI 318, 2002, 2011) 제안된 각 방법에 대한 소개는 생략한다.

스트럿과 타이의 단면력이 절점영역을 통하여 다른 곳으로 전달되어야 하는데, 이를 위해서는 절점영역의 콘크리트가 하중전달을 위한 적당한 강도를 가져야 한다. 절점영역의 콘크리트 강도는 반력, 스트럿, 프리스트레스 정착판, 인접 요소의 철근과 후프형 철근 등에 의한 구속, 인장 변형된 타이가 압축을 받는 절점영역의 내부나 절점영역을 가로질러 정착될 때 절점영역에서의 변형 불연속의 영향, 절점영역 내부 또는 후면에서의 인장철근의 정착으로부터 기인하는 쪼갬응력 및 철근의 갈고리에 의한 지지응력 등과 같은 많은 요소들에 좌우된다.

절점영역을 무근콘크리트로 간주하여 비탄성 응력해석을 수행하고 콘크리트의 파괴기준을 고려하여 절점영역 콘크리트의 파괴 여부를 검토하는 방법은 위 여러 인자들의 영향을 받는 모든 형태의 절점영역의 강도를 일관성 있게 검토할 수 있는 방법 중의 하나이다. 절점영역의 강도에 대한 많은 연구가 진행되어 왔으며, 여러 종류의 유효강도 식 및 값이 여러 연구자 및 설계기준에 의해 제안되었으나(CSA, 1984, 2004 ; Marti, 1985 ; Schlaich et al., 1987; MacGregor, 1988 ; Schlaich & Anagnostou, 1990 ; Bergmeister et al. 1991, Schlaich & Schaefer 1991, Adebar & Zhou, 1993 ; AASHTO-LRFD, 1994, 2010 ; Yun & Ramirez 1996 ; ACI 318, 2002, 2008 ; Yun, 2006), 제안된 각 방법에 대한 소개는 생략한다.

5.3 철근의 배치

기하학적 적합조건의 검토단계로부터 철근의 양을 결정한 후 스트럿-타이 모델의 타이 단면력이 타이의 위치에서 정착 및 전달되도록 하는 것은 매우 중요하다. 콘크리트 구조부재의 설계를 위해 선정한 스트럿-타이 모델에서는 타이가 적절히 정착되었다고 간주한다. 적절한 정착은 충분한 정착길이를 두거나 정착판 혹은 훅 등을 사용한 기계적 정착에 의해 가능하다.

정착형태의 선택은 정착이 필요한 곳에서의 응력상태, 부재치수, 철근종류, 그리고 실제적인 사용성 등을 고려하여 결정한다.

축방향 철근의 정착은 일반적으로 직선철근의 연장, 표준갈고리 또는 기계적 정착장치에 의해 이루어진다. 보 이론과는 다르게 트러스 모델은 언제나 단순지지 철근콘크리트 보의 지점부에서 인장응력이 생길 수도 있다. 만약 구조 부재의 치수가 정착에 필요한 충분한 길이를 가질 수 없다면 기계적인 정착, 즉 정착판이나 표준갈고리 등을 사용해야 한다. 충분한 정착길이를 제공한다는 것은 철근을 둘러싸고 있는 콘크리트에 심한 균열이 발생해서는 안 된다는 조건이 전제되어야 한다. 그러므로 철근을 절단하는 위치는 인장영역으로부터 떨어져 있어야 한다. 전 부재를 통한 트러스 인장재의 단면력 변화는 적절한 철근의 절단과 이음을 가능하게 한다.

철근콘크리트 보에서의 스터럽 배치는 특별한 주의가 요구된다. 스터럽은 경사진 스트럿의 수직성분과의 균형을 맞추는 역할을 한다. 경사진 스트럿은 트러스 연결부에서만 평형상태가 되므로 스터럽은 전체높이에 걸쳐서 항복응력을 발휘할 수 있어야 한다. 트러스 구조형태에서의 스터럽은 인장영역과 압축영역 모두에서 정착을 필요로 하는 일정한 힘을 수반하게 된다.

다시 말해서 잠재적 파괴균열이 반드시 스터럽의 중간높이 부분을 통과한다고 볼 수 없기 때문에 스터럽은 전체높이에 걸쳐서 배치되어야 한다. 그림 1.7은 스터럽에 발생하는 인장력을 절점영역을 지나 정착판으로 정착시킨 이상적인 스터럽의 정착부를 보여주고 있다.

실제의 스터럽은 직선철근, 표준갈고리, 그리고 정착판에 의해 이루어질 수 있으나, 직선철근 및 정착판에 의한 정착은 각각 콘크리트에서의 철근의 피복 두께 및 실용성의 문제로 인하여 일반적으로 사용하지 않는다.

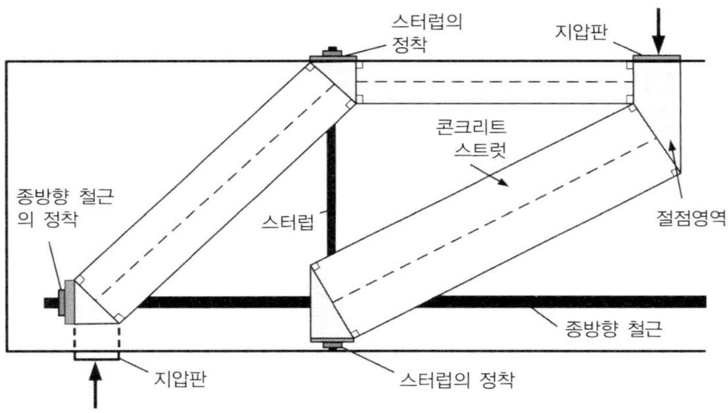

그림 1.7 배근상세 시 고려할 스트럿-타이 시스템의 구성요소

6. 참고문헌

1. Adebar, P. and Zhou, Z., "Bearing Strength of Compressive Struts Confined by Plain Concrete." *ACI Structural Journal*, Vol. 90, pp.534-541, 1993.
2. Alshegeir, A., "Analysis and Design of Disturbed Regions with Strut-Tie

Models." *Ph. D. Thesis*, School of Civil Engineering, Purdue University, West Lafayette, Indiana, p.274, 1992.

3. Alshegeir, A. and Ramirez, J.A., "Computer Graphics in Detailing Strut-Tie Model", *Journal of Computing in Civil Engineering*, ASCE, Vol. 6, pp.220 -232, 1992.
4. American Association of State Highway Transportation Officials, *AASHTO LRFD Bridge Design Specifications*, AASHTO, Washington D.C., 1994.
5. American Association of State Highway and Transportation Officials, *AASHTO LRFD Bridge Design Specifications*, 5th Edition, Washington, D.C., USA, 2010.
6. American Concrete Institute, *Building Code Requirements for Structural Concrete (ACI 318-02) and Commentary(ACI 318R-02)*, ACI, Farmington Hills, Michigan, USA, 2002.
7. American Concrete Institute, *Building Code Requirements for Structural Concrete (ACI 318M-11) and Commentary*, Farmington Hills, Michigan, USA, 2011.
8. Bergmeister, K., Breen, J.E. and Jirsa, J.O., "Dimensioning of the Nodes and Development of Reinforcement." *Report*, IABSE Colloquium Structural Concrete, Stuttgart, pp.551-564, 1991.
9. British Standards Institution, *Eurocode 2: Design of Concrete Structures Part 1 (BS EN 1992-1)*, British Standard, London, UK, 2004.
10. Canadian Standards Association, Design of Concrete Structures for Buildings, CAN3-A23.3-M84, Rexdale, Ontario, Canada, 1984.
11. Canadian Standards Association, *Design of Concrete Structures for Buildings*, CAN3-A23.3-04, Mississauga, Ontario, Canada, p.214, 2004.
12. Collins, M.P. and Mitchell, D., "Shear and Torsion Design of Prestressed and Non-Prestressed Concrete Beams", *Journal of the Prestressed Concrete Institute*, Vol. 83, pp.32-100, 1980.
13. Comite Euro-International Du Beton, *CEB-FIP model code 1990*, Thomas Telford Services, Ltd., London, p.437 1993.
14. Concrete Design Committee, *The Design of Concrete (NZS 3101: Part I and II)*, New Zealand Standard, New Zealand, 1995.
15. Eurocode 2, *Design of Concrete Structures, Part I : General Rules and Rules*

for Buildings(DD ENV 1992-1-1), Commission of the European Communities, UK, p.176, 1992.

16. Lampert, P. and Thurlimann, B., "Ultimate Strength and Design of Reinforced Concrete Beams in Torsion and Bending", International Association for Bridge and Structural Engineering, *Publications*, Vol. 31-I, pp.107-131, 1971.
17. Leonhardt, F., "Reducing the Shear Reinforcement in Reinforced Concrete Beams and Slabs", *Magazine of Concrete Research*, Vol. 17, No. 53, 1965.
18. MacGregor, J.G., *Reinforced Concrete-Mechanics and Design*, Prentice Hall, Englewood Cliffs, New Jersey, USA, 1988.
19. MacGregor, J.G., *Reinforced Concrete Mechanics and Design*, Prentice Hall, Englewood Cliffs, New Jersey, p.939, 1997.
20. Marti, P., "On Plastic Analysis of Reinforced Concrete", Institute of Structural Engineering, *Report* No. 104, ETH Zurich, 176 pp., 1980.
21. Marti, P., "Basic Tools of Reinforced Concrete Beam Design", *Journal of American Concrete Institute*, Vol. 82, pp.46-56, 1985.
22. Mitchell, D. and Collins, M.P., "Diagonal Compression Field Theory-A Rational Model for Structural Concrete in Pure Torsion", *Journal of American Concrete Institute*, Vol. p.71, pp.396-408, 1974.
23. Morsch, E., *Concrete-steel Construction*, English Translation by E.P. Goodrich, McGraw-Hill, New York, p.368, 1909.
24. New Zealand Standard, *Concrete Structures Standard - Commentary on the Design of Concrete Structures(NZS 3101 : Part I and II)*, New Zealand Standard, Wellington, New Zealand, 2006.
25. Nielsen, M.P., Braestrup, M.W., Jensen, B.C., and Bach, F., Concrete Plasticity, *Beam Shear - Shear in Joints-Punching Shear*, Special Publication, Danish Society for Structural Science and Engineering, Lyngby, Denmark, 1978.
26. Ramirez, J.A. and Breen, J.A., "Proposed Design Procedures for Shear and Torsion in Reinforced and Prestressed Concrete", *Research Report* No. 248-4F Center for Transportation Research, Univ. of Texas, Austin, p.254, 1983.

27. Ritter, W., "Die Bauweise Hennebique (Hennebiques Construction Method)", *Schweizerische Bauzeitung(Zurich)*, Vol. 17, pp.41–43, 49–52 and 59–61, 1899.
28. Schlaich, J. and Weischede, D., "Detailing Reinforced Concrete Structures", Canadian Structural Concrete Conference 1981, Department of Civil Engineering, University of Toronto, Toronto, pp.171–198, 1981.
29. Schlaich, J., Schaefer, K. and Jennewein, M., "Towards a Consistent Design of Structural Concrete", *Journal of the Prestressed Concrete Institute*, Vol. 32, pp.74–150, 1987.
30. Schlaich, J. and Schaefer, K., "Design and Detailing of Structural Concrete Using Strut-and-tie Models", *The Structural Engineer*, Vol. 69, 1991.
31. Schlaich, M. and Anagnostou, G., "Stress Fields for Nodes of Strut-and-Tie Models", *Journal of Structural Engineering*, ASCE, Vol. 116, pp.13–23, 1990.
32. The International Federation for Structural Concrete *(fib), Structural Concrete; Textbook on Behavior, Design and Performance Updated Knowledge of the CEB/FIP Model Code 1999 Volume 3*, Lausanne, Switzerland, 1999.
33. The International Federation for Structural Concrete *(fib), Model Code 2010; First Complete Draft Volume 2*, Lausanne, Switzerland, 2010.
34. Thurlimann, B., *Shear Strength of Reinforced and Prestressed Concrete–CEB Approach*, Special Publication 59–6, American Concrete Institute, Detroit, USA, 1976.
35. Vecchio, F.J. and Collins, M.P., "The Response of Reinforced Concrete to In-Plane Shear and Normal Stresses", *Publication* No. 82–03, Dept. of Civil Engineering, University of Toronto, p.332, 1982.
36. Yun, Y.M. and Ramirez, J.A., "Strength of Struts and Nodes in Strut-Tie Model", *Journal of Structural Engineering*, ASCE, Vol. 122, 1996.
37. Yun, Y.M., "Strength of Two-dimensional Nodal Zones in Strut-Tie Models", Journal of Structural Engineering, ASCE, 132(6), pp.1764–1783, 2006.
38. 건설교통부, "도로교 표준시방서", 대한토목학회, 1996.
39. 건설교통부, "콘크리트 구조설계기준", 한국콘크리트학회, 2007.
40. 윤영묵, "콘크리트 부재의 해석 및 설계를 위한 스트럿-타이 모델 방법", 강의노

트, 경북대학교 토목공학과, 대구, 2001.
41. 윤영묵 "스트럿-타이 모델 콘크리트 스트럿의 유효강도 (I): 결정방법의 소개", 대한토목학회논문집, 25권 1호, pp.49-59, 2005.

2

스트럿-타이 모델 기준

Part 2 스트럿-타이 모델 기준

「콘크리트 구조기준」 부록 I 스트럿-타이 모델

기준

1. 일반사항

1.1 적용범위

이 부록 I은 응력교란영역에 대한 합리적인 설계를 위한 규정으로서, 모든 계산에서 평형조건과 구성요소의 항복조건을 만족하여야 한다.

1.2 기호

a : 전단경간, 즉 구조물에서 하중점과 받침부 사이의 거리, mm

b : 부재의 두께, mm

A_c : 스트럿의 유효단면적, mm^2

A_n : 절점영역 경계면 또는 절점영역을 형성하는 요소의 단면적, mm^2

A_{ps} : 긴장재 타이의 단면적, mm^2

A_{si} : 스트럿과 교차하는 i번째 수직방향 또는 수평방향 철근의 단면적, mm^2

A_{st} : 철근타이의 단면적, mm^2

A'_s : 철근스트럿의 단면적, mm^2

해설

1.2 기호

A_s : 타이의 단면적, mm^2

c_c : 순수피복두께, mm

C : 절점영역에 작용하는 압축력, N

기준

d : 압축연단에서 종방향 인장철근 도심까지 거리, mm

f_{ce} : 스트럿 또는 절점영역의 콘크리트 유효압축강도, MPa

f_{ck} : 콘크리트의 설계기준압축강도, MPa

f'_s : 압축철근의 응력, MPa

f_{pe} : 긴장재의 유효프리스트레스 응력, MPa

f_s : 사용하중이 작용할 때 철근의 응력, MPa

f_y : 철근의 설계기준항복강도, MPa

F_n : 스트럿, 타이, 또는 절점영역의 공칭축강도, N

F_{nn} : 절점영역 경계면의 공칭축강도, N

F_{ns} : 스트럿의 공칭축강도, N

F_{nt} : 타이의 공칭축강도, N

F_u : 스트럿, 타이, 지압부, 또는 절점영역에 작용하는 계수축력, N

l_n : 순경간, mm

s_i : 부재의 표면에 인접한 i번째 수직방향 또는 수평방향 철근의 간격, mm

해설

f_{si} : i번째 수직 또는 수평방향 철근의 응력, MPa

f_t : 콘크리트의 설계기준인장강도, MPa

F_{us} : 계수하중에 의한 스트럿 단면력, N

F_{ut} : 계수하중에 의한 타이 단면력, N

l : 스트럿의 길이, mm

l_a : 타이의 정착길이, mm

l_b : 지압판의 폭, mm

R : 반력, N

p_i : 절점영역 경계면의 유한요소 절점하중, N

s : 인장부의 표면에서 가장 가까운 철근의 간격, mm

T : 절점영역에 작용하는 인장력, N

기준

w_s : 스트럿의 유효폭, mm

w_t : 타이의 유효폭, mm

$w_{t,\max}$: 절점영역의 형상을 결정할 때 사용되는 타이의 최대 유효폭, mm

β_s : 콘크리트 스트럿 압축강도를 계산할 때 균열의 영향과 구속철근의 영향을 고려하기 위한 계수

β_n : 절점영역 압축강도를 계산할 때 타이의 정착 영향을 고려하기 위한 계수

γ_i : 스트럿과 교차하는 i번째 수직방향 또는 수평방향의 철근이 스트럿과 이루는 각도

Δf_p : 계수축력에 의한 긴장재의 응력 증가분, MPa

λ : 경량콘크리트계수(3.4.4 참조)

ϕ : 강도감소계수로

ϕ_c : 스트럿의 강도감소계수로 0.75

ϕ_t : 타이의 강도감소계수로 0.85

해설

w_{sm} : 구속된 스트럿의 유효폭, mm

ΔA_s : 콘크리트 스트럿의 직각방향으로 추가 배근된 구속 철근량, mm^2

Δf_{ce} : 콘크리트 스트럿 유효압축강도의 증가분, MPa

1.3 용어의 정의

B영역(B-region) : 보 이론의 평면유지원리가 적용되는 부분.

D영역(D-region) : 집중하중에 의한 하중 불연속부, 단면이 급변하는 기하학적 불연속부, 그리고 보 이론의 평면유지원리가 적용되지 않는 영역.

1.3 용어의 정의

B영역 : 일반적으로 부재의 D영역 외의 영역을 B영역이라고 한다.

D영역 : 해설 그림 I.1.3.1의 음영 처리된 부분은 응력교란영역 즉 D영역의 대표적인 예이다. 응력 분포의 불연속부는 구조물의 기하학적 형상이 급변하는 곳이나 집중하중 또는 받침부 반력이 작용하는 부분에서 나타난다. St. Venant 원리에 의하면 실제 하중 분포를 정적 등가 하중계로 대체한다면 구조물 전체에 걸친 응력과 변형률의 분포는 단지

하중 작용점 부근에서만 변한다. 즉, 국부적인 응력과 변형률의 교란효과는 부재 깊이의 길이만큼 지나면 사라지게 된다. 따라서 이 원리에 의하면 불연속부는 집중하중 또는 반력이 작용하는 곳이나 기하학적 불연속지점부터 거리 h만큼 떨어진 부분까지 연장된다고 가정한다. 해설 그림 I.1.3.1(가)는 전형적인 기하학적 불연속부를 나타내고 해설 그림 I.1.3.1(나)는 하중 및 기하학적 불연속부를 나타낸다.

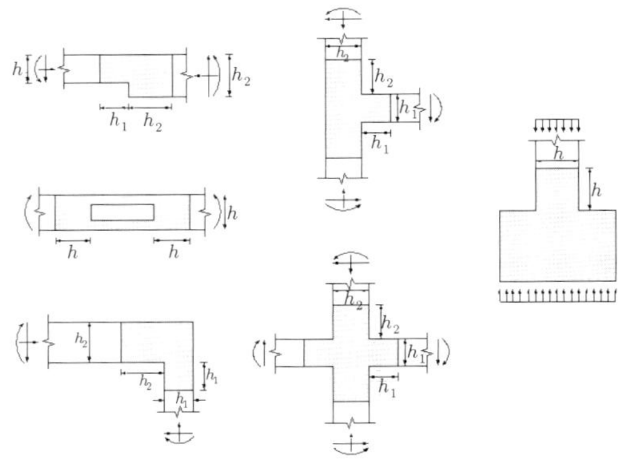

(가) 기하학적 불연속부

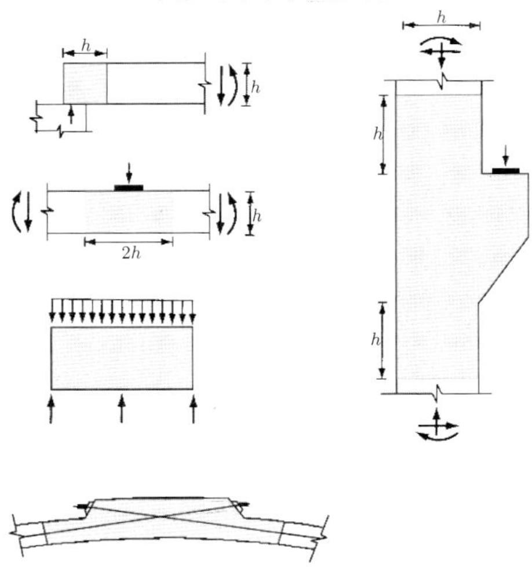

해설 그림 I.1.3.1 응력교란영역의 예(계속)

기준

해설

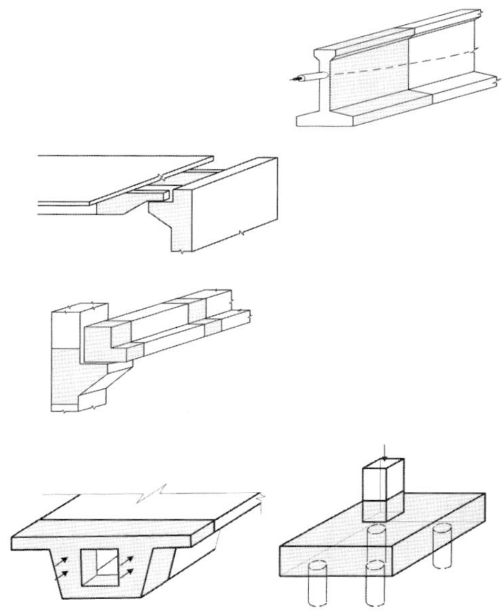

(나) 하중 및 기하학적 불연속부

해설 그림 I.1.3.1 응력교란영역의 예

해설 그림 I.1.3.2(가)와 같은 보의 각 전단경간은 D영역이다. 두 개의 D영역이 해설 그림 I.1.3.2(나)와 같이 중첩되거나 만난다면 설계를 위해 하나의 D영역으로 간주할 수 있다. D영역 사이에 B영역이 존재하는 해설 그림 I.1.3.2(다)에서 B영역과 D영역의 기하학적 형상과 철근배근이 유사할 경우 보의 전단강도는 B영역의 전단강도에 의해 지배된다. 이것은 B영역의 전단강도가 D영역의 전단강도보다 작기 때문이다. B영역을 포함하는 전단경간을 가진 보는 전통적인 전단설계 방법 또는 스트럿-타이 모델 설계 절차에 따라 설계할 수 있다.

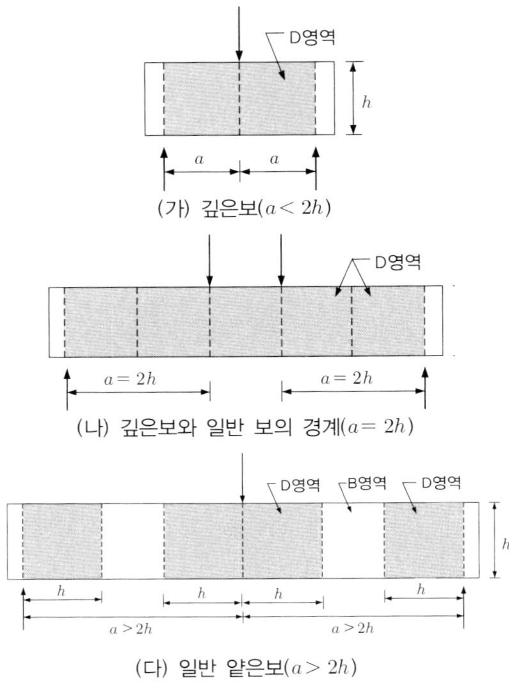

해설 그림 I.1.3.2 깊은보와 일반 얕은보의 응력교란 영역

스트럿-타이 모델(strut-and-tie model) : 스트럿, 타이, 그리고 스트럿과 타이의 단면력을 받침부나 부근의 B영역으로 전달시켜 주는 절점 등으로 구성된 콘크리트 구조 부재 또는 D영역의 설계를 위한 트러스 모델.

스트럿-타이 모델 : 집중하중을 받는 깊은보의 단순 스트럿-타이 모델에서 스트럿-타이 모델의 구성요소는 해설 그림 I.1.3.3과 같이 스트럿, 타이, 그리고 절점(또는 절점영역)으로 나눌 수 있다. 스트럿과 타이의 단면치수는 스트럿과 타이의 축에 직각인 두께와 폭으로 나타낸다. 두께는 트러스 모델의 평면에 직각이고 폭은 트러스 모델의 평면에 있다.

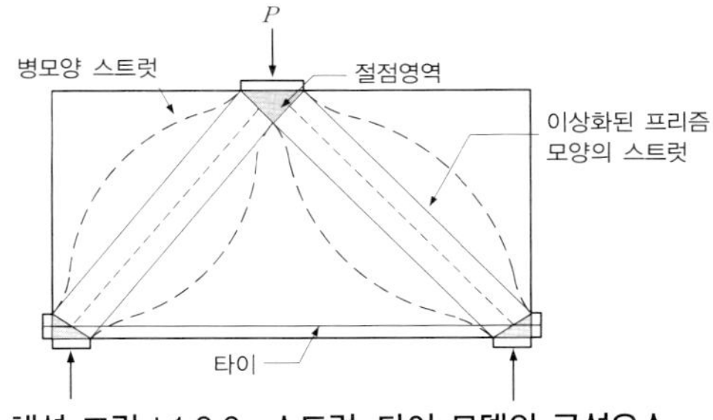

해설 그림 I.1.3.3 스트럿-타이 모델의 구성요소

기준

스트럿(strut) : 스트럿-타이 모델의 압축요소로서, 프리즘 모양 또는 부채꼴 모양의 압축 응력장을 이상화한 요소.

해설

스트럿 : D영역의 콘크리트 구조 부재 설계에서, 스트럿은 일반적으로 해설 그림 I.1.3.3과 같이 직선형태의 프리즘 압축요소로 이상화할 수 있다. 만약 스트럿 양단의 유효압축강도 f_{ce}가 양단에서 절점영역강도나 지지판의 크기 차이에 의해 다르다면, 스트럿은 다른 쪽 단부로 갈수록 균일하게 좁아지는 압축요소로 이상화할 수 있다. 병모양 스트럿은 스트럿 중간지점에서 스트럿의 폭이 스트럿 축의 직각방향(횡방향)으로 퍼질 수 있는 영역을 갖는 부재에서 나타난다. 해설 그림 I.1.3.3의 파선으로 그려진 스트럿과 해설 그림 I.1.3.4의 실선으로 그려진 스트럿은 병모양 스트럿의 하나의 예이다. 쪼갬공시체 시험은 병모양 스트럿의 한 예로서, 공시체 내부에서 횡방향으로 퍼지는 압축력은 시험체를 쪼개는 횡방향 인장을 유발한다.

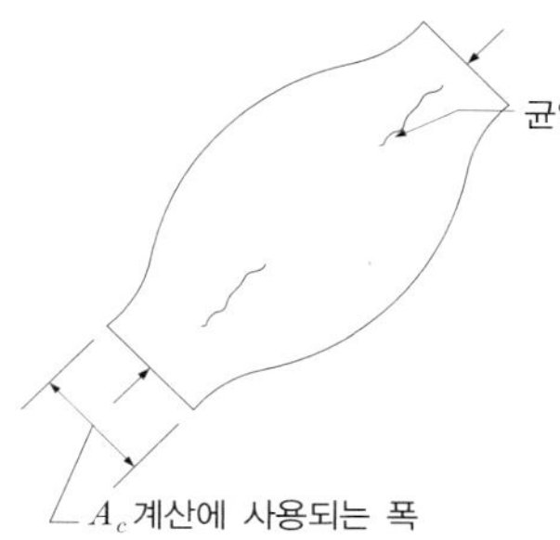

(가) 병모양 스트럿의 균열

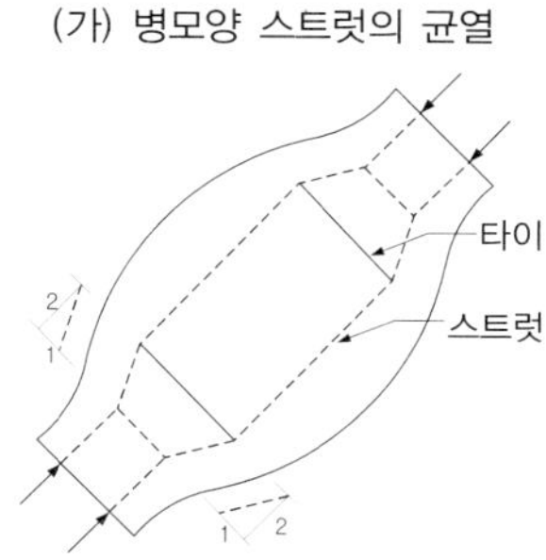

(나) 병모양 스트럿에서 스트럿-타이 모델

해설 그림 I.1.3.4 병모양 스트럿

설계를 단순화하기 위해, 병모양 스트럿은 프리즘 형태나 다른 쪽 단부로 갈수록 균일하게 좁아지는 형태로 이상화할 수 있으며, 횡방향 인장을 제어하기 위해 횡방향으로 구속철근을 배치할 수 있다. 횡방향 구속철근량은 해설 그림 I.1.3.4(나)와 같이 작용하는 스트럿의 축에 대해 1 : 2의 경사로 퍼지는 압축력을 나타내는 스트럿을 가진 스트럿-타이 모델을 이용하여 계산할 수 있다. 해설 그림 I.1.3.4(가)의 병모양 스트럿의 단면적 A_c는 스트럿 양단의 단면적 중 작은 값을 의미한다.

타이(tie) : 스트럿-타이 모델의 인장력 전달 요소.

타이 : 타이는 철근이나 긴장재 또는 이를 포함한 동일한 중심축을 갖는 주변의 콘크리트를 말한다. 주변의 콘크리트는 스트럿과 타이의 힘을 정착시킬 수 있는 절점영역을 정의하는데도 사용한다. 철근 또는 긴장재 주변의 콘크리트, 즉 콘크리트 타이는 스트럿-타이 모델을 사용하여 설계할 때 일반적으로 인장에 저항하지 않는다고 간주하나, 사용하중을 받을 때는 타이의 인장변형을 감소시킨다.

절점(node) : 스트럿-타이 모델의 3개 이상 스트럿과 타이의 연결점 또는 스트럿과 타이 그리고 집중하중의 중심선이 교차하는 점.

절점 : 해설 그림 I.1.3.5와 같이 힘의 평형을 위해 스트럿-타이 모델의 한 절점에는 적어도 3개의 힘이 작용하여야 한다. CCC절점은 세 개의 압축력에 저항하고, CCT절점은 두 개의 압축력과 하나의 인장력에 저항한다. 절점은 이 힘들의 부호에 따라 분류한다.

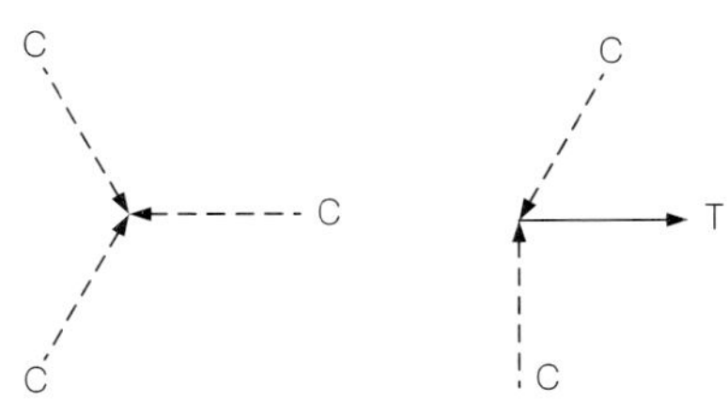

(가) CCC절점 (나) CCT절점

기준

절점영역(nodal zone) : 스트럿과 타이의 힘이 절점을 통해서 전달될 수 있도록 하는 절점의 유한영역으로 2차원의 삼각형 또는 다각형 형태이거나 3차원에서는 입체의 유한영역.

해설

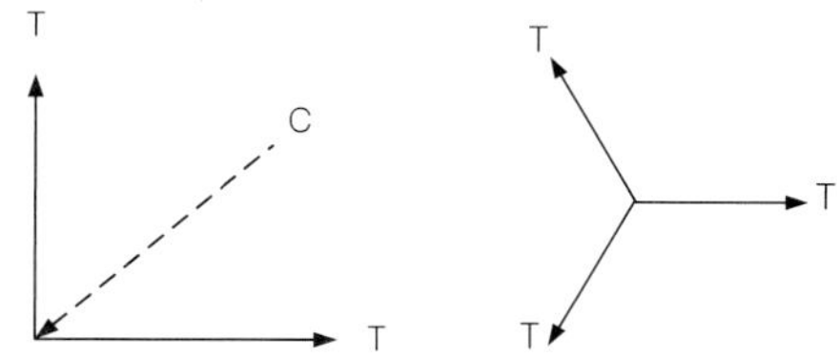

(다) CTT절점 (라) TTT절점

해설 그림 I.1.3.5 절점의 분류

절점영역 : 해설 그림 I.1.3.6과 같은 정수압 절점영역으로 구성하는 경우 이상적으로 스트럿의 강도가 주요 검토대상이나, 철근의 부착영향, 정착길이와 방법 그리고 철근 배치형태를 고려를 하면 구성하기 어렵다. 현실적으로 해설 그림 I.1.3.7과 같은 확장절점영역을 사용할 수 있다.

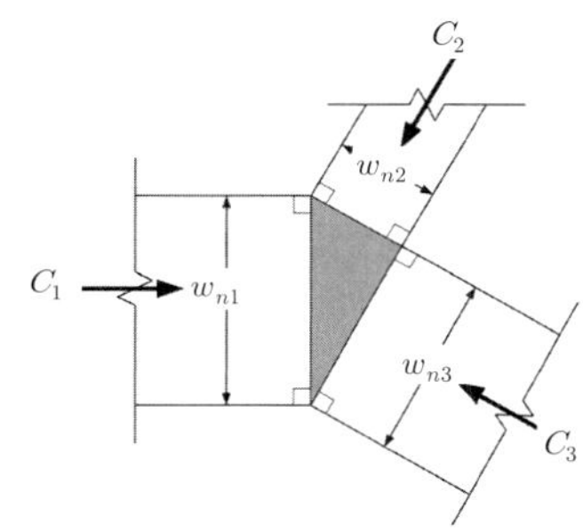

(가) 기하학적 형상

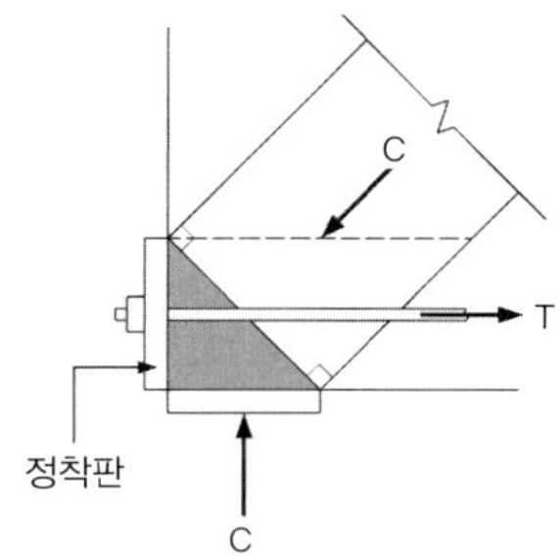

(나) 정착판에 의해 정착된 인장력

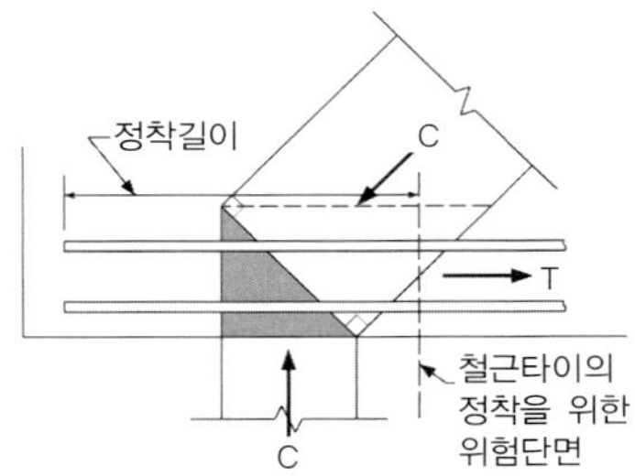

(다) 절점영역의 후면의 철근 부착에 의해 정착된 인장력

해설 그림 I.1.3.6 정수압 절점영역

정수압 절점영역은 스트럿과 타이의 축에 직각으로 절점영역 경계면을 가질 때 만들어진다. 해설 그림 I.1.3.6(가)는 CCC절점영역을 보여준다. 만약 절점영역의 각 방향에 작용하는 세 개의 스트럿의 응력이 모두 같다면, 절점영역 경계면의 폭의 비율 $w_{n1} : w_{n2} : w_{n3}$ 은 세 힘의 비율인 $C_1 : C_2 : C_3$와 같다.

해설 그림 I.1.3.6(나)와 같이 타이의 반대편에 스트럿의 응력과 같은 크기의 지압응력을 유발하는 크기의 정착판을 사용하여 절점영역을 확장시킨다면 CCT절점영역은 정수압 절점영역이 된다. 철근타이의 정착을 위해 해설 그림 I.1.3.6(나)의 좌측 지압판을 사용하거나 해설 그림 I.1.3.6(다)와 같이 직선 또는 갈고리 철근을 사용하여 정착할 수 있다.

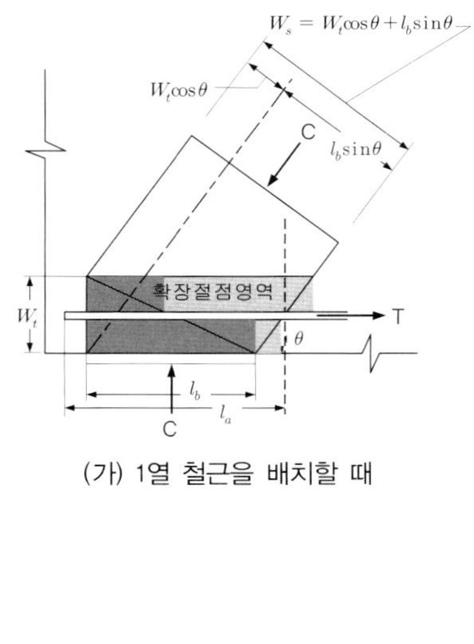

(가) 1열 철근을 배치할 때

기준

해설

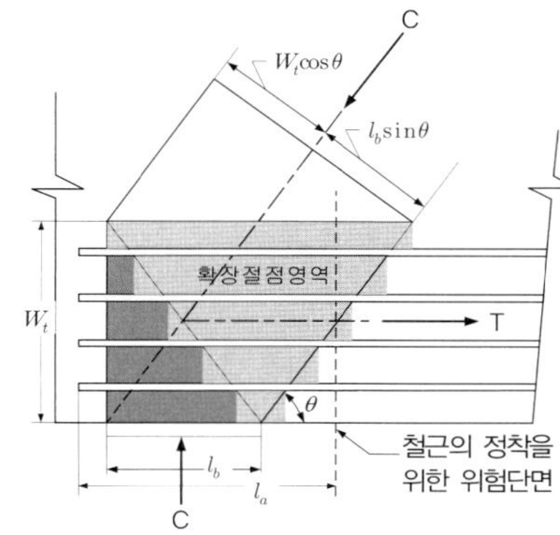

(나) 다중배열 철근의 경우

해설 그림 I.1.3.7 인장력 분포의 영향을 고려한 확장절점영역

해설 그림 I.1.3.7(가), (나)의 음영처리된 부분은 확장절점영역이다. 확장절점영역은 지압판을 포함한 스트럿 유효폭 w_s와 타이 유효폭 w_t의 교차점을 연결하여 결정한다. (I.4.2 참조).

I.2 스트럿-타이 모델 설계 절차

I.2.1 설계 절차 일반

(1) 콘크리트 구조 부재 또는 D영역은 이상화된 트러스 모델로 설계할 수 있다.

(2) 트러스 모델은 스트럿, 타이, 그리고 절점으로 구성한다.

(3) 트러스 모델은 모든 계수하중을 지지판, 압축응력블록, 인장타이 또는 인접한 B영역으로 전달하여야 한다.

I.2.2 설계 절차

(1) 콘크리트 구조 부재 또는 D영역의 스트럿-타이 모델 설계는 다음 (2)부터 (6)까지에 규정된 설계 절차에 따라야 한다.

I.2 스트럿-타이 모델 설계 절차

I.2.1 설계 절차 일반

(1) I.2.1에서 설명된 트러스 모델은 스트럿-타이 모델로 명한다.

(2) 3개의 요소를 이용하여 설계영역 내부의 하중 흐름을 형성한다.

I.2.2 설계 절차

기준	해설
(2) 설계대상 영역을 설정하고 설계대상 영역의 설계를 위한 초기조건을 결정하여야 한다.	(2) 설계대상 영역은 콘크리트 구조 부재 또는 콘크리트 구조 부재에서 분리한 D영역을 의미한다. 설계의 초기조건은 설계할 때 결정해야 하는 사항, 즉 설계대상 영역의 기하학적 형상, 콘크리트의 강도, 사용 철근의 종류, 지압판의 크기 등을 나타낸다. 콘크리트 구조 부재에서 분리한 D영역을 설계할 경우에는 D영역 경계면에 작용하는 힘을 포함한다.
(3) 설계대상 영역의 설계를 위한 스트럿-타이 모델을 구성하여야 한다.	(3) 선택한 영역의 내부 응력을 전달할 수 있는 스트럿-타이 모델은 하중의 전달 경로를 이용하거나 응력의 흐름 경로를 이용하는 방법으로 선정할 수 있다. 하중의 전달 경로를 이용하는 방법은 구조 부재의 받침부 또는 D영역과 B영역의 경계면의 응력과 반력을 먼저 결정한 후, 이로부터 적절한 하중경로를 가정하고 하중 경로에 따라 스트럿-타이 모델을 구성한다. 하중의 전달 경로를 이용한 스트럿-타이 모델을 선정한 예는 해설 그림 I.2.2.1(가)와 같다. 해설 그림 I.2.2.1(가)에서 P는 D영역과 B영역 경계면에서 응력의 크기를 나타낸다.

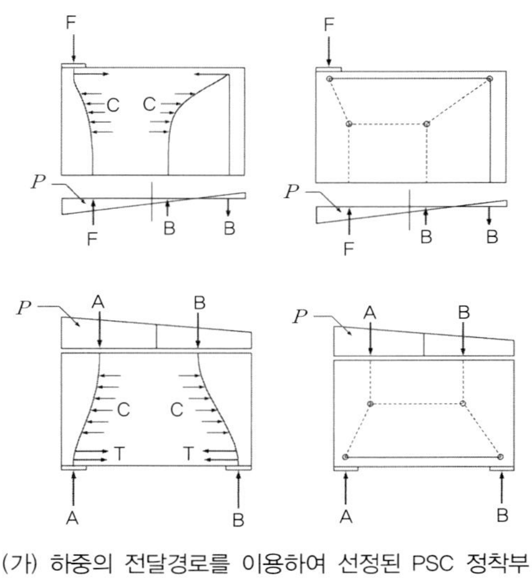

(가) 하중의 전달경로를 이용하여 선정된 PSC 정착부 스트럿-타이 모델

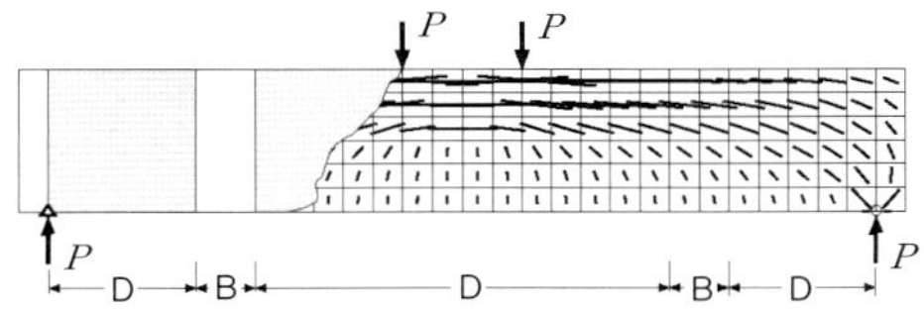

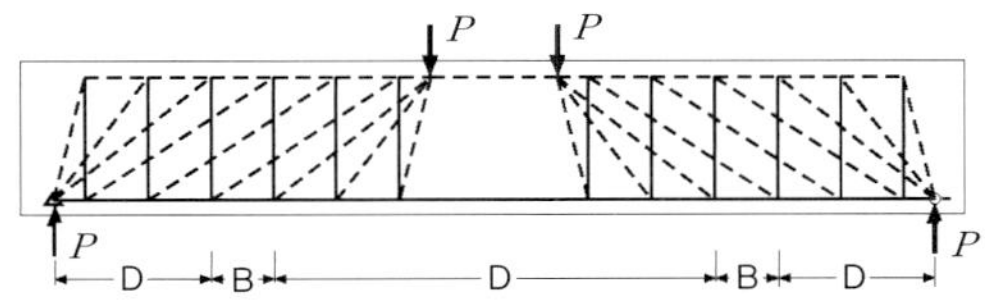

(나) 응력의 흐름 경로를 이용하여 선정된 철근콘크리트 보 스트럿-타이 모델

해설 그림 I.2.2.1 스트럿-타이 모델 선정 예

응력의 흐름 경로를 이용하는 방법은 콘크리트 구조 부재의 주압축응력 흐름을 먼저 결정하고, 주압축응력 흐름방향을 근거로 콘크리트 스트럿의 방향과 위치를 결정한다. 철근타이의 위치는 실제 설계할 때의 배근형태를 고려하여 결정한다. 절점의 위치는 하중작용 지점, 받침점, 철근의 배치 위치 및 피복두께를 고려하여 선정한다. 응력의 흐름 경로를 이용한 스트럿-타이 모델의 선정 예는 해설 그림 I.2.2.1(나)와 같다. 주압축응력 흐름방향과 콘크리트 스트럿 방향과의 교차 사이각을 가급적 줄이는 것이 철근타이의 변형률 에너지가 최소인 최적의 스트럿-타이 모델을 선정하는 데 유리하다.

(4) 스트럿을 통해 직접 전달하는 경로와 인장타이를 통해 이루지는 간접하중 경로로 이루어진 부정정 스트럿-타이 모델의 경우에는 기하학적인 특성, 요소의 강도 그리고 연성 정도로 고려하여 하중전달 크기를 정한다.

기준

I.2.3 설계 원칙

스트럿, 타이, 그리고 절점영역의 설계는 식 (I.2.1)에 따라야 한다.

$$\phi F_n \geq F_u \qquad (I.2.1)$$

여기서, F_u는 계수하중에 의한 스트럿과 타이의 단면력 또는 절점영역의 한 면에 작용하는 단면력이고, F_n은 스트럿, 타이, 그리고 절점영역의 공칭축강도이며, ϕ는 강도감소계수이다. 스트럿의 강도감소계수는 ϕ_c는 0.75, 타이의 강도감소계수 ϕ_t는 0.85를 사용한다.

I.3 스트럿의 축강도

I.3.1 축강도 산정

콘크리트 스트럿의 공칭압축강도는 콘크리트 스트럿 양단부의 강도를 식 (I.3.1)로 결정한 값 중 작은 값이어야 한다.

$$F_{ns} = f_{ce} A_c \qquad (I.3.1)$$

여기서, A_c는 스트럿의 양단부에서 최소 단면적이고, f_{ce}는 I.3.2의 규정에 의해 결정되는 콘크리트 스트럿의 유효압축강도이다.

I.3.2 유효압축강도

(1) 콘크리트 스트럿의 유효압축강도는 식 (I.3.2)로 결정하여야 하나, 유효압축강도에 영향을 미치는 여러 인자를 고려하여 실험과 적절한 해석을 통해 구한 값을 이용할 수 있다.

$$f_{ce} = 0.85 \beta_s f_{ck} \qquad (I.3.2)$$

(2) 식 (I.3.2)의 β_s는 각 조건에 따라 다음과 같이 구하여야 한다.

① 전 길이에 걸쳐 스트럿의 단면적이 일정할 경우 ……………………………………… 1.0

해설

I.2.3 설계 원칙

스트럿-타이 모델은 3개 요소인 스트럿, 인장타이, 그리고 절점의 강도와 평형조건을 만족하는 정역학 시스템이다. 현행 구조기준에서 제시한 인장타이와 스트럿의 단면 산정을 위해 각각 다른 강도감소계수를 사용하는 것이 합리적이다.

I.3 스트럿의 축강도

I.3.1 축강도 산정

2차원 스트럿-타이 모델에서 A_c의 계산에 사용되는 스트럿의 폭 w_s는 스트럿 양단의 스트럿 축과 직각인 방향의 폭 중 작은 값이다. 스트럿의 폭은 해설 그림 I.1.3.6(가)와 해설 그림 I.1.3.7(가), (나)에 나타나 있다. 깊은보와 같은 2차원 콘크리트 구조 부재에서 스트럿의 두께는 부재의 폭으로 취할 수 있다.

I.3.2 유효압축강도

(1) 콘크리트 스트럿의 유효압축강도는 콘크리트 스트럿 위치에서 주응력 상태, 콘크리트 스트럿의 방향과 압축주응력 흐름방향과의 각도 차이, 그리고 강재에 의한 스트럿 구속의 영향을 고려하여 결정할 수 있다.

(2) 스트럿의 형상과 주변 응력과 변형환경에 따라 다르다.

① β_s는 보나 기둥의 압축영역에서 직사각형 응력블록에 상응하는 스트럿에 적용된다.

기준	해설
② 스트럿 중간길이에서 단면적이 스트럿 양단에서 단면적보다 큰 병모양인 스트럿의 경우 I.3.3의 철근 배치에 관한 규정을 만족할 때 $\beta_s = 0.75$이며, 그렇지 못할 때 $\beta_s = 0.60\lambda$이다. 여기서, λ는 3.4.4에 따른다.	② 스트럿의 횡방향으로 퍼지는 내부의 압축력은 해설 그림 I.1.3.4와 같이 스트럿의 양단에서 스트럿 축에 평행한 방향의 균열을 유발한다. 횡방향 인장력에 저항하도록 배치된 횡방향 구속철근은 균열폭을 제어하고, 스트럿이 더 큰 축력을 받을 수 있도록 해주며, 힘의 재분배를 가능케 한다. 횡방향 구속철근이 없는 스트럿의 강도는 축방향의 균열을 유발하는 하중보다 작은 하중으로 제한하였으므로 ②항의 β_s는 경량콘크리트에 대한 보정계수 λ를 포함하고 있다.
③ 인장요소 또는 콘크리트 구조 부재의 인장플랜지 콘크리트의 스트럿인 경우 ························ 0.40	③ β_s는 보의 인장플랜지, 박스거더, 벽체와 같은 구조 부재의 종방향과 횡방향 보강철근 설계에 사용하는 스트럿-타이 모델의 콘크리트 스트럿에 적용한다. 낮은 값의 β_s는 이러한 스트럿이 인장영역의 균열을 가로질러 압축력을 전달한다는 것을 반영한다.
④ 기타의 모든 경우 ························ 0.60	④ β_s는 ①, ③, 그리고 ③의 경우에 해당하지 않는 스트럿에 적용한다. 보 복부 압축장에서 서로 평행한 방향의 대각선 균열에 의한 경사 스트럿들과 균열을 교차하는 스트럿들이 그 예이다(해설 그림 I.3.2.1 참조). ④의 β_s는 ②항 $\beta_s = 0.60\lambda$의 경우와 ③항 외의 경우에 해당되는 합리적인 하한 값이다.

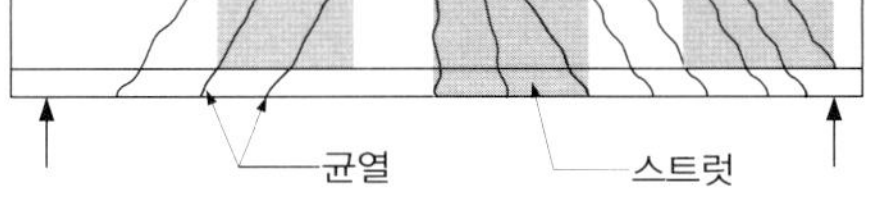

(가) 스트럿과 평행한 경사균열이 있는 보 복부의 스트럿

기준

I.3.3 설계 상세

(1) I.3.2(2)②에서 정의된 β_s를 사용할 경우 콘크리트 스트럿의 중심선은 스트럿 압축응력의 확산으로 인한 스트럿의 횡방향 인장력에 저항하는 철근과 교차하여야 한다. 이때 콘크리트 스트럿의 압축력은 스트럿의 종방향과 횡방향으로 각각 2 : 1로 분산, 전달된다고 가정할 수 있다.

(2) f_{ck}가 40 MPa 이하일 경우, I.3.3의 규정은 콘크리트 스트럿의 중심선이 식 (I.3.3)의 조건을 만족하도록 배치된 철근과 교차될 때 만족하는 것으로 할 수 있다.

$$\Sigma \frac{A_{si}}{bs_i} \sin^2\gamma_i \geq 0.003 \qquad (\text{I.3.3})$$

여기서, A_{si}는 콘크리트 스트럿 중심선과 이루는 각 γ_i와 철근의 간격 s_i로 배치된 철근의 전체면적이다.

해설

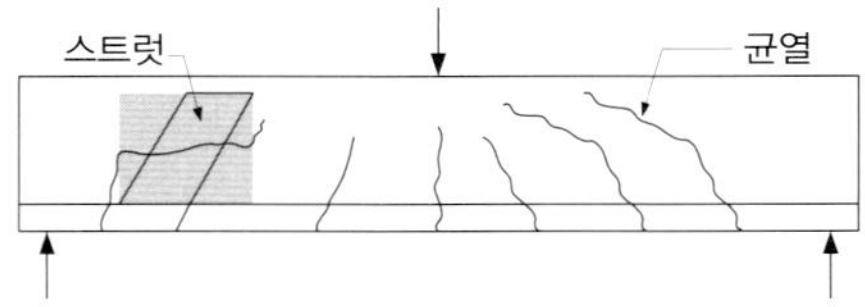

(나) 비스듬한 균열을 가로지르는 스트럿

해설 그림 I.3.2.1 스트럿의 종류

I.3.3 설계 상세

(1),(2) I.3.3의 스트럿 횡방향의 구속철근은 해설 그림 I.1.3.4(나)의 스트럿-타이 모델과 같은 스트럿의 확산현상으로 인한 콘크리트 인장력과 관계가 있다. I.3.3은 2차원 스트럿-타이 모델을 이용하여 2차원 또는 3차원 D영역을 설계할 때 적용되는 기준으로서, 설계자로 하여금 주어진 2차원 스트럿에 필요한 스트럿 횡방향 구속철근량을 계산하는 데 있어 국부적인 2차원 스트럿-타이 모델의 사용을 허용하고 있다. 스트럿의 압축력은 해설 그림 I.1.3.4와 같이 2:1경사로 퍼진다고 가정한다. 콘크리트의 설계기준압축강도가 40 MPa을 초과하지 않을 경우에만 식 (I.3.3)의 필요 구속 철근량은 I.3.3의 가정을 만족한다. ACI 318-05에서는 sine 함수에 제곱이 누락되어 왔으며, 최근 참고문헌 I.81과 I.82에서 수정이 요청되었기에 제곱으로 하였다.

해설 그림 I.3.3.1은 균열이 발생한 스트럿에 걸쳐서 배치된 두 수직방향 및 수평방향의 구속철근을 보여준다. 균열면에서 전단미끄럼이 없이 균열이 발생한다면, 그림의 수직방향 구속철근들은 스트럿에 직각인 다음과 같은 응력을 유발한다.

$$\frac{A_{s1} f_{s1}}{bs_1} \sin^2\gamma_1$$

기준

해설

여기서, 아래첨자 1은 해설 그림 I.3.3.1에서 수직철근을 의미한다. 식 (I.3.3)은 간략한 계산을 위해 응력보다는 철근비로 나타낸 것이다. 식 (I.3.3)에서 수평방향 구속철근에 의한 철근비는 해설 그림 I.3.3.1의 아래첨자 2로 표현하여 고려한다.

일반적으로 말뚝캡과 같은 3차원 구조물을 2차원 스트럿-타이 모델을 이용하여 설계할 경우 I.3.3의 2차원 스트럿의 횡방향 구속철근에 관한 기준은 적용하기 어렵다. 이런 경우에는 I.3.2(2)의 0.60λ를 β_s로 취할 수 있다.

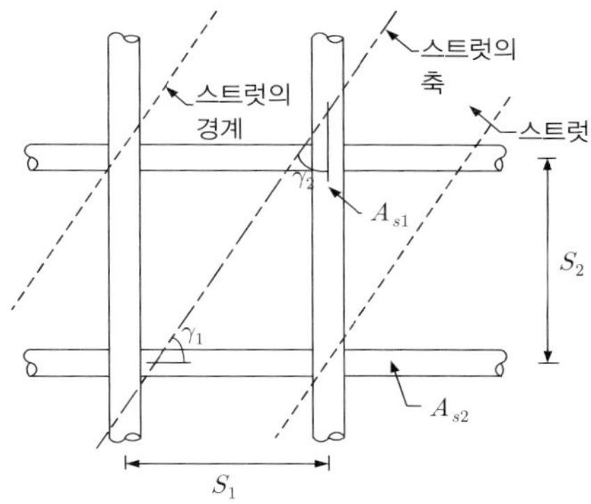

해설 그림 I.3.3.1 스트럿을 가로지르는 구속철근

(3) I.3.3의 구속철근을 콘크리트 스트럿 중심선에 대해 두 직각방향으로 배치하거나 한 방향으로 배치하여야 한다. 구속철근을 한 방향으로 배치한다면 그 각은 40° 이상이어야 한다.

(3) 1.0보다 작은 전단경간 대 깊이 비를 갖는 내민받침에서 I.3.3을 만족하도록 하는 구속철근은 일반적으로 경사 콘크리트 스트럿을 가로지르는 수평철근 형태로 배치한다.

I.3.4 철근 효과

(1) 스트럿의 강도를 증가시키기 위해 압축철근을 사용할 수 있으며, 콘크리트 스트럿의 중심선에 평행하게 배치된 압축철근을 적절하게 정착하고, 압축요소를 위한 횡방향 보강재의 규정을 만족하는 띠철근 또는 나선철근의 내측에 스트럿을 배치하여야 한다.

I.3.4 철근 효과

기준

(2) 종방향으로 보강된 스트럿의 강도는 식 (I.3.4)와 같이 구할 수 있다.

$$F_{ns} = f_{ce} A_c + 1.13 A'_s f'_s \qquad (I.3.4)$$

해설

(2) 보강철근에 의해 증가된 스트럿의 강도는 식 (I.3.4)의 두 번째 항에 나타나 있다. 스트럿 공칭강도 상태에서 보강철근의 응력 f'_s은 콘크리트 스트럿이 파쇄될 때의 스트럿 변형률로부터 구할 수 있다. SD300, SD350, 또는 SD400의 철근의 경우, f'_s을 f_y로 취할 수 있다.

계수 1.13(=0.85/0.75)는 식 (I.3.4)를 식 (I.2.1)에 대입할 때 발생하는 강도감소계수 비를 나타내는 값이다.

I.4 타이의 인장강도

I.4.1 강도 산정

타이의 공칭강도는 식 (I.4.1)로 결정하여야 한다.

$$F_{nt} = A_{st} f_y + A_{ps}(f_{pe} + \Delta f_p) \qquad (I.4.1)$$

여기서, $(f_{pe} + \Delta f_p)$는 f_{py}를 초과할 수 없으며, 긴장재가 없는 부재에서 A_{ps}는 영의 값이다. 식 (I.4.1)에서 Δf_p는 부착된 긴장재의 경우 420 MPa, 부착되지 않는 긴장재의 경우 70 MPa이며, 해석에 의해 증명된 경우 다른 Δf_p 값을 사용할 수 있다.

I.4.2 중심선

철근의 중심선은 스트럿-타이 모델에서 타이의 중심선과 일치시켜야 한다.

I.4 타이의 인장강도 (해설)

I.4.2 중심선

설계에서 철근타이의 유효폭 w_t는 인장철근의 배치 형태에 따라 다음의 제한 값들 사이에서 변할 수 있다.

① 인장철근이 1열로 배치될 때 철근타이의 유효폭은 해설 그림 I.1.3.7(가)와 같이 철근의 표면에서 부재 경계면까지 거리의 2배와 철근 지름을 더한 값으로 취할 수 있다.

기준

해설

② 스트럿-타이 모델을 설계할 때 절점영역의 응력을 정수압 상태로 고려할 경우 철근타이 유효폭의 상한 값은 정수압 절점영역의 폭과 일치하는 해설 식 (I.4.1)의 값으로 볼 수 있다.

$$w_{t,\max} = F_{nt}/f_{ce} \qquad \text{해설 식 (I.4.1)}$$

여기서, f_{ce}는 I.5.3에 주어진 절점영역의 유효압축강도이다. 철근타이의 폭이 ①항에 있는 값을 초과할 경우, 인장철근은 해설 그림 I.1.3.7(나)와 같이 철근타이의 폭과 두께에 걸쳐 대략 등분포로 분배시켜야 한다.

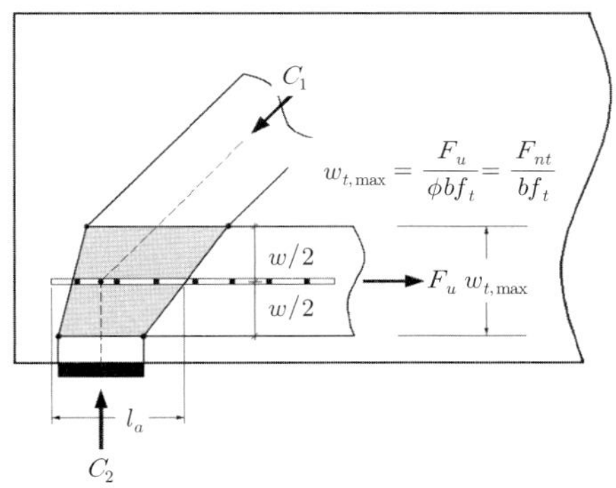

(가) 깊은보

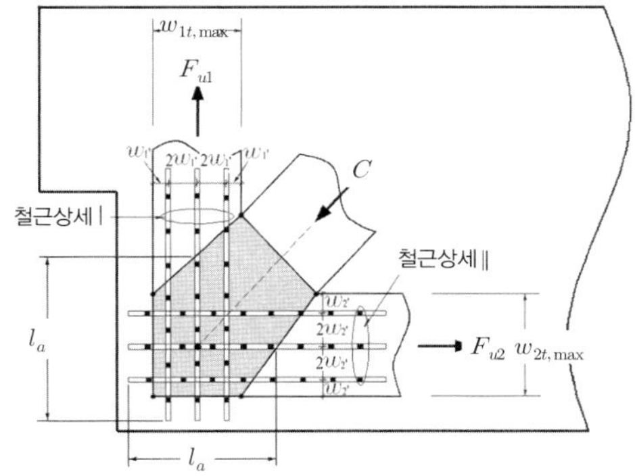

(나) 내민받침

해설 그림 I.4.2.1 철근타이의 최대 유효폭

기준

해설

③ 앞의 ①항과 ②항에서 계산한 철근타이의 유효폭 w_t가 해설 그림 I.4.2.1과 같이 콘크리트 타이의 유효폭 F_{nt}/bf_t(b=부재의 두께, f_t=콘크리트의 설계기준인장강도)를 초과할 경우 콘크리트 타이의 유효폭을 철근타이 유효폭의 상한 값으로 취할 수 있다.

I.4.3 정착

(1) 타이가 인장력을 효과적으로 발휘하기 위하여 다음 (2), (3), (4), (5)에 따라 철근타이는 기계적 장치, 포스트텐션 정착 장치, 표준갈고리 또는 철근의 연장 등에 의해 정착시켜야 한다.

(2) 절점을 기준으로 서로 맞은편에 있는 타이의 단면력 변화량 크기만큼 절점영역에서 정착시켜야 한다.

(3) 하나의 타이가 연결된 절점영역에서 타이의 단면력을 확장절점영역의 경계면과 철근타이의 도심이 교차하는 곳부터 확장절점영역 내측에서 정착시켜야 한다.

(4) 두 개 이상의 타이가 연결된 절점영역에서 각 방향의 타이 단면력은 확장절점영역의 경계면과 철근타이의 도심이 교차하는 곳부터 각각 확장절점영역 내측으로 정착시켜야 한다.

(5) I.3.3에 의해 산정되는 필요한 복부철근은 복부철근의 정착에 관한 규정에 따라 정착시켜야 한다.

I.4.3 정착

철근타이의 정착은 내민받침의 절점영역이나 깊은보의 외부 받침부 근처의 절점영역에서 종종 특별한 주의를 필요로 한다. 철근타이는 스트럿이나 지압부의 경계면과 철근타이 도심이 교차되는 점에서 확장절점영역 내측으로 정착되어야 한다(해설 그림 I.1.3.7 및 I.4.2.1(가)) 철근타이를 90° 갈고리로 정착하는 경우 받침부에서 갈고리의 외부를 따라 발생하는 균열을 방지하기 위해 받침부에서 보 안으로 연장되는 철근 내에서 갈고리를 구속하여야 한다.

깊은보에서 만약 보의 폭이 U자형 철근을 배치시키기에 충분하다면 철근타이와 겹쳐있는 U자형 철근을 외부 받침부에서 철근타이의 인장력을 정착시키기 위해 사용할 수 있다.

철근타이의 정착길이는 갈고리, 기계적 장치, 구속철근 또는 더 작은 단면적을 갖는 철근 등을 사용하여 감소시킬 수 있다.

기준

I.5 절점영역의 강도

I.5.1 축강도 산정

절점영역의 강도는 I.5.2에 정의된 절점영역의 공칭압축강도를 이용하여 식 (I.2.1) 조건의 만족 여부를 확인하는 방법으로 검토하거나, 절점영역의 비탄성 해석에 의한 절점영역의 안전 여부를 확인할 수 있는 방법을 이용하여 검토할 수 있다.

I.5.2 공칭강도

절점영역의 공칭강도는 식 (I.5.1)에 의해 결정하여야 한다.

$$F_{nn} = f_{ce} A_n \tag{I.5.1}$$

여기서, f_{ce}는 I.5.3에 주어진 절점영역의 유효압축강도이고, A_n은 F_u의 작용선에 직각인 절점영역 경계면의 면적 또는 합력 작용선에 직각인 절점영역 경계면의 면적이다.

해설

I.5 절점영역의 강도

I.5.1 축강도 산정

절점영역의 콘크리트 강도는 반력, 스트럿, 프리스트레스 정착판, 인접 요소의 철근과 후프형 철근 등에 의한 구속, 인장 변형된 타이가 압축을 받는 절점영역의 내부나 절점영역을 가로질러 정착될 때 절점영역에서 변형 불연속의 영향, 절점영역 내부 또는 후면에서 인장철근의 정착에 의해 기인하는 쪼갬응력 및 철근의 갈고리에 의한 지지응력 등과 같은 많은 요소들에 좌우된다. 절점영역을 무근콘크리트로 간주하여 비탄성 응력해석을 수행하고 콘크리트의 파괴기준을 고려하여 절점영역 콘크리트의 파괴 여부를 검토하는 방법은 위 여러 인자들의 영향을 받는 모든 형태의 절점영역 강도를 일관성 있게 검토할 수 있는 방법 중의 하나이다.

I.5.2 공칭강도

만약 하나의 절점에서 만나는 모든 스트럿의 응력이 같은 경우 스트럿에 의해 형성되는 절점영역은 정수압응력을 나타낸다. 이러한 절점영역의 경계면은 스트럿 축에 직각이며, 절점영역 경계면의 폭은 스트럿의 힘에 비례한다.

스트럿과 타이의 주응력이 이들 축에 평행하게 작용한다고 가정하면, 이들 축에 직각인 면에서 응력은 바로 주응력이 되며, 이들 축에 직각인 절점영역의 경계면이 A_n에 해당한다. 만약 해설 그림 I.1.3.7(나)와 같이 절점영역의 경계면이 스트럿 축에 직교하지 않으면 절점영역의 응력은 2축 상태이다. 전형적으로 이러한 응력들은 스트럿 축에 직각으로 취해진 스트럿 경계면의 단면적 A_c에 작용하는 주압축응력으로 대치한다.

기준 | 해설

그러나 정확한 응력을 산정하기 위하여 모아원을 이용해서 산정하여 검토할 수 있다.

어떤 경우에는 합력 작용선에 직각인 절점영역 경계면의 응력들을 확인할 필요가 있다. 이 응력들은 합력 작용선에 직각인 가장 작은 절점영역 경계면에서 확인한다. 반력 R이 C_1의 수직성분인 R_1과 C_2의 수직성분인 R_2로 나누어지는 해설 그림 I.5.2.1에서, 두 개 부분으로 분할된 절점영역의 직각 경계면은 A–B를 따라 작용하는 합력에 의한 응력을 받는다. 절점영역의 설계는 가장 큰 응력을 받는 위험경계면에 의해 지배된다.

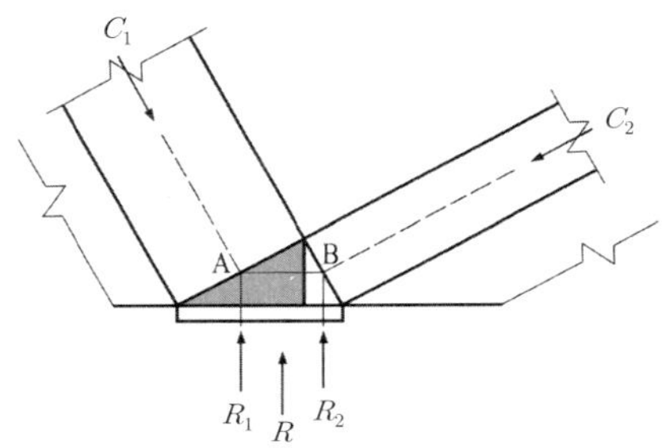

해설 그림 I.5.2.1 세분된 절점영역

I.5.3 유효압축강도

(1) 절점영역에 배치된 구속철근이 없고 실험 및 해석을 통해 구속철근의 영향을 평가하지 않는다면, 스트럿과 타이의 단면력에 의한 절점영역 경계면의 유효압축강도는 식 (I.5.2)에 의한 값 이하이어야 한다.

$$f_{ce} = 0.85\beta_n f_{ck} \qquad (I.5.2)$$

여기서, β_n은 다음 (2)에 주어진 값이다.

(2) 식 (I.5.2)의 β_n 값은 각 조건에 따라 다음과 같이 정하여야 한다.

I.5.3 유효압축강도

깊은보와 같은 2차원 부재의 절점은 해설 그림 I.1.3.5와 같이 절점에 연결된 요소가 압축이라면 CCC절점으로, 하나의 요소가 인장이라면 CCT절점으로 분류한다. 절점영역의 유효압축강도는 CCC절점, CCT절점, 그리고 CTT절점 또는 TTT절점에 각각 적용되는 식 (I.5.2)로 나타낸다.

β_n는 절점영역 내부의 타이의 인장변형률과 스트럿의 압축변형률의 부적합성 정도를 반영하는 계수이다. 절점영역의 경계면 또는 절점영역 내부 임의 단면의 응력들은 식 (I.5.2) 값을 초과하지 않아야 한다.

기준

① 지지판, 스트럿 또는 지지판과 스트럿에 의해 형성된 절점영역 ····················1.0
② 하나의 타이가 연결된 절점영역··· 0.80
③ 두 개 이상의 타이가 연결된 절점영역 ···0.60

I.5.4 3차원 절점

3차원 스트럿-타이 모델에서 절점영역의 각 경계면의 면적은 I.5.2에 주어진 값보다 작지 않아야 하며, 절점영역 각 경계면의 형상은 절점영역 경계면에 접하는 스트럿 단부의 투영 형상과 유사하여야 한다.

해설

I.5.4 3차원 절점

절점영역 경계면의 방향과 형상에 대한 I.5.4의 기준은 3차원 스트럿-타이 모델의 기하학적 형상 계산을 간단히 하기 위해 도입되었다.

3

설계 예제

Part 3 설계 예제

예제 1 : 철근콘크리트 보의 설계

1.1 철근콘크리트 깊은보

철근콘크리트 깊은보는 상부 구조체의 수직하중을 지지하는 구조요소로, 현행 콘크리트 구조설계기준에서는 한쪽 면이 하중을 받고 반대쪽 면이 지지되어 하중과 받침부 사이에 압축대가 형성되는 구조요소로서, 순경간 l_n이 부재 길이의 4배 이하이거나 받침부 내면에서 부재 길이의 2배 이하인 위치에 집중하중이 작용하는 경우 집중하중과 받침부 사이 구간에 해당하는 부재로 정의하고 있다. 이러한 깊은보는 단면의 비선형 변형률 분포를 고려하는 방법 또는 스트럿-타이 모델 방법에 따라 설계하도록 규정하고 있다.

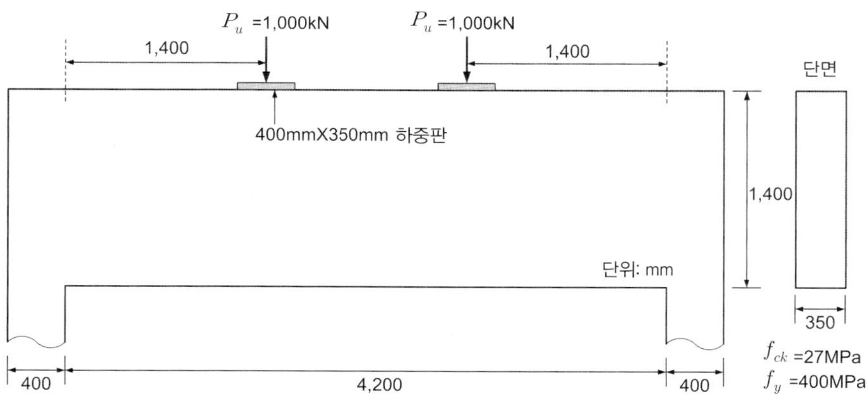

그림 1.1.1 철근콘크리트 깊은보의 기하학적 형상 및 설계하중

스트럿-타이 모델 설계를 위하여 그림 1.1.1과 같이 계수하중이 1,000kN인 두 개의 집중하중을 받는 순경간 4,200mm인 단순지지 깊은보를 선정하였다. 선정한 깊은보의 두께는 350mm, 깊이는 1,400mm, 집중하중이 작용하는 하중판의 길이는 400mm, 그리고 하중판의 폭은 350mm이다. 콘크리트의 압축강도 f_{ck}는 27MPa이며 철근의 항복강도 f_y는 400MPa이다. 설계 시 보의 자중은 무시하였다.

1.1.1 스트럿-타이 모델의 선정

깊은보의 설계를 위한 스트럿-타이 모델은 기본적으로 그림 1.1.2(a)의 압축주응력 흐름 및 철근 배치 형태를 고려하여 결정하여야 하나, 일반적으로 전단지간 대 트러스 상하현재 간의 길이의 비 a/z에 따라 세 종류로 구분하여 선정할 수 있다. FIB(2010)는 단순 깊은보의 설계를 위해 a/z가 0.5보다 작을 경우는 아치 메커니즘의 스트럿-타이 모델, 2.0보다 클 경우는 그림 1.1.2(b)와 같은 수직 트러스 메커니즘의 스트럿-타이 모델, 그리고 a/z가 0.5와 2.0 사이일 경우는 아치 메커니즘과 수직 트러스 메커니즘을 조합한 그림 1.1.2(c)와 같은 복합 트러스 메커니즘의 스트럿-타이 모델을 제안하고 있다. 복합 트러스 메커니즘의 스트럿-타이 모델은 부정정 트러스 구조이므로 절점에서의 힘의 평형조건을 이용하여 각 스트럿과 타이의 설계단면력을 구할 수 없다. 따라서 FIB는 구조해석의 편의를 위해 다음과 같은 하중분배율 α를 도입하여 부정정 트러스 구조의 스트럿-타이 모델을 정정 트러스 구조로 변환하도록 하였다.

$$\alpha = \frac{P_w}{P} = \frac{2a/z-1}{3-N_{sd}/P}$$

여기서, P_w는 수직 타이의 설계단면력, P는 작용하중, 그리고 N_{sd}는 부재에 작용하는 축력을 나타낸다. 이 예제의 깊은보는 a/z가 1.37이므로 FIB의 제안에 따라 부정정 트러스 구조의 스트럿-타이 모델로 설계하는 것이 보다 정확할 수 있으나, ACI 318-08 스트럿-타이 모델 설계예제집(2002)의 수직 트러스 메커니즘의 스트럿-타이 모델로도 설계를 수행하였다.

스트럿 및 타이의 설계단면력 산정을 위하여 선정한 스트럿-타이 모델의 스트럿 및 타이의 위치를 결정해야 한다. 이 예제에서는 선정한 모델의 수직 타이를 전단지간의 중앙에 위치시켰다. 하부 수평 타이는 D25 철근을 2단으로 배치한다고 가정하고 피복두께 40mm를 고려하여 하단으로부터 120mm 떨어진 곳에 위치시켰다. 상부 수평 스트럿 DE는 상단으로부터 스트럿 DE의 필요단면폭 w_{DE}의 반만큼 떨어진 곳에 위치시키는 것이 경제적이다. 스트럿 DE의 필요단면폭은 이 스트럿이 받을 수 있는 유효강도 $\phi(0.85)\beta_s f_{ck}$를 고려하여 다음의 식으로부터 구하였다.

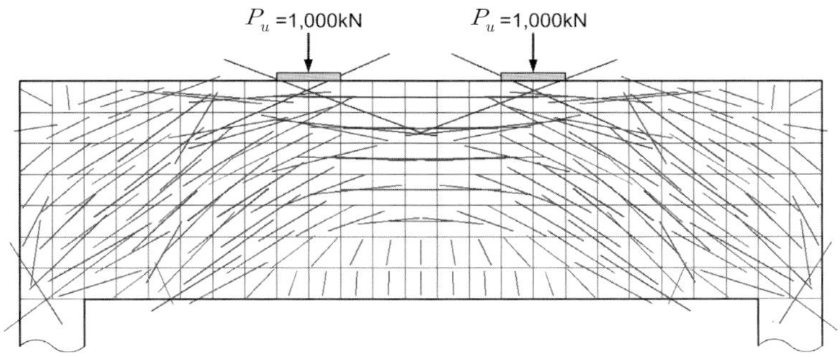

(a) 압축주응력 흐름

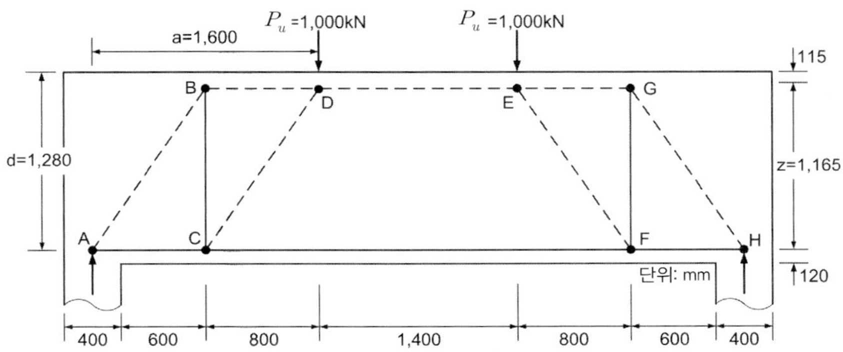

(b) 수직 트러스 메커니즘의 스트럿-타이 모델

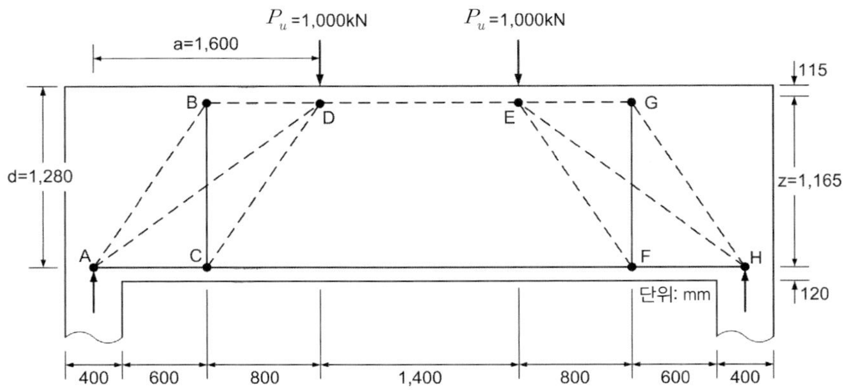

(c) 복합 트러스 메커니즘의 스트럿-타이 모델

그림 1.1.2 깊은보의 스트럿-타이 모델

$$
\begin{aligned}
M_u &= C \times z \\
&= \phi(0.85)\beta_s f_{ck} \times w_{DE}\, b \times \left(d - \frac{w_{DE}}{2}\right) \\
&= (0.75)(085)(1.0)(27) \times (w_{DE})(350) \times \left(1280 - \frac{w_{DE}}{2}\right)
\end{aligned}
$$

여기서, $M_u(=1,600 \times 10^3 \mathrm{kN \cdot mm})$는 스트럿 DE가 위치한 곳의 계수모멘트, C는 스트럿 DE의 설계단면력, $z(=d-w_{DE}/2)$는 상부 스트럿 DE와 하부 수평 타이 CF간의 거리, d(=1,280mm)는 상단으로부터 하부 수평 타이 CF까지의 거리, $\phi(=0.75)$는 스트럿의 강도감소계수, $\beta_s(=1.0)$는 스트럿 DE의 유효강도계수, b(=350mm)는 깊은보의 폭이다. 위 식으로부터 w_{DE}는 228mm로 결정되었으며, 따라서 이 예제에서는 상부의 모든 수평스트럿을 상단에서 115mm(=230/2) 떨어진 곳에 위치시켰다.

1.1.2 스트럿과 타이의 설계단면력 산정

그림 1.1.2(b)의 스트럿-타이 모델은 정정 트러스 구조이므로 절점에서의 힘 평형조건을 이용하여 스트럿과 타이의 설계단면력을 그림 1.1.3(a)와 같이 구하였다.

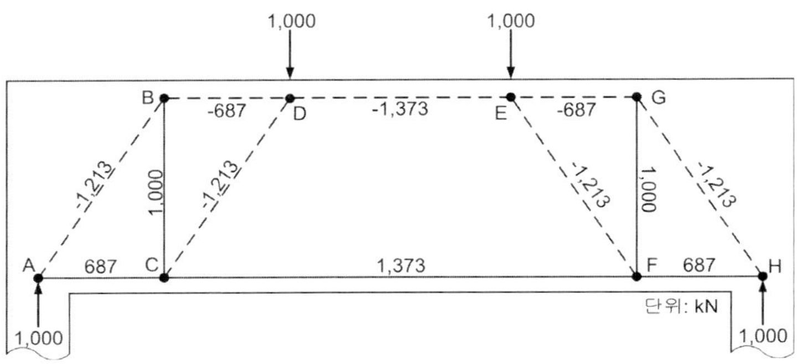

(a) 수직 트러스 메커니즘의 스트럿-타이 모델

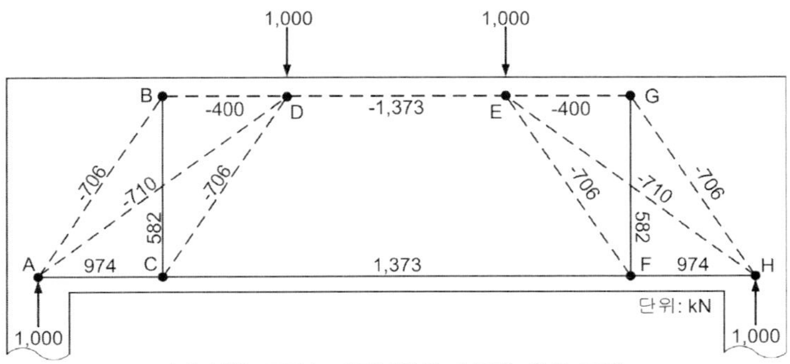

(b) 복합 트러스 메커니즘의 스트럿-타이 모델

그림 1.1.3 스트럿과 타이의 설계단면력

그림 1.1.2(c)의 스트럿-타이 모델은 부정정 트러스 구조이므로 먼저 수직 타이 BC(FG)의 설계단면력 F_u를 앞서 소개한 하중분배율 식을 이용하여 다음과 같이 구한 후, 절점에서의 힘 평형조건을 이용하여 스트럿과 타이의 설계단면력을 그림 1.1.3(b)와 같이 구하였다. 참고로, 부정정 트러스 구조 스트럿-타이 모델의 스트럿과 타이의 설계단면력은 각 스트럿 및 타이의 축강성 값을 가정한 후, 가정한 축강성 값에 근접한 값이 얻어질 때까지 반복적인 수치해석 수행하는 방법을 통해서도 구할 수 있다. 이와 같은 방법은 특히 부정정 차수가 높은 스트럿-타이 모델의 구조해석에 유용하다.

$$F_u = P\alpha = P \times \frac{2a/z-1}{3-N_{sd}/P} = 1{,}000 \times \frac{2 \times (1{,}600/1{,}165)-1}{3} = 582\text{kN}$$

1.1.3 스트럿과 절점영역의 강도 검토

스트럿-타이 모델 설계 시 스트럿-타이 모델의 구성요소(스트럿, 타이, 절점영역)가 설계단면력을 전달하는 데 소요되는 충분한 강도를 보유하고 있는지 확인해야 한다. 일반적으로 스트럿의 강도는 스트럿 최대 단면적과 필요단면적을, 절점영역의 강도는 절점영역 수직경계면의 최대 단면적과 필요단면적을 비교하여 검토한다. 설계대상 구조 부재 또는 D영역의 두께가 일정할 경우는 최대 단면폭과 필요단면폭을 비교하여 검토한다.

1) 스트럿과 절점영역 수직경계면의 최대 단면폭 결정

그림 1.1.4 및 1.1.5와 같이 설계대상영역의 기하학적 형상과 지압판 또는 하중판의 크기를 이용하여 절점영역 각 수직경계면의 최대 단면폭을 결정하였다. 스트럿의 최대 단면폭은 그림 1.1.4 및 1.1.5와 같이 결정된 절점영역 경계면의 폭을 근거로 하여 스트럿 양단부 절점영역 경계면의 폭 중 작은 값으로 정의하였다.

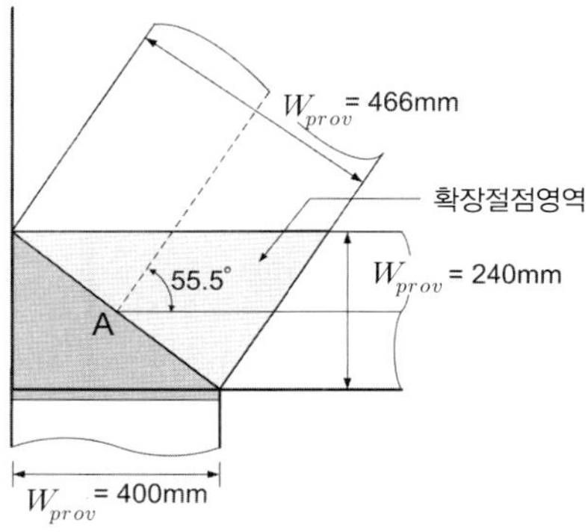

지압판의 폭 : 400mm(지압판의 크기)
타이 AC의 최대 단면폭 : 240mm
(=피복두께×2)
스트럿 AB의 최대 단면폭 : 466mm
$(=400\sin 55.5 + 240\cos 55.5)$

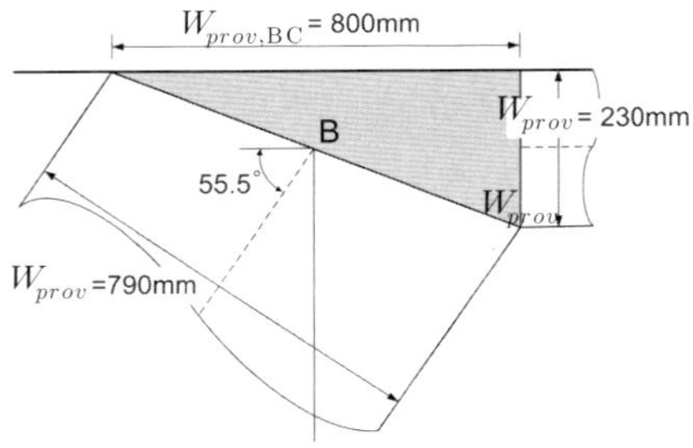

타이 BC의 최대 단면적 : 800mm
(수직 타이의 유효폭)
스트럿 BD의 최대 단면폭 : 230mm
(=설계영역 외단부의 거리×2)
스트럿 AB의 최대 단면폭 : 790mm
$(= 800\sin 55.5 + 230\cos 55.5)$

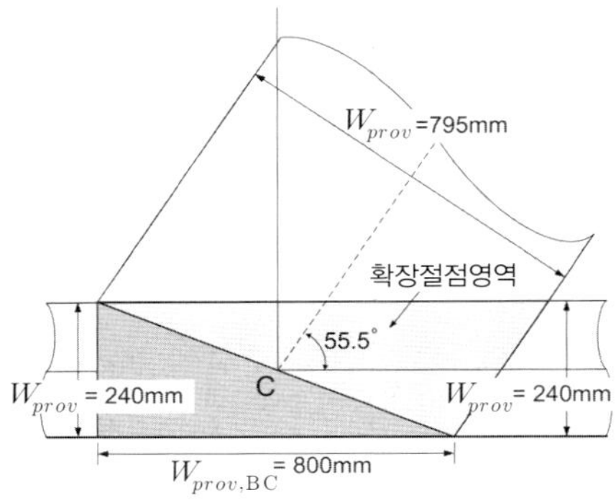

타이 BC의 최대 단면폭 : 800mm
(수직 타이의 유효폭)
타이 AC, CF의 최대 단면폭 : 240mm
(=피복두께×2)
스트럿 CD의 최대 단면폭 : 795mm
$(= 800\sin 55.5 + 240\cos 55.5)$

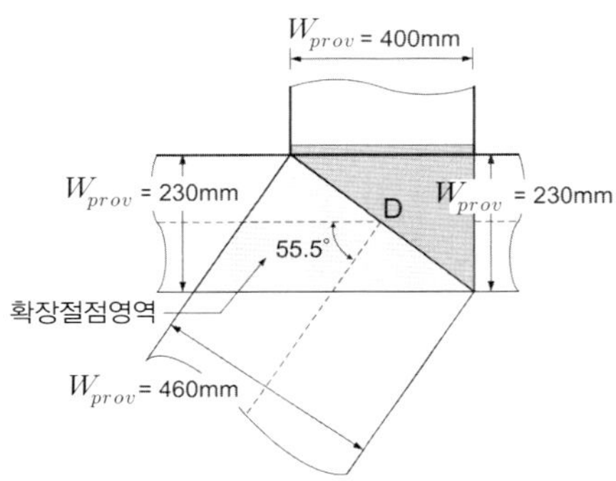

하중판의 폭 : 400mm(하중판의 크기)
스트럿 BD, DE의 최대 단면폭 : 230mm
(=설계영역 외단부의 거리×2)
스트럿 CD의 최대 단면폭 : 460mm
$(= 400\sin 55.5 + 230\cos 55.5)$

그림 1.1.4 수직 트러스 메커니즘 스트럿-타이 모델의 절점영역 수직경계면의 최대 단면폭

그림 1.1.4와 같이 정정 트러스 구조의 스트럿-타이 모델의 절점영역은 일반적으로 3~4개의 스트럿(또는 타이)과 만나며, 절점영역의 한 경계면에 하나의 스트럿(또는 타이)이 존재한다. 그러나 그림 1.1.2(c)의 절점 D와 같이 부정정 트러스 구조 스트럿-타이 모델의 절점영역은 그 이상의 스트럿(또는 타이)과 만나며, 절점영역의 한 경계면에는 두 개 이상의 스트럿이 존재한다. 이러한 절점영역과 만나는 곳에서의 두 개 이상의 스트럿의 최대 단면적은 그림 1.1.4의 방법에 적용한 동일한 개념을 적용하여 결정하나, 절점영역의 한 경계면과 만나는 모든 스트럿을 하나의 스트럿으로 표현하는 과정이 추가적으로 필요

하다. 그림 1.1.5는 절점영역의 한 경계면에 존재하는 두 개 스트럿의 최대 단면폭 결정과정을 보인 것이다.

그림 1.1.5에 소개한 과정을 통해 절점영역의 한 경계면에 작용하는 모든 스트럿의 최대 단면폭 식을 다음과 같이 일반화할 수 있다.

$$w_{Fi} = w_{Fi}{}'\cos(\theta - \theta_i) = (F_i'/\Sigma F')w_F{}'\cos(\theta - \theta_i)$$
$$= (F_i/\Sigma F')w_F{}'\cos^2(\theta - \theta_i)$$

그림 1.1.6은 복합 트러스 메커니즘 스트럿-타이 모델의 절점영역 A 및 D의 수직경계면의 최대 단면폭을 구하는 과정을 도식화한 것이다. 그 외 절점영역 수직경계면의 최대 단면폭은 그림 1.1.4의 것과 동일하다. 그림 1.1.7은 그림 1.1.4 및 1.1.6에서 결정한 절점영역의 최대 단면폭을 이용하여 결정한 스트럿의 최대 단면폭을 나타낸 것이다.

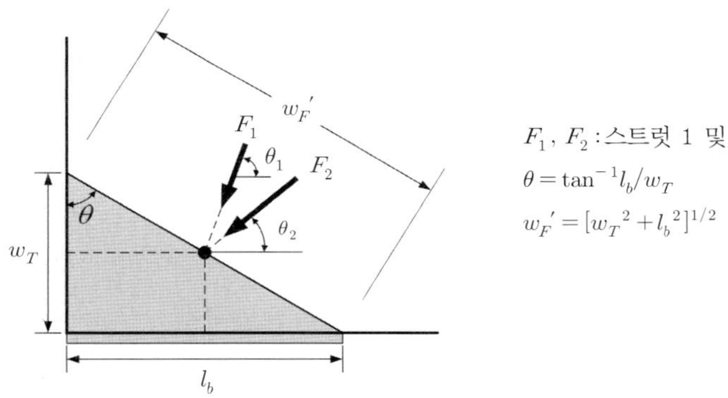

(a) 절점영역 경계면의 최대 단면폭 결정

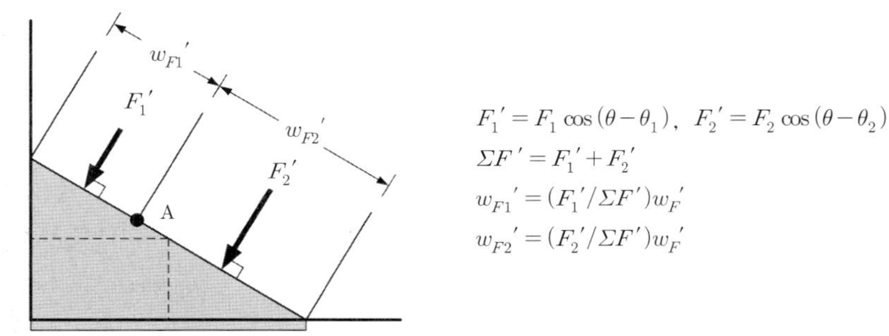

(b) 단면력 크기에 따른 절점영역 경계면의 최대 단면폭 분할

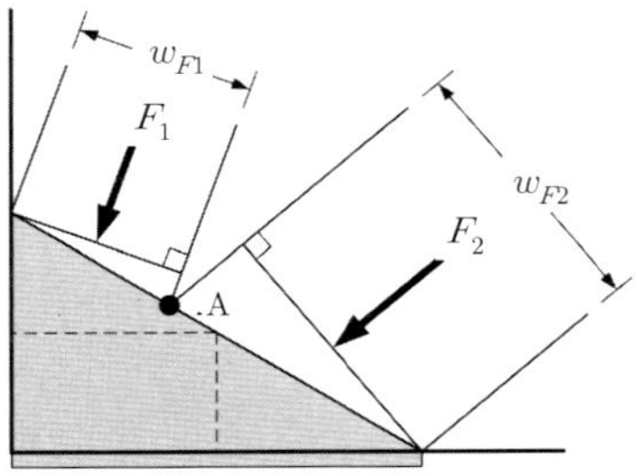

(c) 각 스트럿의 최대 단면폭 결정

그림 1.1.5 한 절점영역 경계면의 두 스트럿의 최대 단면폭

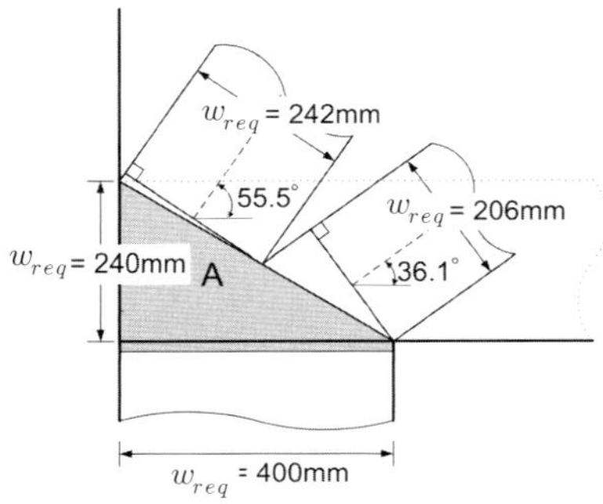

지압판의 폭 : 400mm(지압판의 크기)
타이 AC의 최대 단면폭 : 240mm
(=피복두께×2)

$$\theta = \tan^{-1}\frac{400}{240} = 59.0°$$

$$w_A{}' = \sqrt{240^2+400^2} = 466\text{mm}$$

$$F_{AB}{}' = 706\cos(59.0° - 55.5°) = 705\text{kN}$$

$$F_{AD}{}' = 710\cos(59.0° - 36.1°) = 654\text{kN}$$

$$\Sigma F' = 705 + 654 = 1,359\text{kN}$$

$$w_{AB}{}' = \frac{705}{1,359}\times 466 = 242\text{mm}$$

$$w_{AD}{}' = \frac{654}{1,359}\times 466 = 224\text{mm}$$

스트럿 AB의 최대 단면폭 : 242mm
(=242cos(59.0° − 55.5°))
스트럿 AD의 최대 단면폭 : 206mm
(=224cos(59.0° − 36.1°))

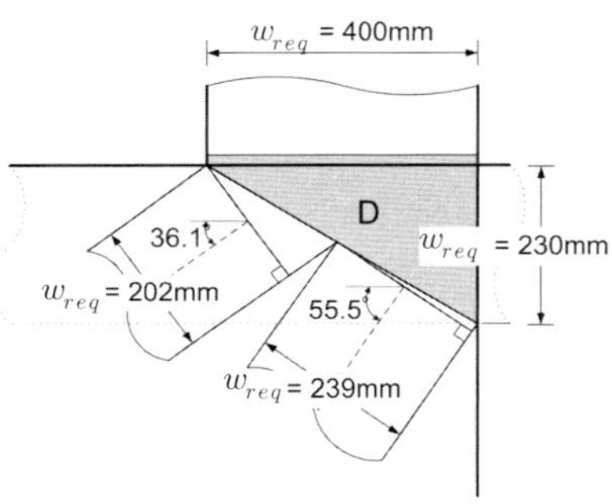

하중판의 폭 : 400mm(하중판의 크기)
스트럿 BD, DE의 최대 단면폭 : 230mm
(=설계영역 외단부의 거리×2)

$$\theta = \tan^{-1}\frac{400}{230} = 60.1°$$

$$w_D{}' = \sqrt{230^2+400^2} = 461\text{mm}$$

$$F_{AD}{}' = 710\cos(60.1° - 36.1°) = 649\text{kN}$$

$$F_{CD}{}' = 706\cos(60.1° - 55.5°) = 704\text{kN}$$

$$\Sigma F' = 649 + 704 = 1,353\text{kN}$$

$$w_{AD}{}' = \frac{649}{1,353}\times 461 = 221\text{mm}$$

$$w_{CD}{}' = \frac{704}{1,353}\times 461 = 240\text{mm}$$

스트럿 AD의 최대 단면폭 : 202mm
(=221cos(60.1° − 36.1°))
스트럿 CD의 최대 단면폭 : 239mm
(=240cos(60.1° − 55.5°))

그림 1.1.6 복합 트러스 메커니즘 스트럿-타이 모델의 절점영역 수직경계면의 최대 단면폭

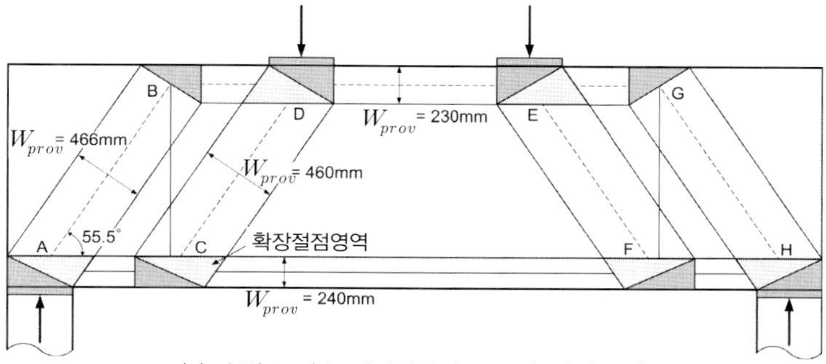

(a) 수직 트러스 메커니즘의 스트럿-타이 모델

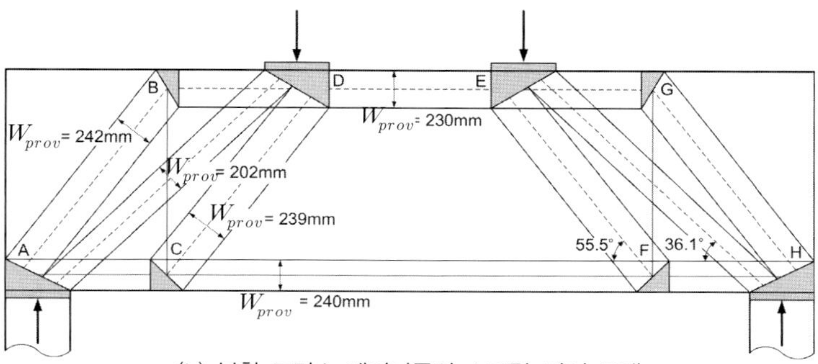

(b) 복합 트러스 메커니즘의 스트럿-타이 모델

그림 1.1.7 스트럿의 최대 단면폭

2) 스트럿의 강도 검토

스트럿의 강도 검토를 위한 필요단면폭 w_{req}은 스트럿의 설계단면력 F_u를 스트럿의 유효압축강도 $0.85\beta_s f_{ck}$, 스트럿의 강도감소계수 ϕ, 그리고 스트럿의 두께 b 등으로 나누어 계산하였다.

$$w_{req} = \frac{F_u}{\phi(0.85)\beta_s f_{ck} b} \qquad \text{(구조기준 부록 I.3.1과 I.3.2)}$$

한 예로, 위 식을 이용하여 수직 트러스 메커니즘 스트럿-타이 모델의 스트럿 AB의 필요단면폭을 계산하면 다음과 같다.

$$w_{req} = \frac{F_u}{\phi(0.85)\beta_s f_{ck} b} = \frac{1,213 \times 10^3}{0.75 \times 0.85 \times 0.75 \times 27 \times 350} = 268\text{mm}$$

여기서, 스트럿 AB의 유효압축강도계수 β_s는 구조기준 부록 I.3.3(2)의 최소 철근량 규정을 만족하는 것으로 가정하여 0.75로 취하였다. 표 1.1.1은 각 스트럿의 강도 검토 결과를 보여주고 있다. 스트럿의 강도 검토 결과, 각 스트럿의 필요단면폭이 최대 단면폭을 초과하지 않는 것을 확인할 수 있다. 이는 스트럿이 설계하중을 전달함에 있어 충분한 압축강도를 확보하고 있음을 나타내는 것이다.

표 1.1.1 스트럿의 강도 검토

(a) 수직 트러스 메커니즘의 스트럿-타이 모델

스트럿	β_s	$\phi 0.85\beta_s f_{ck}$	F_u(kN)	w_{req}(mm)	w_{prov}(mm)	안전 여부
AB	0.75	12.91	1,213	268	466	만족
BD	1.00	17.21	687	114	230	만족
CD	0.75	12.91	1,213	268	460	만족
DE	1.00	17.21	1,373	228	230	만족

(b) 복합 트러스 메커니즘의 스트럿-타이 모델

스트럿	β_s	$\phi 0.85\beta_s f_{ck}$	F_u(kN)	w_{req}(mm)	w_{prov}(mm)	안전 여부
AB	0.75	12.91	706	156	242	만족
AD	0.75	12.91	710	157	202	만족
BD	1.00	17.21	400	66	230	만족
CD	0.75	12.91	706	156	239	만족
DE	1.00	17.21	1,373	228	230	만족

3) 절점영역의 강도 검토

절점영역의 강도 검토를 위한 절점영역 수직경계면의 필요단면폭은 각 절점영역 경계면에 작용하는 설계단면력 F_u를 절점영역의 유효강도 $0.85\beta_n f_{ck}$, 절점영역의 강도감소계수 ϕ, 그리고 절점영역이 두께 b 등으로 나누어 계산하였다.

$$w_{req} = \frac{F_u}{\phi(0.85)\beta_n f_{ck} b} \qquad \text{(구조기준 부록 I.5.1과 I.5.2)}$$

한 예로, 위 식을 이용하여 수직 트러스 메커니즘 스트럿-타이 모델의 절점영역 A를 구성하는 절점영역 수직경계면의 필요단면폭을 계산하면 다음과 같다.

$$\text{지지점의 수직경계면}: w_{req} = \frac{1,000\times10^3}{0.75\times0.85\times0.8\times27\times350} = 207\text{mm}$$

$$\text{스트럿 AB의 수직경계면}: w_{req} = \frac{1,213\times10^3}{0.75\times0.85\times0.8\times27\times350} = 252\text{mm}$$

$$\text{타이 AC의 수직경계면}: w_{req} = \frac{687\times10^3}{0.75\times0.85\times0.8\times27\times350} = 143\text{mm}$$

여기서, 절점영역 A는 CCT절점영역에 해당하므로 이 절점영역의 유효강도계수 β_n을 0.80으로 취하였다. 표 1.1.2는 각 절점영역의 강도 검토 결과를 보여주고 있다. 절점영역의 강도 검토 결과, 각 절점영역 수직경계면의 필요단면폭이 최대 단면폭을 초과하지 않아 각 절점영역은 스트럿 및 타이의 설계단면력을 전달함에 있어 충분한 강도를 확보하고 있음을 알 수 있다.

표 1.1.2 절점영역의 강도 검토

(a) 수직 트러스 메커니즘의 스트럿-타이 모델

절점번호	경계면 요소	β_n	$\phi 0.85\beta_n f_{ck}$	F_u(kN)	w_{req}(mm)	w_{prov}(mm)	안전 여부
A	지지점	0.80	13.77	1,000	207	400	만족
	스트럿 AB			1,213	252	466	만족
	타이 AC			687	143	240	만족
B	스트럿 AB	0.80	13.77	1,213	252	790	만족
	타이 BC			1,000	207	800	만족
	스트럿 BD			687	143	230	만족
C	타이 AC	0.60	10.33	687	190	240	만족
	타이 BC			1,000	277	800	만족
	스트럿 CD			1,213	336	795	만족
	타이 CF			686*	190	240	만족
D	하중점	1.00	17.21	1,000	166	400	만족
	스트럿 BD			687	114	230	만족
	스트럿 CD			1,213	201	460	만족
	스트럿 DE			1,373	228	230	만족

* : 타이 CF의 단면력에서 타이 AC의 단면력을 뺀 값으로, 타이 CF의 단면력 저항에 필요한 철근을 절점영역 C에 정착시키지 않을 경우에 해당함 ; w_{prov} : 그림 1.1.7(a) 참조

(b) 복합 트러스 메커니즘의 스트럿-타이 모델

절점번호	경계면 요소	β_n	$\phi 0.85\beta_n f_{ck}$	F_u(kN)	w_{req}(mm)	w_{prov}(mm)	안전 여부
A	지지점	0.80	13.77	1,000	207	400	만족
	스트럿 AB			706	146	242	만족
	타이 AC			974	202	240	만족
	스트럿 AD			710	147	202	만족
B	스트럿 AB	0.80	13.77	706	146	242	만족
	타이 BC			582	121	800	만족
	스트럿 BD			400	83	230	만족
C	타이 AC	0.60	10.33	974	269	240	-*
	타이 BC			582	161	800	만족
	스트럿 CD			706	195	239	만족
	타이 CF			399**	110	240	만족
D	하중점	1.00	17.21	1,000	166	400	만족
	스트럿 AD			710	118	202	만족
	스트럿 BD			400	66	230	만족
	스트럿 CD			706	117	239	만족
	스트럿 DE			1,373	228	230	만족

* : 타이 AC의 단면력 저항에 필요한 철근을 절점영역 C에 정착시키지 않으므로, 타이 AC에 대한 절점영역 C의 강도 검토가 불필요함 ; ** : 타이 CF의 단면력에서 타이 AC의 단면력을 뺀 값으로, 타이 CF의 단면력 저항에 필요한 철근을 절점영역 C에 정착시키지 않을 경우에 해당함 ; w_{prov}: 그림 1.1.6 및 그림 1.1.7(b) 참조

1.1.4 철근의 배치(수직 트러스 메커니즘의 스트럿-타이 모델에 대해서)

1) 휨철근의 결정

깊은보의 하부에는 타이 AC(FH)와 CF가 위치하고 있다. 각 타이의 필요철근량을 계산하면 다음과 같다.

$$\text{타이 AC} : A_{st} = \frac{F_u}{\phi f_y} = \frac{687 \times 10^3}{0.85 \times 400} = 2{,}021\text{mm}^2$$

$$\text{타이 CF} : A_{st} = \frac{F_u}{\phi f_y} = \frac{1373 \times 10^3}{0.85 \times 400} = 4{,}038\text{mm}^2$$

타이 AC의 위치에는 필요철근량을 만족하도록 4-D25$(A_{st} = 2{,}027\text{mm}^2)$철근을 배치하였다. 타이 CF의 위치에는 타이 AC에서 연장한 4개의 D25 철근으로는 부족하며, $2{,}011\text{mm}^2(=4{,}038\text{mm}^2 - 2{,}027\text{mm}^2)$ 만큼의 철근량이 더 필요하다. 따라서 4개의 D25 철근을 추가로 배치하여 타이 CF의 필요철근량을 만족하도록 배치하였다.

2) 전단철근의 결정

전단력을 전달하기 위해 타이 BC의 유효폭 내에 1,000kN의 설계단면력을 전달하는 데 필요한 철근을 분포시켜야 한다. D16의 폐쇄스터럽을 사용하여 타이 BC의 유효폭 내에 필요한 스터럽의 수를 구하면 다음과 같다.

$$\text{타이 BC} : n = \frac{F_u}{\phi A_{st} f_y} = \frac{1{,}000 \times 10^3}{0.85 \times 2 \times 198.6 \times 400} \fallingdotseq 8$$

결정한 스터럽의 수를 이용하여 전단경간 1,600mm에서의 필요배치간격 s를 구하면 다음과 같다.

$$\text{타이 BC} : s = \frac{1{,}600}{8} = 200\text{mm}$$

따라서 타이 BC의 유효폭 내에 D16의 폐쇄스터럽을 200mm 간격으로 배치하였다.

1.1.5 균열제어를 위한 최소 철근량의 배근 및 철근정착

1) 최소 철근량의 배근

스트럿 AB와 CD의 강도 검토 시 스트럿의 유효강도계수 β_s를 0.75로 취하였으므로, 구조기준 부록 I.3.3(2)의 식 (I.3.3)을 만족하도록 최소 철근량을 배치하여야 한다.

$$\Sigma \frac{A_{si}}{bs_i}\sin^2\gamma_i \geq 0.003 \qquad \text{(구조기준 부록 I.3.3)}$$

여기서, A_{si}는 콘크리트 스트럿의 중심선과 이루는 각 γ_i로 배치된 철근의 전체면적이다. 스트럿 AB와 CD를 가로지르는 철근은 수직방향으로 D16의 폐쇄스터럽이 타이 BC의 배치영역에 200mm 간격으로 배치되어 있다. 따라서 수평방향으로 2-D13 철근을 전 영역에 걸쳐 250mm 간격으로 배치하는 것으로 가정하여 각 스트럿에 대한 최소 철근량 구조기준 만족 여부를 검토하였다.

$$\text{스트럿 AB, CD} : \Sigma \frac{A_{si}}{bs_i}\sin^2\gamma_i = \frac{198.6\times 2}{350\times 200}\sin^2 34.5 + \frac{126.7\times 2}{350\times 250}\sin^2 55.5$$
$$= 0.0038 \geq 0.003$$

또한 배치간격은 콘크리트 구조기준 7.8.2절의 깊은보 최소 철근량 배치규정($s = d/5 =$ 1,280/5=256mm 또는 300mm 이하)을 만족하여야 한다. 모든 스트럿이 최소 철근량 규정을 만족하므로 수직방향은 D16의 폐쇄스터럽을 200mm 간격으로, 수평방향은 2-D13 철근을 250mm 간격으로 배치하였다.

2) 철근의 정착

콘크리트 구조기준 부록 I.4.3절에서는 철근타이가 기계적 장치, 포스트텐션 정착장치, 표준갈고리, 또는 철근의 연장에 의해 정착되어야 한다고 규정하고 있다. 타이 AC의 정착을 위해 90° 표준갈고리를 사용하면 이 타이의 정착길이 l_{dh}는 콘크리트 구조기준 8.2.5절에 따라 다음과 같이 구할 수 있다.

$$l_{dh} = \frac{100\,d_b}{\sqrt{f_{ck}}}\times \text{보정계수} = \frac{100\times 25.4}{\sqrt{27}}\times 0.7\times \frac{2,021}{2,027} = 341\text{mm}$$

타이 AC를 설계영역의 단부까지 연장하여 표준갈고리를 이용하여 정착시키면 유용한 정착길이는 그림 1.1.8과 같이 419mm(=400+120/tan55.5° −50(피복두께)−13(수평전단 철근직경))가 된다. 따라서 필요한 정착길이보다 배치된 철근의 정착길이가 크므로 타이 AC는 정착에 관한 조건을 만족한다.

타이 CF의 4-D25 철근은 타이 AC의 방향으로 연장되므로 정착이 필요 없으나 추가로 배치되는 4-D25 철근에 대해서는 정착조건을 검토해야 한다. 타이 CF의 4-D25 철근을 철근의 연장에 의해 정착시키면 이 타이의 정착길이는 다음과 같이 계산할 수 있다.

$$l_{dh} = \frac{0.6\,d_b f_y}{\sqrt{f_{ck}}} \times \text{보정계수} = \frac{0.6 \times 25.4 \times 400}{\sqrt{27}} \times 1.0 \times 1.0 \times 1.0 = 1{,}173\text{mm}$$

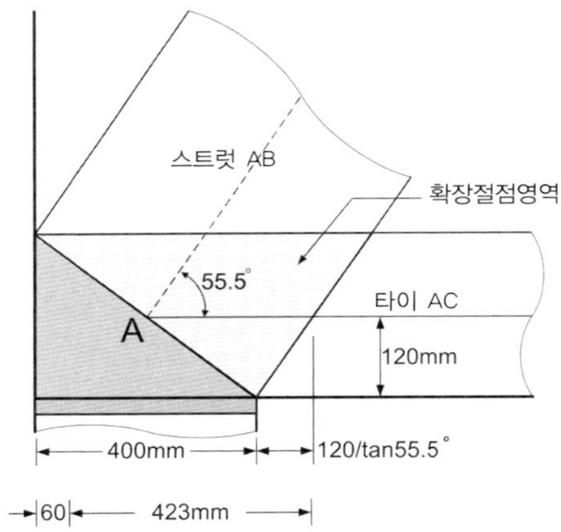

그림 1.1.8 타이 AC의 정착길이

타이 CF를 보의 단부까지 연장하여 정착시키면 유용한 정착길이는 1,219mm(=1,200+120/tan55.5° −50(피복두께)−13(수평전단 철근직경))가 된다. 따라서 필요한 정착길이보다 배치된 철근의 정착길이가 크므로 타이 CF는 정착에 관한 조건을 만족한다.

1.1.6 배근상세

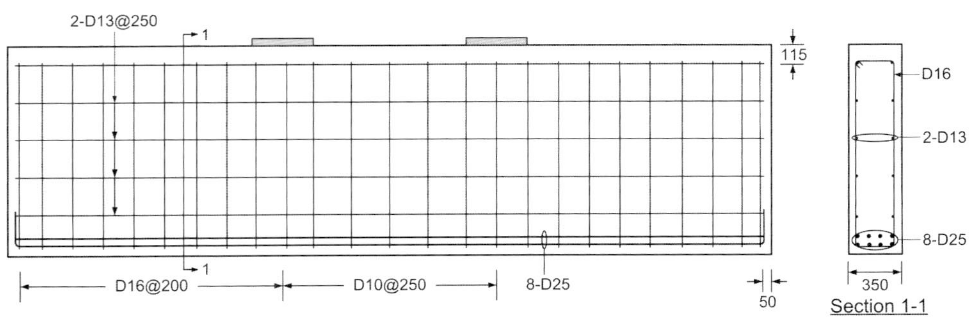

그림 1.1.9 철근콘크리트 깊은보의 배근상세

1.2 턱이 진 T형 보

역T형 보 위에 턱이 진 T형 보의 하중이 가해진 각 지점 부근은 D영역에 해당한다. 스트럿-타이 모델 설계를 위해 선정한 턱이 진 T형 보는 그림 1.2.1과 같이 역T형 보에 의해 지지된다. 턱이 진 T형 보의 복부의 폭은 300mm이며 단면의 깊이는 550mm이다. 역T형 보의 지간은 10m이며 지지판의 크기는 120×200mm이다. 턱이 진 보는 역T형 보를 따라 3,300mm 간격으로 배치되어 있다. 턱이 진 T형 보에는 활하중 5kN/m^{2}와 고정하중 4kN/m^{2}가 작용한다.

따라서 유효활하중은 16.5kN/m(=5×3.3)이고 유효고정하중은 13.2kN/m이며, 하중조합 1.2D+1.6L에 의해 42.2kN/m의 계수하중을 갖는다. 또한 설계모멘트 M_u는 528kN · m (=1/8×42.2×10.02)이며, 지점반력은 211kN(=42.2×10/2)이다. 지지점에서의 수평력 N_{uc}는 42.2kN으로 가정하였다. 콘크리트의 압축강도 f_{ck}는 35MPa이며 철근의 항복강도는 400MPa이다.

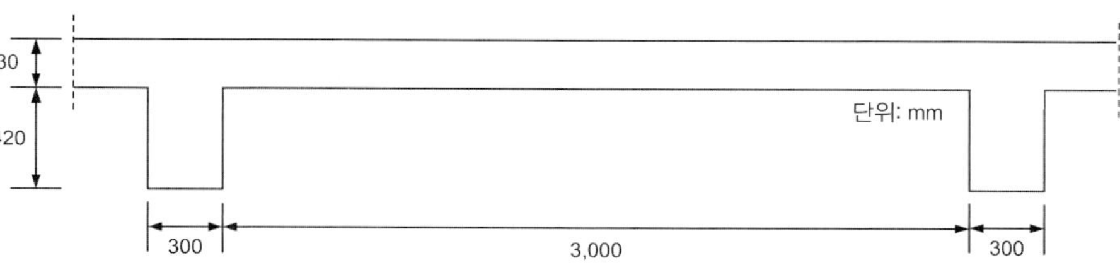

(a) T형 보의 기하학적 형상

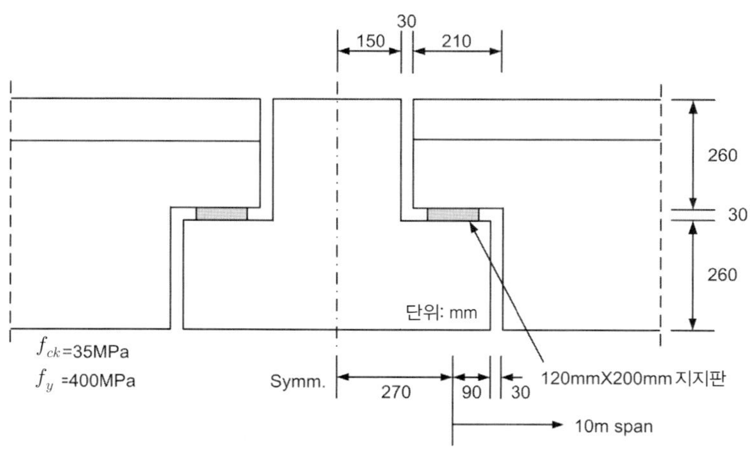

(b) 턱이 진 T형 보 및 역 T형 보의 지지부 상세

그림 1.2.1 턱이 진 보의 기하학적 형상

1.2.1 스트럿-타이 모델의 선정

그림 1.2.2(a)의 상부 분포하중 42.2kN/m에 대한 압축주응력 흐름과 철근의 배치위치를 고려하여 그림 1.2.2(b)와 같은 스트럿-타이 모델을 선정하였다. CF 타이는 턱이 진 보의 유효깊이 d에 놓이는 주인장 철근의 중심에 위치시켰다. 유효깊이 d는 전단철근 D10 및 2단의 주인장 철근 D29를 배치한다고 가정하여 다음과 같이 구하였다.

$$d = h - cover - d_{b\,D10\,stirrup} - d_{b\,D29} - 0.5s_v = 550 - 40 - 10 - 29 - 20 \fallingdotseq 450\text{mm}$$

여기서, s_v는 D29 철근의 수직간격이다. BE 스트럿은 압축연단에서 전체깊이 h의 10%에 해당하는 곳에 위치시켰다. AD 타이의 위치는 지지판의 콘크리트 피복을 고려하여 결정하였으며, BC 타이는 턱이 진 보의 단부에서 100mm 떨어진 곳에 위치시켰다.

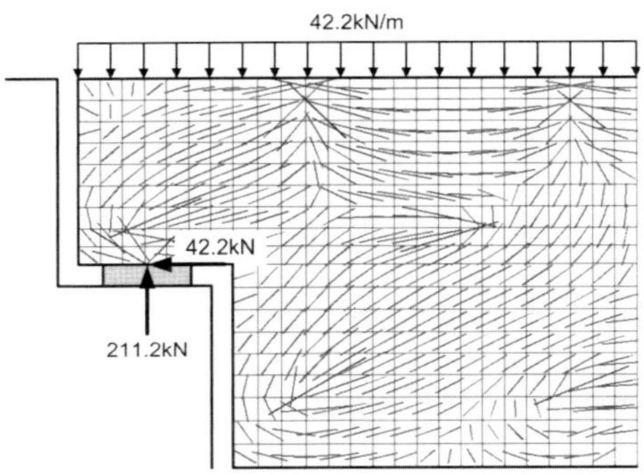

(a) 압축주응력 흐름

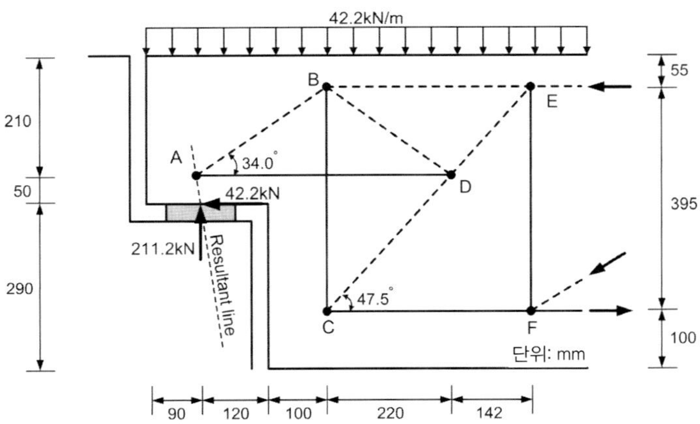

(b) 스트럿-타이 모델

그림 1.2.2 턱이 진 T형 보의 스트럿-타이 모델

1.2.2 스트럿과 타이의 설계단면력 산정

턱이 진 보의 상부 분포하중 42.2kN/m를 스트럿-타이 모델의 절점 A, B, E에 집중하중으로 환산하여 각각 작용시켰으며, 지지판의 수직 및 수평반력을 절점 A에 집중하중으로 작용시켰다. 이들 하중에 대한 각 스트럿 및 타이의 설계단면력을 절점의 힘 평형조건을 이용하여 구하였으며, 그 값은 그림 1.2.3과 같다.

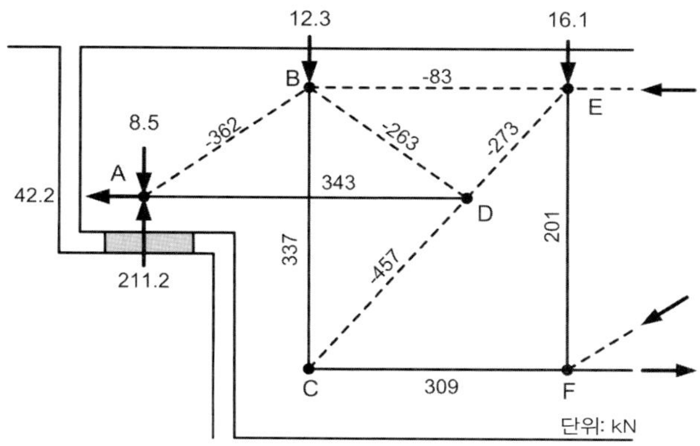

그림 1.2.3 스트럿과 타이의 설계단면력

1.2.3 스트럿과 절점영역의 강도 검토

스트럿-타이 모델 설계 시 스트럿-타이 모델의 구성요소(스트럿, 타이, 절점영역)가 설계단면력을 전달하는 데 소요되는 충분한 강도를 보유하고 있는지 확인해야 한다. 일반적으로 스트럿의 강도는 스트럿 최대 단면적과 필요단면적을, 절점영역의 강도는 절점영역 수직경계면의 최대 단면적과 필요단면적을 비교하여 검토한다. 그러나 이 예제의 경우 일부 스트럿 및 절점영역 수직경계면의 최대 단면적을 설계자의 주관적인 가정 없이는 결정할 수 없다. 이러한 경우 스트럿과 절점영역의 강도 검토를 위하여 1) 스트럿의 유효강도와 스트럿이 만나는 절점영역의 유효강도를 비교하여 그중 작은 값을 스트럿의 유효강도로 취하고, 2) 이를 이용하여 결정한 스트럿의 필요단면폭, 하중판 및 지지판의 크기, 그리고 철근의 배치형태 및 피복두께를 고려하여 결정한 타이의 유효폭 등을 이용하여 스트럿-타이 모델을 차원화시킨 후, 3) 스트럿-타이 모델의 기하학적 적합조건의 만족 여부를 검토한다. 여기서, 스트럿-타이 모델의 기하학적 적합조건을 검토하는 것은 차원화시킨 스트럿-타이 모델이 설계대상 구조물의 기하학적 형상조건을 만족시키는지 그리고 두 개의 평행한 또는 평행에 가까운 스트럿의 필요단면적이 중첩되는지 등을 검토하는 것을 말한다. 이러한 스트럿과 절점영역의 강도 검토 방법은 한 번의 강도 검토 절차를 통해 스트럿-타이 모델 구조기준에서 제시하고 있는 각 스트럿과 절점영역의 유효강도 규정을 동시에 만족시킬 수 있는 장점을 가지고 있다.

표 1.2.1 스트럿의 필요단면폭

스트럿	요소 종류	β_s or β_n	$\beta_{s,\mathrm{mod}}$	$\phi 0.85\beta_{s,\mathrm{mod}} f_{ck}$	F_u(kN)	w_{req}(mm)
AB	스트럿	0.60	0.60	13.39	362	90
	NZ A-CCT	0.80				
	NZ B-CCT	0.80				
BD	스트럿	0.60	0.60	13.39	263	65
	NZ B-CCT	0.80				
	NZ D-CCT	0.80				
BE	스트럿	1.00	0.80	17.85	83	15
	NZ B-CCT	0.80				
	NZ E-CCT	0.80				
CD	스트럿	0.60	0.60	13.39	457	114
	NZ C-CTT	0.60				
	NZ D-CCT	0.80				
DE	스트럿	0.60	0.60	13.39	273	68
	NZ D-CCT	0.80				
	NZ E-CCT	0.80				

* : NZ=절점영역

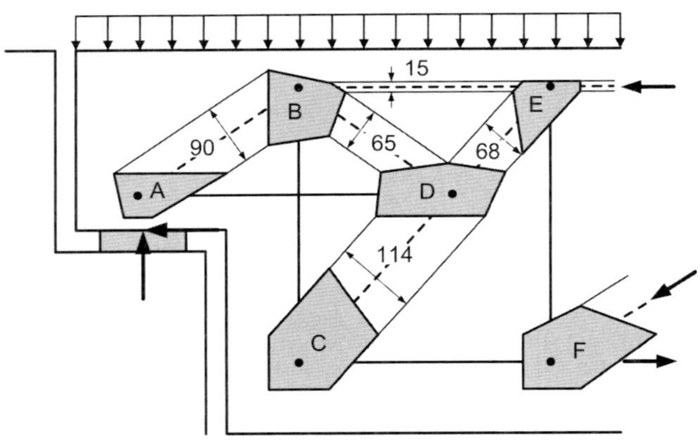

그림 1.2.4 스트럿의 필요단면폭

스트럿의 필요단면폭 w_{req}은 스트럿의 설계단면력 F_u를 스트럿의 강도감소계수 ϕ, 스트럿의 유효강도 $0.85\beta_{s,\mathrm{mod}} f_{ck}$, 그리고 스트럿의 두께 b로 나누어 계산하였다. 여기서, $\beta_{s,\mathrm{mod}}$는 스트럿의 유효강도계수 β_s와 절점의 유효강도계수 β_n 중 작은 값이다.

$$w_{req} = \frac{F_u}{\phi(0.85)\beta_{s,\mathrm{mod}} f_{ck} b}$$ (구조기준 부록 I.5.1과 I.5.2)

한 예로, 위 식을 이용하여 스트럿 AB의 필요단면폭을 계산하면 다음과 같다.

$$w_{req} = \frac{F_u}{\phi(0.85)\beta_{s,\mathrm{mod}} f_{ck} b} = \frac{362 \times 10^3}{0.75 \times 0.85 \times 0.60 \times 35 \times 300} = 90\mathrm{mm}$$

여기서, $\beta_{s,\mathrm{mod}}$로는 스트럿 AB의 유효압축강도계수 0.60 (구조기준 부록 I.3.3(2)의 최소철근량 규정을 만족하지 않는 것으로 가정함), CCT절점영역 A의 유효압축강도계수 0.80, 그리고 CCT절점영역 B의 유효압축강도계수 0.80 중에서 제일 작은 값인 0.60으로 취하였다. 표 1.2.1은 스트럿의 필요단면폭을 보여주고 있다. 그림 1.2.4는 표 1.2.1의 필요단면폭을 이용하여 차원화시킨 스트럿-타이 모델을 보인 것이다. 그림 1.2.4로부터 턱이 진 보의 스트럿-타이 모델은 스트럿-타이 모델의 기하학적 적합조건을 만족시킴을 알 수 있다.

1.2.4 철근의 배치

1) 휨 철근의 결정

턱이 진 T형 보에서는 지지점과 연결된 타이 AD와 보 하부의 타이 CF를 휨철근으로 볼 수 있다. 각 타이의 유효폭에 배치할 필요철근량을 계산하면 다음과 같다.

타이 AD : $A_{st} = \frac{F_u}{\phi f_y} = \frac{343 \times 10^3}{0.85 \times 400} = 1{,}009\mathrm{mm}^2$

타이 CF : $A_{st} = \frac{F_u}{\phi f_y} = \frac{309 \times 10^3}{0.85 \times 400} = 909\mathrm{mm}^2$

따라서 타이 AD의 위치에는 3-D22($A_{st} = 1{,}161\mathrm{mm}^2$)의 철근을 배치하였다. 또한 타이 CF의 위치에는 2-D29($A_{st} = 1{,}285\mathrm{mm}^2$)의 철근을 배치하면 되나, 시공의 효율성을 고려하여 턱이 진 T형 보의 휨 설계를 통해 결정한 6-D29($A_{st} = 3{,}854\mathrm{mm}^2 \geq A_s = M_u/\phi f_y$ $(d-a/2)$ =528×103×103/(0.85×400×((450−20/2))=3,529mm^2))를 배치하였다.

2) 전단철근의 결정

타이 BC 및 EF의 유효폭 내에 337kN과 201kN의 전단력을 전달하는 데 필요한 철근을 분포시켜야 한다. 타이 BC의 유효폭에 D19의 폐쇄스터럽을, 타이 EF의 유효폭에 D13의 폐쇄스터럽을 사용한다면 이들 타이의 유효폭 내에 필요한 스터럽의 수(n)는 다음과 같다.

$$\text{타이 BC : } n = \frac{F_u}{\phi A_{st} f_y} = \frac{337 \times 10^3}{0.85 \times 2 \times 286.5 \times 400} = 1.73 \fallingdotseq 2$$

$$\text{타이 EF : } n = \frac{F_u}{\phi A_{st} f_y} = \frac{201 \times 10^3}{0.85 \times 2 \times 126.7 \times 400} = 2.33 \fallingdotseq 3$$

결정한 스터럽의 수를 이용하여 타이 BC의 유효폭 200mm(=100×2) 및 타이 EF의 유효폭 362mm(=0.5×362×2) 내에서의 배치간격 s를 구하면 다음과 같다.

$$\text{타이 BC : } \frac{200}{2} = 100\text{mm}$$

$$\text{타이 EF : } \frac{362}{3} = 121\text{mm}$$

따라서 타이 BC의 유효폭 내에 D19의 폐쇄스터럽을 100mm 간격으로 배치하였으며, 타이 EF의 유효폭 내에 D13의 폐쇄스터럽을 120mm 간격으로 배치하였다. 폐쇄스터럽의 배치를 위해 상부위치에 2-D13철근을 추가로 배치하였다.

1.2.5 균열제어를 위한 최소 철근량의 배치 및 철근정착

1) 최소 철근량의 배치

스트럿 AB, BD, CD, DE의 강도 검토 시 스트럿의 유효강도계수 β_s는 구조기준 부록 I.3.3을 만족하지 않는 것으로 가정하였으므로, 최소 철근량에 관한 구조기준을 검토할 필요가 없다.

2) 철근의 정착

구조기준 부록 I.5.3절은 철근타이가 기계적 장치, 포스트텐션 정착장치, 표준갈고리, 또는 철근의 연장 등의 방법에 의해 정착되어야 한다고 규정하고 있다. 타이 AD 및 CF의 왼쪽 단부는 정착에 필요한 충분한 공간이 없으므로, 이들 타이를 정착시키기 위해 정착판(타이 AD는 100×220mm 정착판, 타이 CF는 125×220mm 정착판)을 이용하였다. 정착판에 대한 지압강도($=\phi 0.85 \beta_n f_{ck} A_{plate}$)의 만족 여부는 다음과 같이 검토하였다.

타이 AD 정착판$= 0.75 \times (0.85 \times 0.8 \times 35) \times (100 \times 220)/1{,}000 = 393\text{kN} \geq 343\text{kN} \quad \therefore \text{O.K}$

타이 CF 정착판$= 0.75 \times (0.85 \times 0.6 \times 35) \times (125 \times 220)/1{,}000 = 368\text{kN} \geq 309\text{kN} \quad \therefore \text{O.K}$

1.2.6 배근상세

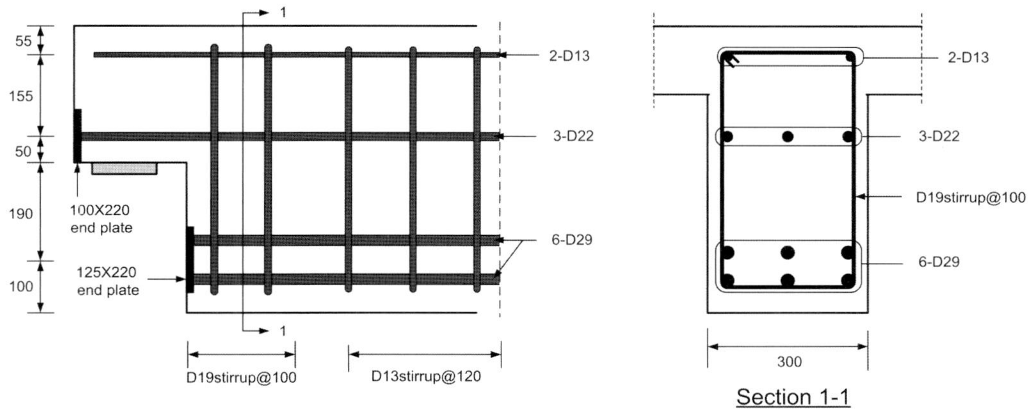

그림 1.2.5 턱이 진 T형 보 단부의 배근상세

예제 2 : 전이 보의 설계

2.1 개구부가 있는 전이 보

건물구조에서 전이 보(Transfer Girder)는 1층 혹은 2층 등의 하층부에 구조체로부터 침해 받지 않는 넓은 사용공간을 확보하기 위하여 상부층과는 다른 기둥 배치 혹은 구조 형식을 채택할 때 이를 변환시켜 주는 역할을 한다. 가령, 조밀하게 배치된 상부층의 기둥을 서너 개의 하부층 기둥으로 전환하는 경우, 상부의 벽체 구조를 하부의 골조 구조로 전환하는 경우, 특히 국내에서는 상부에 벽식 구조 형식의 주거공간과 하부의 골조 구조 형식의 상업공간이 복합된 주상복합건물에 흔히 발생한다.

일반적으로 전이 보를 사용한 건물구조는 하층부에 약한층(Soft-Story)을 형성하기 때문에 지진하중과 관련된 연성설계가 고려되지 않은 지역에 효율적으로 사용되어 왔다. 하지만, 국내에서는 약진지역이라 할지라도 반응수정계수를 사용한 연성설계가 보편적이므로, 반드시 소요연성능력 확보를 위하여 하부 기둥 및 하부 기둥-전이 보 접합부에 별도의 상세설계가 요구되나, 이 예제에서는 이러한 관점의 전이보 설계는 취급하지 않고, 단지 연직하중만을 효율적으로 전달하기 위한 전이 보의 역할만을 고려한다.

전이 보는 연속경간을 갖는 깊은보 혹은 벽 보의 형태로 간주할 수 있으나, 국내 주상복합건물의 경우 상부 벽체가 전이보와 수직 및 수평방향으로 불규칙하게 배치되는 하중조건으로 말미암아 매우 복잡하고 다양한 양상의 혼란된 응력분포를 나타낸다. 하지만 이 예제에서는 이러한 형식의 대표적인 경우로서 부휨모멘트 작용, 불규칙 집중하중 작용, 등분포하중 작용 및 큰 개구부를 포함하는 1-경간의 내민보 부분을 갖는 깊은보를 대상으로 관련기준에서 제시하는 스트럿-타이 모델을 사용한 설계방법을 기술하고자 한다. 여기에서 제시하는 설계절차 및 기본개념은 실무에서 발생하는 다양한 형태의 전이 보 설계에 직·간접적으로 적용할 수 있을 것으로 판단된다.

스트럿-타이 모델을 적용하기 위하여 선정한 전이 보의 기하학적 형상 및 하중조건은 그림 2.1.1과 같으며, 부재력의 분포는 그림 2.1.2와 같다. 보의 크기는 250mm×5,000mm($b \times h$)이며 받침점 간의 거리는 9,500mm(l_1)이다. 하지만 5,250mm(l_2)의 캔틸레버 보 부분을 포함하고 있으며, 이 구간에서의 보의 깊이는 선형적으로 감소하여 단부에서의 깊이는 3,000mm이다. 또한 좌측부에 출입구를 위하여 1,500mm×2,350mm

$(l_0 \times h_0)$ 크기의 개구부를 배치하였다.

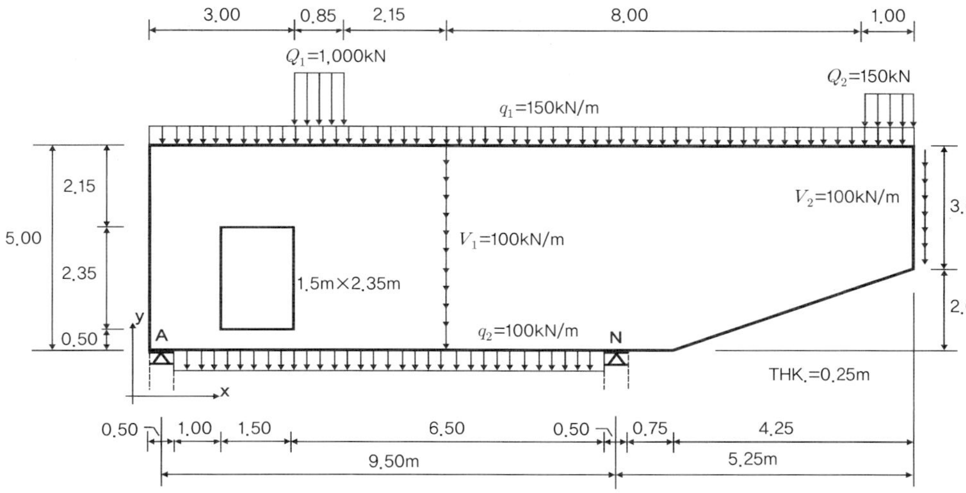

그림 2.1.1 설계대상 전이 보 및 하중조건

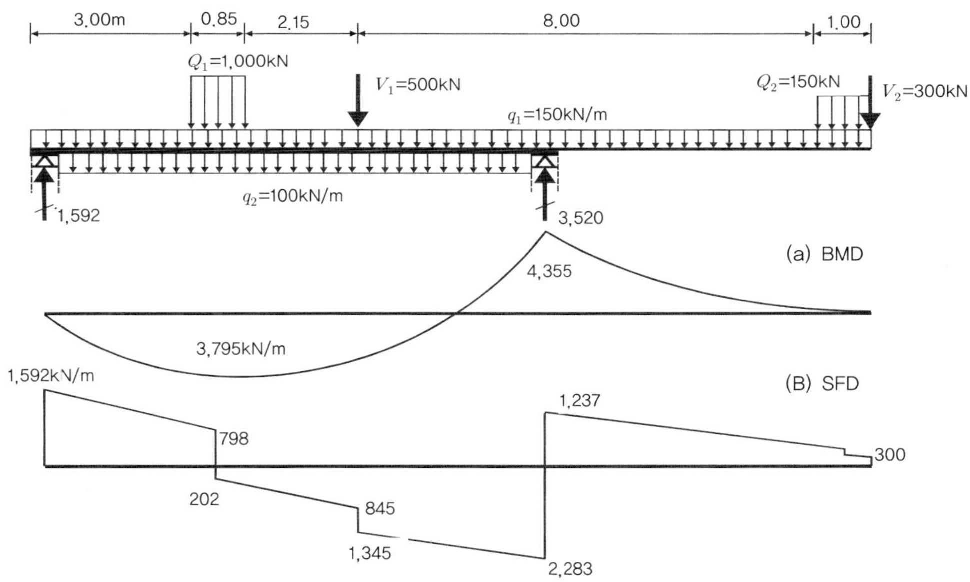

그림 2.1.2 설계대상 전이 보의 부재력 분포

하중조건은 상부 벽체가 전이 보 방향과 평행하게 놓이는 경우를 고려한 등분포하중 및 수직으로 놓이는 경우를 고려한 집중하중을 포함한다. 또한 칸막이벽이 전이 보와 교차하여 설치되는 경우를 고려하여 수직으로 균일하게 작용하는 등분포하중을 포함하고 있으며, 보 하단부의 등분포하중은 바닥으로부터 전달되는 하중으로 간주할 수 있다.

표시된 작용하중은 부재의 자중을 이미 포함한 계수하중이며, 사용된 콘크리트의 설계기준압축강도 f_{ck} =30MPa이고, 보강근의 설계기준항복강도 f_y =500MPa이다.

2.1.1 스트럿-타이 모델의 선정

별도의 고급해석 없이 스트럿-타이 모델을 선정하기 위하여 우선 고려하여야 할 사항은 주어진 하중조건에 따라 실제로 발생하는 응력의 흐름을 기본역학이론 및 공학적 판단에 따라 예측하는 것이며, 그 다음에는 이에 따라 하중의 분배, 힘의 평형조건 및 시공의 편이성 등을 고려하여 스트럿 및 타이 부재를 배치하는 것이다. 이 예제의 전이 보는 불규칙 및 등분포 하중조건으로 인하여 보다 정확한 응력분포 및 자세한 거동을 이해하기 위해서는 유한요소법 등의 고급해석이 요구되나, 여기에서는 우측 개구부 부분과 좌측 내민보 지역으로 크게 구분하여 각각에 대하여 이미 잘 알려져 있는 응력상황 및 기존의 스트럿-타이 모델을 조합하여 그림 2.1.3과 같이 전체 모델을 형성하였다. 점선은 압축응력을 지지하는 스트럿 부재를, 실선은 인장응력을 지지하는 타이부재를 각각 나타내며, 본 예제의 경우 제시된 모델은 부정정 트러스구조이다.

지역 DFJG는 좌측의 개구부 지역과 우측의 부휨모멘트 지역을 연결하는 변이지역을 나타낸다. 우측 받침부 및 내민보 지역에서 기하학적으로 동일하지 않게 배치된 두 개의 경사 스트럿에 의해 발생하는 수평력을 지지하기 위하여 부재 KN을 배치하였는데, 이러한 응력분포는 균열 발생 후 응력의 재분배에 의해 나타날 수 있는 상황을 묘사한다. 절점 D는 상부 집중하중이 작용하는 위치에 배치하였으며, 절점 F 및 I는 부재 깊이를 따라 연직으로 작용하는 등분포 벽체 하중이 구간 중앙에 위치하도록 배치하였다.

경간 중앙의 상부 스트럿 폭은 최대 정휨모멘트를 지지하는 압축응력블록 깊이(200mm)로 하였으며, 내민보 부분의 상부 타이는 철근의 배치를 고려하여 전체 깊이의 20%를 유효폭(1,000mm)으로 가정하였다. 상부 및 하부 등분포하중의 분배는 절점을 기준으로 해당 기여길이에 따라 분배하였으나, 부재 깊이를 따라 작용하는 등분포 벽체 하중은 상부 및 하부 절점에만 분배하였다. 보다 정확한 응력분포를 묘사하기 위해서는 수직 등분포 벽체하중도 중간절점을 포함하여 보다 균등하게 작용시켜야 할 것으로 판단된다. 우측 받침부 부근의 하부 등분포하중은 부휨모멘트 지역 내에 포함되므로 받침부 상부 절점 M에 집중하중으로 추가 작용시켰다.

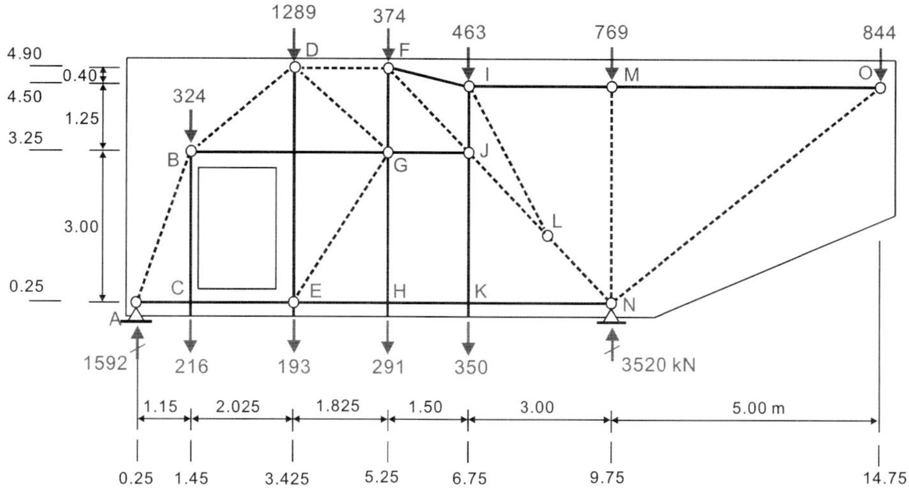

그림 2.1.3 스트럿-타이 모델

제안된 트러스 모델에는 A절점을 기준으로 경간 바깥쪽에 작용하는 상부 및 하부 등분포하중, O절점을 기준으로 절점 바깥쪽에 작용하는 상부 등분포하중, 받침부 플레이트 내에 작용하는 하부 등분포하중 등을 보다 정확하게 묘사하지 않았으므로, 그림 2.1.2와 2.1.3의 부재력 분포는 무시할 정도의 차이를 나타낸다.

2.1.2 스트럿과 타이의 단면력 산정

선정된 부정정 트러스 모델의 스트럿 및 타이 단면력은 좌측부 절점 A, B, 우측부 절점 O, N에서 관련된 힘을 먼저 산정하고, 그 다음에는 절점 D, E, G, L, I, F 및 J의 순서로 힘의 평형방정식에 의하여 산정하였다(그림 2.1.4). 한편, 단면력 PDF는 절점 F에서 우측부로부터 작용하는 휨모멘트(M=3,142kNm)를 절점 N에서 산정한 인장력 PKN 및 PGJ와 해당 팔길이(4,650mm 및 1,650mm)를 고려하여 결정하였다. 부정정 구조의 특성상, 절점 N에서 산정한 단면력 PKN 및 PGJ는 각각 절점 E 및 G로부터 산정한 단면력과 일치하여야 하며, 또한 절점 L의 위치 혹은 단면력 PLN 및 PIL, PJL을 얼마나 합리적으로 결정하느냐에 따라 나머지 단면력을 모두 정확하게 산정할 수 있다.

절점 L의 위치 혹은 단면력 PLN 및 PIL, PJL은 좌측 및 우측 지역으로 산정해 온 관련 부재력이 절점 F 및 J에서 수직 및 수평방향 평형조건이 모두 만족될 때까지 반복적으로 가정하여 결정하였다. 이는 관련 절점에만 국한되지 않고 전체 트러스 모델의 기하학적 형상에 관련되므로 국부적인 문제라고 볼 수 없다. 전술한 절차에 따를 경우 절점 N 및 E에서 산정한 PKN의 오차는 1.5%, 절점 G에서 수평력에 대한 오차는 1.6% 정도가 발생하였으나, 이는 무시할 정도이므로 더 이상의 반복계산은 수행하지 않았다. 그림 2.1.4는 단면력을 산정하기 위하여 관계 절점에서 요구하는 힘의 평형조건을 나타내고 있으며, 그림 2.1.5는 최종으로 산정된 계수단면력의 분포를 나타내고 있다.

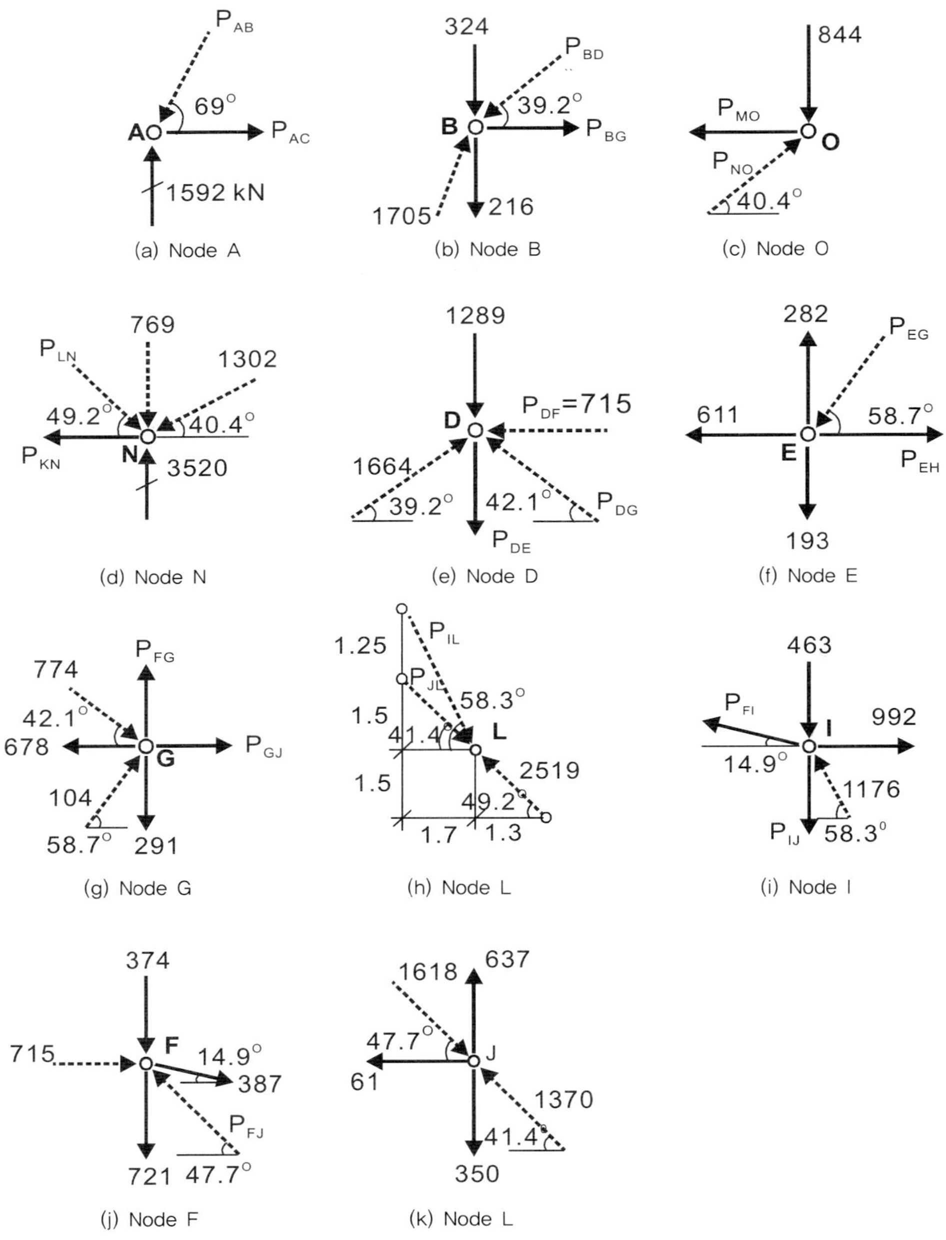

그림 2.1.4 절점의 평형조건

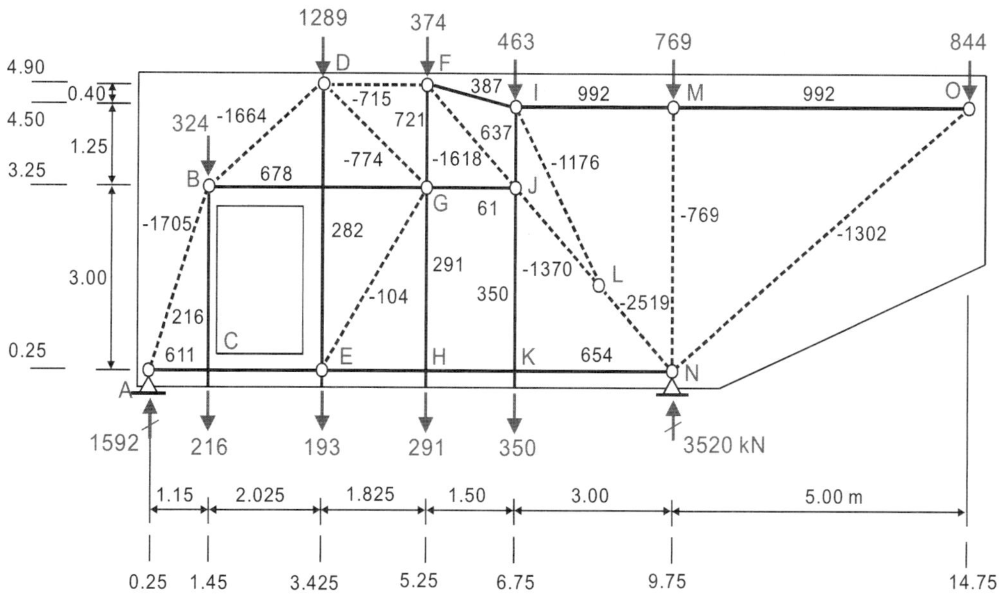

그림 2.1.5 스트럿 및 타이 부재력

2.1.3 철근의 배치 및 상세

1) 최소 철근량

깊이가 깊은보의 경우 균열제어 및 연성 확보를 위하여 연직 및 수평방향으로 최소 철근량이 요구되며, 이는 또한 경사스트럿에 대하여 단변방향으로 작용하는 부풀림(Bulging)력의 영향을 조절한다.

연직 및 수평방향 최소 철근량은 $A_v \geq 0.0025 b_w s$, $A_{vh} \geq 0.0015 b_w s_2$, $s, s_2 \leq d/5$, 300mm이므로 D10$(A_{st} = 71\text{mm}^2)$으로 구성된 2-가닥 표준 스터럽을 사용하여 보의 양 측면에 배치할 경우 그 간격은 아래와 같다.

$$s = \frac{2 \times 71}{0.0025 \times 250} = 220\text{mm},\ \text{D10@200}$$

으로 수직철근 배치

$$s_2 = \frac{2 \times 71}{0.0015 \times 250} = 379\text{mm},\ \text{D10@300}$$

으로 수평철근 배치 혹은 해당 스트럿에 대하여,

$$\Sigma \frac{A_{st}}{bs_i} sin^2\gamma_i = A_v \sin^2\gamma_i + A_{vh} \sin^2\gamma_i \geq 0.003$$

을 만족한다.

최소 철근량 조건을 만족하는 철근배근은 표준 U형 스터럽 대신에 장방형 격자를 갖는 용접철망(Welded Wire Fabric)을 사용하여 시공성을 향상시킬 수 있다. 하지만 WWF를 배치할 경우 2개의 WWF판이 연결되는 지역에서는 충분한 이음길이가 확보되어야 한다. 한편, 내민보 지역에서는 단면이 감소하므로 이에 따라 최소 철근량을 감소시킬 수 있다.

2) 수평 및 수직 타이 철근

$$\phi A_{st} f_y \geq F_u$$

여기서, $\phi = 0.85$이며, D10, D13, D16, D19에 대하여 $A_{st} = 127\text{mm}^2$, 199mm^2, 287mm^2이다.

표 2.1.1 타이 철근 상세

Member	F_u(kN)	$A_{st,req}(\text{mm}^2)$	Bar	Description
AN	654	1,453	D19	3 layer−2×D19, 단부에 Loop
BJ	678	1,507	D16	4 layer−2×D16
FO	992	2,204	D19	4 layer−2×D19, 단부에 Loop
BC	216	480	D10	4 set−U stir D10, s=50
DE	282	627	D10	5 set−U stir D10, s=200
FH	721	1,602	D13	7 set−U stir D13, s=230
IK	637	1,416	D13	6 set−U stir D13, s=250

3) 철근상세

최소 보강근 철근은 장방형 용접철망을 사용하는 것으로 하여 충분한 이음거리가 확보되도록 배치한다. 하부 주철근 AN에 대해서는 양단에 루프를 사용하여 충분히 정착시키며, 상부 주철근 FO에 대해서는 바깥쪽 단부만 루프를 사용하여 정착시킨다. 벽체의 양단부에는 쪼개짐(Splitting)파괴에 대비하여 U자형 보강근을 기존 철근 2개당 1개씩 추가 배치한다. 수직보강근은 표준갈고리를 갖는 스터럽을 사용한다.

2.1.4 지압응력 및 절점영역 검토

받침부 및 집중하중이 작용하는 절점에서는 반드시 콘크리트의 응력 검토가 요구되는데, 이 예제의 경우 절점 A, N, D, O가 해당되며, 이 중 A 및 N이 가장 위험한 지역으로 판단된다.

1) 지압응력

받침부 A(CCT) ;

$$v = \frac{1,592 \times 10^3}{500 \times 250} = 12.7\text{MPa} < \phi F_n = \phi 0.85\beta_n f_{ck} = 0.75(0.85 \times 0.85 \times 30)$$
$$= 15.5\text{MPa}$$

받침부 B(CCCT) ;

$$v = \frac{3,520 \times 10^3}{500 \times 250} = 28.2\text{MPa} > \phi F_n = 15.3\text{MPa}$$

따라서 플레이트 길이를 1,000mm로 증가시키면,

$$v = \frac{3,520 \times 10^3}{1000 \times 250} = 14.1\text{MPa} < \phi F_n = 15.3\text{MPa}$$

2) 절점 A (CCT)

그림 2.1.6의 경사력에 대하여,

$$\phi F_n = \phi(0.85\beta_n f_{ck} A_n) = 0.75(0.85 \times 0.8 \times 30 \times 10^3 \times 0.707 \times 0.25)$$
$$= 2,704\text{kN} > D_A = 1,705\text{kN} \qquad \langle\text{만족}\rangle$$

그림 2.1.6의 수평력에 대하여,

$$\phi F_n = 0.75(0.85 \times 0.8 \times 30 \times 10^3 \times 0.5 \times 0.25)$$
$$= 1,913\text{kN} > T_A = 611\text{kN} \qquad \langle\text{만족}\rangle$$

3) 절점 N (CCCT)

하중 크기에 따라 수직력에 대한 유효폭을 산정하면,

$$w_{prov,\,|} = \frac{769}{3,520} \times 1,000 \simeq 218\text{mm}$$

$$\phi F_n = 0.75(0.85\beta_n f_{ck} A_n) = 0.75(0.85 \times 0.8 \times 30 \times 10^3 \times 0.218 \times 0.25)$$

$$= 834\text{kN} > C_N = 769\text{kN} \qquad \langle \text{만족} \rangle$$

그림 2.1.7의 경사력에 대하여,

$$\phi F_n = 0.75(0.85 \times 0.8 \times 30 \times 10^3 \times 0.737 \times 0.25)$$

$$= 2{,}819\text{kN} > D_{NL} = 2{,}519\text{kN} \qquad \langle \text{만족} \rangle$$

$$\phi F_n = 0.75(0.85 \times 0.8 \times 30 \times 10^3 \times 0.555 \times 0.25)$$

$$= 2{,}123\text{kN} > D_{NO} = 1{,}302\text{kN} \qquad \langle \text{만족} \rangle$$

그림 2.1.7의 수평력에 대하여,

$$\phi F_n = 0.75(0.85 \times 0.8 \times 30 \times 10^3 \times 0.5 \times 0.25)$$

$$= 1{,}913\text{kN} > T_N = 654\text{kN} \qquad \langle \text{만족} \rangle$$

2.1.5 스트럿의 강도 검토

스트럿의 강도 검토는 스트럿이 계수단면력을 전달하는 데 필요로 하는 단면폭이 제공된 스트럿의 최대 유효폭 w_{prov}을 초과하는지 여부를 조사하여 수행하였다. 스트럿의 필요폭 w_{req}은 스트럿의 필요단면적 A_{req}을 스트럿의 필요폭 w_{req}과 두께 b의 곱으로 표시함으로써 아래와 같이 산정할 수 있다.

$$w_{req} = \frac{F_u}{\phi\, 0.85\beta_s f_{ck}\, b}$$

위 식에 따라 AB 스트럿의 필요폭을 산정하면,

$$w_{req} = \frac{F_u}{\phi\, 0.85\beta_s f_{ck} b} = \frac{1{,}750 \times 10^3}{0.75 \times 0.85 \times 0.75 \times 30 \times 250} = 503\text{mm}$$

여기서, AC 스트럿의 유효압축강도계수 β_s는 최소 철근량 규정을 만족하므로 0.75를 채택하였다. AB 스트럿의 최대 유효폭은 그림 2.1.6에 나타난 바와 같이 스트럿 양단면의 유효폭 중 작은 값인 646mm($w_{prov} = l_b \sin\theta + w_t \sin\theta$)이므로 스트럿의 강도조건을 만족한다. 마찬가지로 절점 N에 대한 스트럿 LN 및 ON에 대하여서도 제공된 유효폭이 충분한지에 대하여 검토할 수 있다.

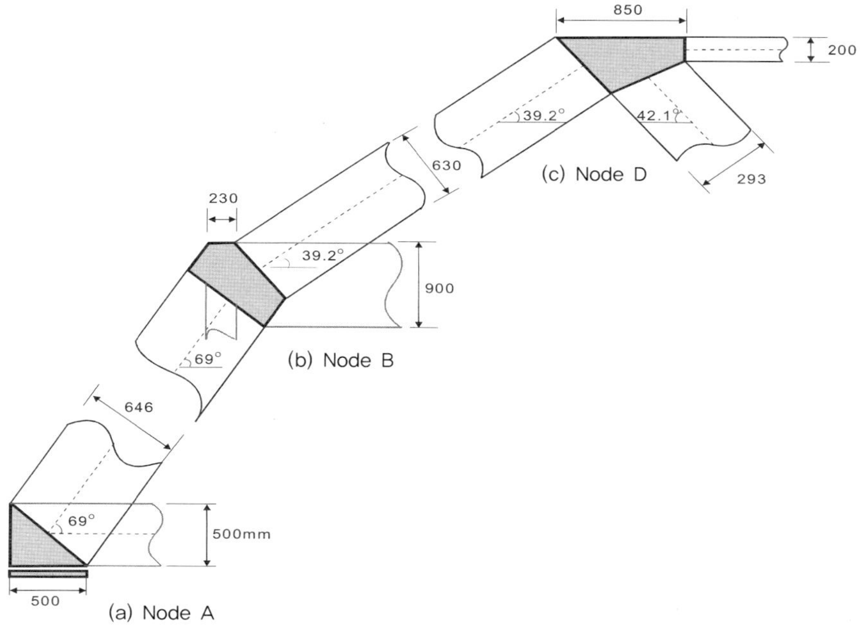

그림 2.1.6 절점영역 A, B 및 D의 기하학적 조건

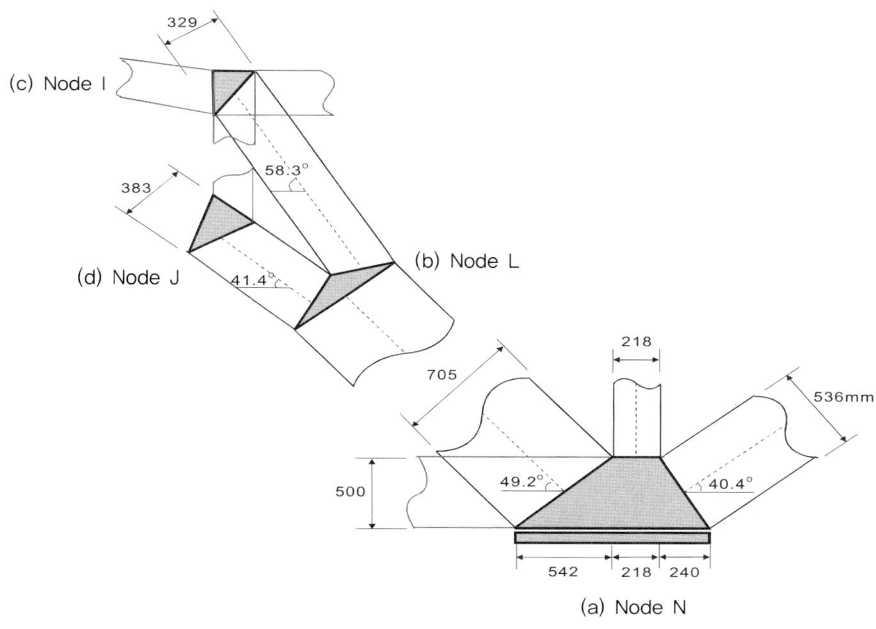

그림 2.1.7 절점영역 I, J, L 및 L의 기하학적 조건

2.1.8 철근배근 상세

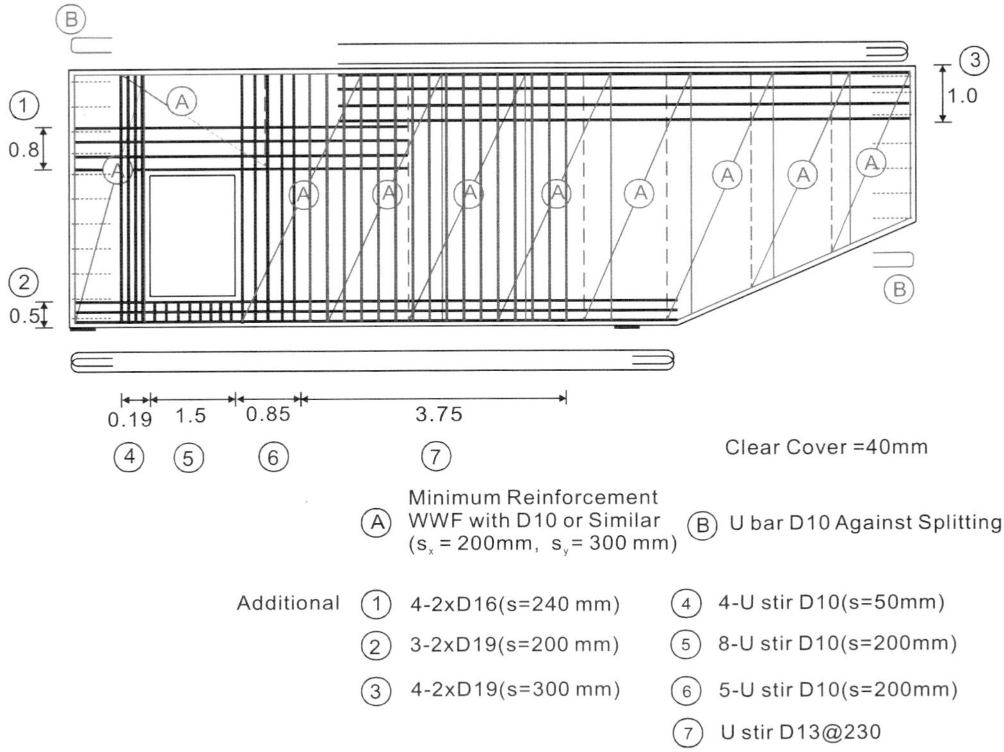

그림 2.1.8 개구부가 있는 전이 보의 철근배근 상세

2.2 개구부가 없는 전이 보

개구부가 없는 단일 경간 전이 보는 예제 1.1절 깊은보의 설계 사례와 유사하므로 이를 참조하여 설계하여도 무방하며, 이 절에서는 연속경간의 전이 보 설계를 대상으로 한다. 보통 건물 등에서 전이 보는 1개 이상의 기둥에서 오는 하중을 받아, 이를 횡방향의 다른 기둥에 전달하는 기능을 한다. 이러한 전이 보의 거동은 지하철 출입구 개구벽체 그리고 말뚝기초(pile cap)에서도 일어날 수 있다.

전이 보는 보통 깊이가 2m보다 큰 경우가 많고, 전이 보의 특성상 하중은 직접하중(direct loading, 콘크리트 상면에 작용하는 하중)으로 작용한다. 또한 전이 보에서는 극한하중의 1/3에서 1/2에 이르면 균열이 발생하고 균열 사이로 인장력 전달이 급격히 작아지며 응력 재분배가 크게 일어나기 때문에 스트럿-타이 모델을 이용한 해석이 반드시 필요하다.

2.2.1 첫 번째 시험단면과 재료강도 선택

설계대상 구조물의 기하학적 형상과 설계하중을 그림 2.2.1에 도시화하였다. 콘크리트 설계기준압축강도는 28MPa이고 철근의 항복강도는 400MPa이다. 이때 자중은 무시한다.

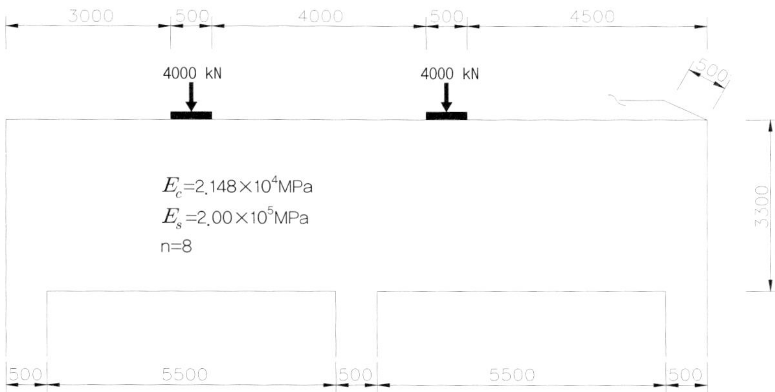

그림 2.2.1 연속경간 전이 보의 기하학적 형상 및 설계하중

2.2.2 스트럿-타이 모델의 선정

스트럿-타이 모델의 형상 결정은 설계자의 구조적 능력에 따라 크게 영향 받는다. 따라서 스트럿과 타이 그리고 절점 위치는 최대한 합리적으로 구성해야 하며, 연속보의 정확한 해석을 위해서 부정정 차수가 높은 소성 트러스법을 사용하여도 무방하다(참고문헌 J.G. MacGregor, 18장). 이때 스트럿 θ의 값은 가급적 25°~65° 범위 내로 한다.

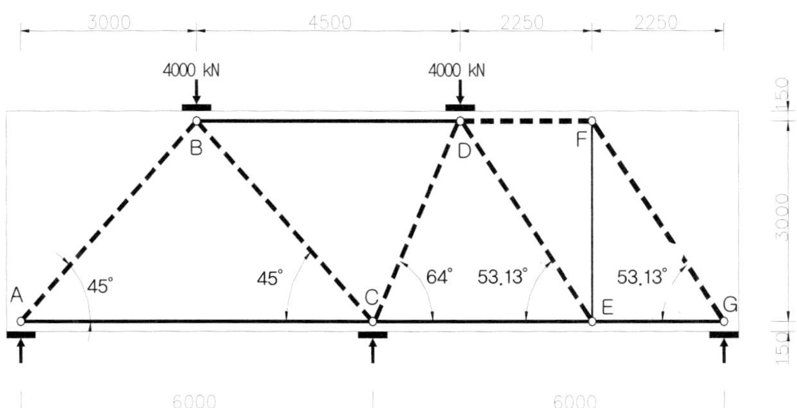

그림 2.2.2 스트럿-타이 모델

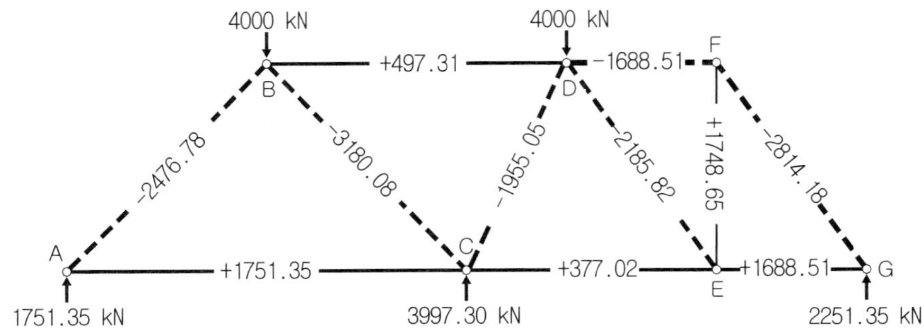

(a) 동일한 강성을 사용한 경우

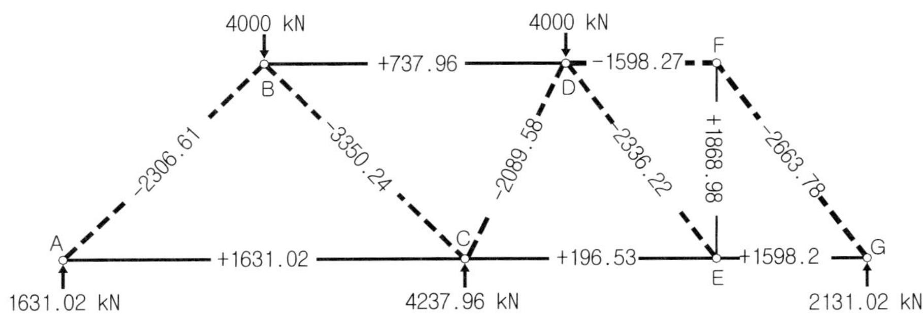

(b) 반복계산을 수행한 후 실제 강성을 사용한 경우

그림 2.2.3 스트럿–타이의 단면력(단위 : kN)

2.2.3 스트럿과 타이의 단면력 산정

선정한 트러스는 1차 부정정 트러스구조이며, 먼저 부재 모두 동일한 강성을 사용하여 구조해석 결과를 그림 2.2.3(a)에 도시화하였다. 이후 타이와 스트럿의 계산된 강성을 사용하여 반복계산을 수행하여 그림 2.2.3(b)에 도시화하였다. 구조계산 결과, BD타이 부재력을 제외하면 대부분 10% 미만의 수렴 오차가 발생하였다. 여기서는 두 가지 방법으로 구한 값 중 큰 값을 스트럿과 타이의 단면력으로 하였다.

2.2.4 철근 배치

1) 휨철근의 결정

전이 보의 하부에 AC와 CE 타이가 있고 상부에 BD 타이가 위치하고 있다. 각 타이의 필요철근량을 계산하면 다음과 같다.

$$\text{AC 타이}: A_{st}=\frac{F_u}{\phi f_y}=\frac{1,751.35\times10^3}{0.85\times400}=5,151\text{mm}^2$$

$$\text{CE 타이}: A_{st}=\frac{F_u}{\phi f_y}=\frac{377.62\times10^3}{0.85\times400}=1,111\text{mm}^2$$

$$\text{EG 타이}: A_{st}=\frac{F_u}{\phi f_y}=\frac{1,688.51\times10^3}{0.85\times400}=4,966\text{mm}^2$$

$$\text{BD 타이}: A_{st}=\frac{F_u}{\phi f_y}=\frac{737.96\times10^3}{0.85\times400}=2,170\text{mm}^2$$

표 2.2.1 타이의 제원 결정

타이 요소		필요철근량(mm²)	사용 철근량(mm²)	비 고
하부 타이	AC	4,865	6,424 H29×10ea	2단
	CE	1,049	6,424 H29×10ea	
	EG	4,690	6,424 H29×10ea	
상부 타이	BD	2,050	2,534 H25×5ea	1단

2) 전단철근의 결정

전단력을 전달하기 위해 EF 타이의 1,868.98kN의 단면력을 전달하는 데 필요한 전단철근을 배근하여야 한다. 전단력을 전달하는 타이의 최대 유효폭 내에 넓게 분포된 스터럽의 배근형태를 가진다. H16의 폐쇄스터럽을 사용하여 수직 타이에 필요한 스터럽의 수(n)를 구하면 다음과 같다.

$$\text{EF 타이}: n=\frac{F_u}{\phi A_{st} f_y}=\frac{1,868.98\times10^3}{0.85\times2\times198.7\times400}\fallingdotseq 14$$

결정한 스터럽 수를 이용하여 타이의 유효폭 4,500mm 내에서 필요배근간격 s를 구하면 다음과 같다.

EF 타이 : 4,500/14=321.4mm

따라서 EF 타이 위치에는 H16 폐쇄스터럽을 300mm 간격으로 배근한다.

2.2.5 스트럿과 절점영역의 강도 검토

스트럿과 절점영역의 강도 검토는 다음과 같은 절차에 따라 수행한다.

i) 스트럿의 유효강도와 스트럿이 만나는 절점영역의 유효강도를 비교하여 그중 작은 유효강도 값을 스트럿의 유효강도로 결정하고

ii) 이를 이용하여 결정한 스트럿의 필요유효폭과 타이의 유효폭을 이용하여 차원화한 스트럿-타이 모델을 결정한 후

iii) 이 모델이 설계대상 구조물의 기하학적 형상을 벗어나는지 또는 스트럿 단면적의 중첩 발생 여부의 검토를 수행한다.

스트럿의 유효강도와 스트럿이 만나는 절점영역의 유효강도를 비교하여 그중 작은 유효강도 값을 스트럿의 유효강도로 사용할 경우에는 추가적인 절점영역의 강도 검토 과정을 수행할 필요가 없다. 스트럿의 필요유효폭 w_{req}은 스트럿의 단면력 F_u을 앞서 계산된 스트럿의 유효강도 값$(0.85\beta_{s,\text{mod}}f_{ck})$과 두께 b로 나누어 계산한다.

$$w_{req} = \frac{F_u}{\phi 0.85\beta_{s,\text{mod}}f_{ck}\,b} \qquad \text{(구조기준 3.1과 3.2)}$$

위 식을 이용하여 AB 스트럿의 필요유효폭을 계산하면 다음과 같다.

$$w_{req} = \frac{F_u}{\phi 0.85\beta_{s,\text{mod}}f_{ck}\,b} = \frac{2,476.78\times 10^3}{0.75\times 0.85\times 0.75\times 28\times 500} = 371\text{mm}$$

여기서, AB 스트럿의 유효압축강도 β_s는 구조기준 부록 I 3.3(2)의 최소 철근량 규정을 만족하는 것으로 가정하여 0.75로 결정하였다. 표 2.2.2에 스트럿의 유효강도계수와 필요유효폭을 정리하였다.

표 2.2.2 스트럿의 유효강도 및 필요유효폭

스트럿 요소	요소 종류	β_s or β_n	$\beta_{s,\text{mod}}$	$0.85\beta_{s,\text{mod}}f_{ck}$	F_u(kN)	w_{req}(mm)
AB	스트럿 AB NZ* A-CCT NZ B-CCT	0.75 0.80 0.80	0.75	17.85	2,477	371
BC	스트럿 BC NZ B-CCT NZ C-CTT	0.75 0.80 0.60	0.60	14.28	3,180	594

스트럿 요소	요소 종류	β_s or β_n	$\beta_{s,\mathrm{mod}}$	$0.85\beta_{s,\mathrm{mod}}f_{ck}$	F_u(kN)	w_{req}(mm)
CD	스트럿 CD NZ C-CTT NZ D-CCT	0.75 0.60 0.80	0.60	14.28	1,955	366
DE	스트럿 DE NZ D-CCT NZ E-CTT	0.75 0.80 0.60	0.60	14.28	2,186	409
DF	스트럿 DF NZ D-CCT NZ F-CCT	0.75 0.80 0.80	0.75	17.85	1,689	253
FG	스트럿 FG NZ F-CCT NZ G-CCT	0.75 0.80 0.80	0.75	17.85	2,814	421

* NZ＝절점영역

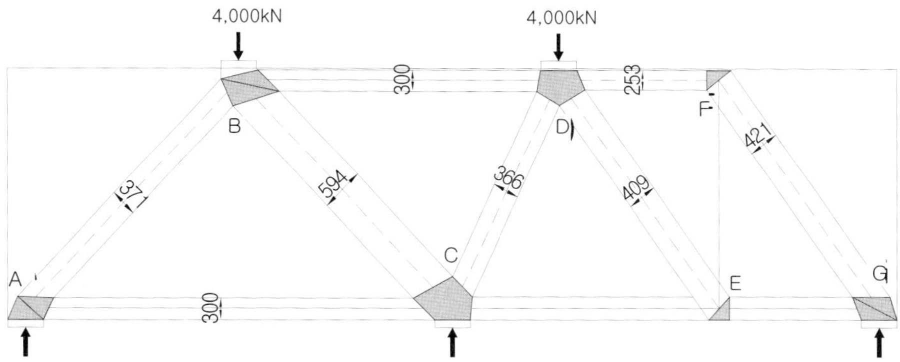

그림 2.2.4 차원화한 스트럿-타이 모델(CAD 작성)

2.2.6 균열제어를 위한 최소 철근량의 배근 및 철근정착

1) 최소 철근량의 배근

스트럿 DE, FG의 강토 검토 시 유효강도계수 β_s를 0.75로 결정하였으므로 구조기준 부록Ⅰ 3.3(2)의 식 (3.3)을 만족하도록 최소 철근량을 배근하여야 한다.

$$\Sigma\frac{A_{si}}{bs_i}sin^2\gamma_i \geq 0.003 \qquad \text{(구조기준 부록Ⅰ 3.3)}$$

여기서, A_{si}는 콘크리트 스트럿 중심선과 이루는 각 γ_i로 배치된 철근의 전체면적이다. DE, FG 스트럿을 가로지르는 철근량은 수직방향으로 H16의 폐쇄스터럽이 EF 타이의 배근영역에 300mm 간격으로 배근되어 있다. 따라서 수평방향으로 H13×2ea을 300mm 간격으로 배근하는 것으로 가정하여 각 스트럿에 대해 최소 철근량 설계규정 만족 여부를 검토한다. 계산한 결과는 0.003을 넘지 못하기 때문에 철근의 양을 늘리거나 강도감수계수를 낮게 하여 재계산해야 한다.

$$\text{DE, FG 스트럿} : \Sigma \frac{A_{si}}{bs_i} sin^2\gamma_i \geq 0.003$$

$$= \frac{198.7 \times 2}{350 \times 300} \sin^2 36.87° + \frac{126.7 \times 2}{350 \times 300} \sin^2 53.13°$$

$$= 0.0291 \geq 0.003$$

2) 철근의 정착

구조기준 부록I 4.3절에는 타이의 정착을 기계적 장치, 포스트텐션 정착장치, 표준갈고리, 또는 철근의 연장에 의해 이루어져야 한다고 규정하고 있다. 가장 큰 인장력을 받는 AC 타이의 정착을 위해 90° 표준갈고리를 사용하면 정착길이 l_{dh}는 콘크리트 구조기준 8.2.5절에 따라 다음과 같이 구할 수 있다.

$$l_{dh} = \frac{100 d_b}{\sqrt{f_{ck}}} \times \text{보정계수} = \frac{100 \times 29}{\sqrt{28}} \times 0.7 \times \frac{4,865}{6,424} = 291\text{mm}$$

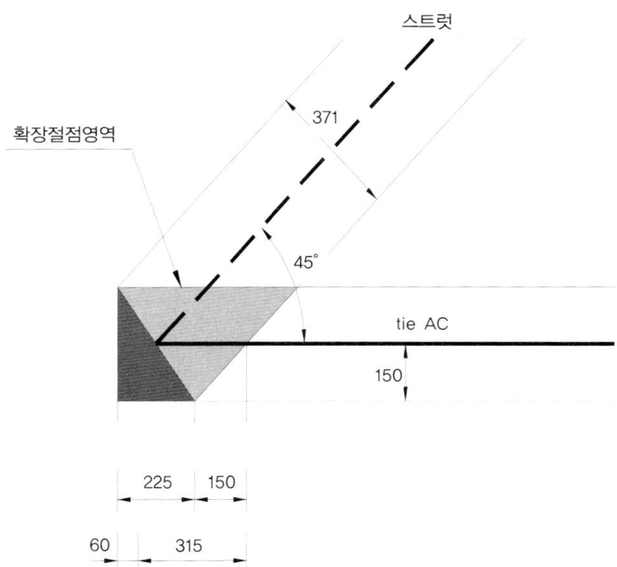

그림 2.2.5 AC 타이의 정착길이

AC 타이를 설계영역의 단부까지 연장하여 표준갈고리를 이용하여 정착시키면 유용한 정착길이는 그림 2.2.5와 같이 315(=225+150−60)mm이다. 따라서 필요한 정착길이보다 배근된 정착길이가 크므로 AC 타이는 정착조건을 만족한다.

2.2.7 철근배근 상세

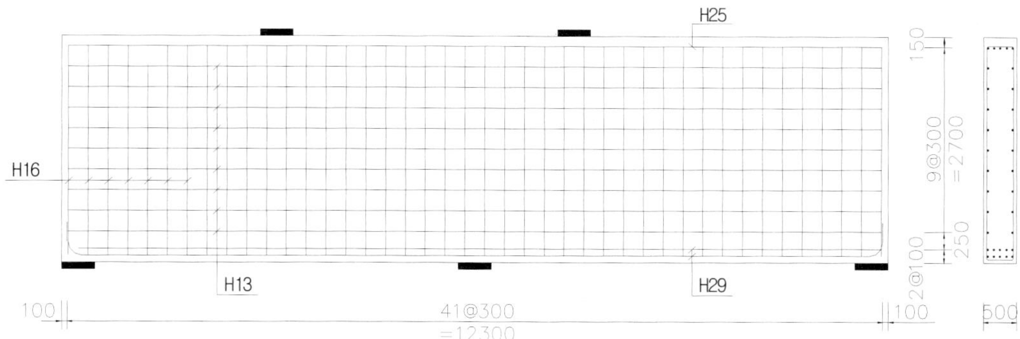

그림 2.2.6 연속경간 전이 보의 철근배근

예제 3 : PSC 부재의 정착부 설계

3.1 PSC beam 단부 정착부

최근 건설되고 있는 콘크리트 교량은 교량의 경간이 길어짐에 따라 대부분이 프리스트레스트콘크리트 교량으로 시공되고 있다. 프리스트레스트콘크리트 교량 중 가장 많이 사용되는 PSC beam교(그림 3.1.1)는 국내 전체 교량 중 약 1/4을 차지할 정도로 많이 사용되는 교량형식이다. PSC beam교에서 긴장장치를 사용하여 프리스트레싱 강재에 긴장력을 도입할 때 정착장치의 주위와 하단에 집중하중이 발생하여 응력상태가 교란된 영역을 정착부(anchorage zone)라 한다. 이 정착부에는 구조물의 단면에 비하여 매우 큰 집중하중이 발생하므로, 이로 인해 콘크리트에 균열이 발생할 수 있으며 정착부에 대한 합리적인 설계와 시공이 이루어지지 못하는 경우에는 바로 구조물의 치명적인 파괴로 이어질 수 있어 아래 그림 3.1.1과 같이 철근 보강을 한다. 정착부는 프리스트레스트콘크리트 교량을 설계할 때 반드시 검토되어야 하는 영역이지만, 현재까지 정착부의 설계는 허용응력 개념이나 경험적 방법으로 설계되고 있다.

그림 3.1.1 PSC beam 정착부의 철근배근

프리스트레스트콘크리트 교량은 기존 이론으로 정확한 해석이 가능한 B영역(Beam or Bernoulli region)과 기하적 또는 역학적 불연속성이 존재하여 해석에 어려움이 있는 D영역(Discontinuity or Disturbance region)으로 나눌 수 있다. 정착부는 집중하중의 도입으로 인해 응력상태가 교란되는 D영역에 해당된다. D영역에 대해 유한요소법 등에 의한 해석과 이를 근거로 한 설계는 최근에 컴퓨터의 발달과 더불어 널리 행해지고 있으나, 철근콘크리트 부재가 갖는 재료의 특성과 비선형성으로 인하여 정확한 해를 구하기가 쉽지 않고, 만족할 만한 해를 구할 수 있다 하더라도 많은 계산량과 시간이 소요된다. 따라서 B영역과 D영역을 포함하는 구조물에 대하여 간단하면서도 정확도를 갖는 해석방법과 설계개념이 필요한 실정인데, 이 방법으로 제시되고 있는 것이 스트럿-타이 모델이다.

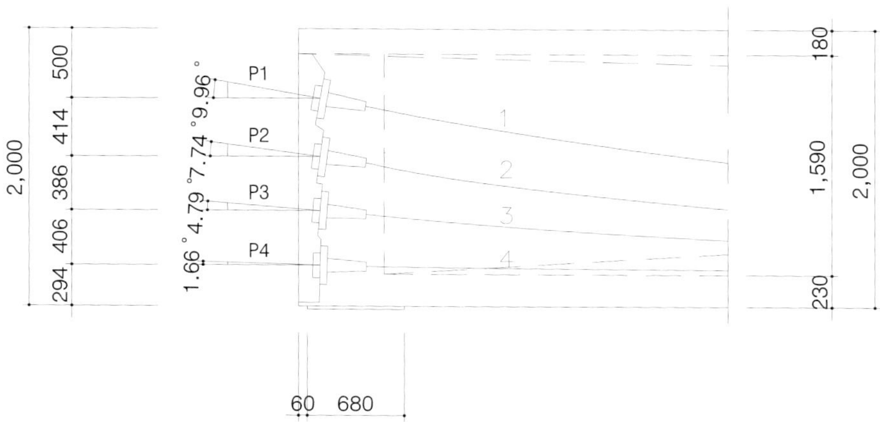

(a) Elevation 정면도

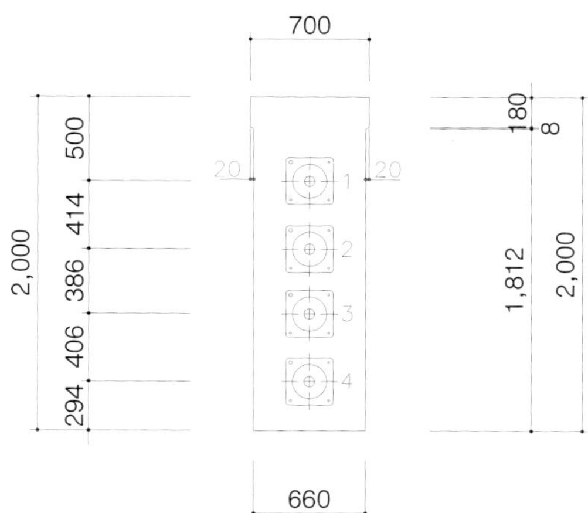

(b) Cross-section 단면도

그림 3.1.2 설계대상 구조물의 기하적 형상 및 설계하중

스트럿-타이 모델은 구조물에서의 가장 기본적인 하중경로를 찾는 데 있어서 매우 효율적인 방법이 된다. 기본적인 하중경로는 평형조건과 재료의 강도 제한조건만을 만족시키는데 요구되는 보강철근을 찾는 데 많은 장점을 줄 것으로 판단된다.

PSC beam 단부 정착부를 스트럿-타이 모델로 설계하기 위해 선정한 구조물은 도로교에 적용되는 $L=30.0$mm 단경간의 표준형식으로 설계하중은 1등교(DB-24)이며, 보 간격은 2.5m이다. 상부 플랜지 폭은 0.7m, 깊이는 2.0m이고 4개의 단부 정착구를 갖는 구조로 그림 3.1.2에 설계대상 구조물의 기하적 형상이 나타나 있다. 강연선은 ϕ12.7mm(0.5″)×12ea를 사용하여 지압판은 215mm×215mm 크기로 콘크리트 지압영역에 의해 지지될 수 있도록 구성되어 있다. 지압판에 작용하는 하중은 손실 발생 전 도입 시 프리스트레스 하중이 작용하는 것으로 본다.

단부 정착구에 작용하는 도입 긴장력은 $P_1=1,530$kN, $P_2=1,488$kN, $P_3=1,442$kN, $P_4=1,391$kN이다. 콘크리트 설계기준압축강도(f_{ck})는 40MPa이고, 철근의 설계기준항복강도는 300MPa, 강선의 인장강도는 1,900MPa이다.

3.1.1 스트럿-타이 모델의 선정

D영역의 길이는 St. Venant 원리에 따라 그림 3.1.3과 같이 부재의 깊이 $h(=2.0\text{m})$로 한다. 단부 정착구에 작용하는 긴장력은 절점에 수평력과 수직력으로 작용하는 것으로 가정하고, 이 긴장력은 압축 스트럿이 형성되어 상·하부 플랜지 및 복부로 흐르고, 인장타이는 $h/2$ 단면과 h 단면에 위치하는 것으로 가정한다. PC 텐던 배치 방향이 주 압축응력의 경로이므로 PC 텐던의 경로 상에 압축 스트럿과 절점이 위치한다고 가정한다. 이와 같이 선정한 스트럿-타이 모델은 그림 3.1.3과 같다.

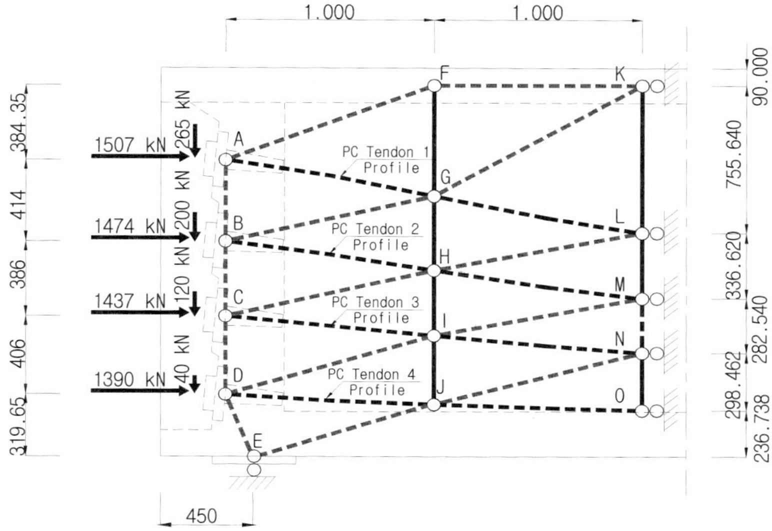

그림 3.1.3 스트럿-타이 모델(길이 단위 : mm)

3.1.2 스트럿과 타이의 단면력 산정

선정한 트러스의 각 부재가 동일한 강성이다고 가정하여 구조계산하면, 각 스트럿과 타이의 부재력을 산출할 수 있다. 그 결과를 그림 3.1.4에 도시화하였다.

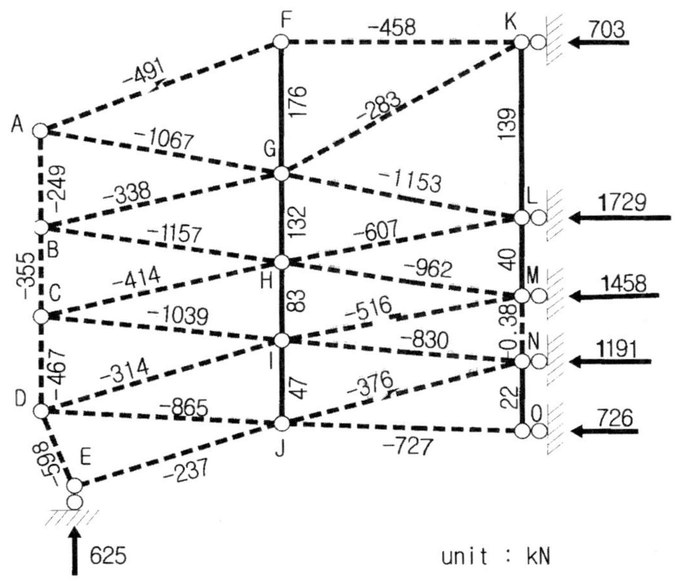

그림 3.1.4 스트럿-타이 모델의 단면력(단위 : kN)

3.1.3 철근의 배치

가장 인장력이 큰 FG 타이에 대해서 필요철근량을 계산한다.

$$\text{FG 타이} : A_{st} = \frac{F_u}{\phi f_y} = \frac{176.02 \times 10^3}{0.85 \times 300} = 690.27\text{mm}^2$$

표 3.1.1 타이의 재원 결정

Tie 요소	필요철근량(mm^2)	사용 철근량(mm^2)	비 고
F G	690.27	993.0 D16@C.T.C 200	기존 방법 D16@C.T.C 100

따라서 종방향 100mm 간격으로 D16 철근을 배근한다. 그 결과는 표 3.1.1에 정리하였다. 스트럿-타이 모델 방법에 의해 산정한 철근량이 기존 방법에 의해 배치하던 철근량(D16@C.T.C)보다 훨씬 적은 배근이 가능하다는 것을 알 수 있다.

3.1.4 스트럿과 절점영역의 강도 검토

스트럿과 절점영역의 강도 검토는 다음과 같은 절차에 따라 수행한다.

i) 스트럿의 유효강도와 스트럿이 만나는 절점영역의 유효강도를 비교하여 그중 작은 유효강도 값을 스트럿의 유효강도로 결정하고
ii) 이를 이용하여 결정한 스트럿의 필요유효폭과 타이의 유효폭을 이용하여 차원화한 스트럿-타이 모델을 결정한 후
iii) 이 모델이 설계대상 구조물의 기하학적 형상을 벗어나는지 또는 스트럿 단면적의 중첩 발생 여부의 검토를 수행한다.

스트럿의 유효강도와 스트럿이 만나는 절점영역의 유효강도를 비교하여 그중 작은 유효강도 값을 스트럿의 유효강도로 사용할 경우에는 추가적인 절점영역의 강도 검토 과정을 수행할 필요가 없다. 스트럿의 필요유효폭 w_{req}은 스트럿의 단면력 F_u을 앞서 계산된 스트럿의 유효강도 값($0.85\beta_{s,\text{mod}}f_{ck}$)과 두께 b로 나누어 계산한다.

$$w_{req} = \frac{F_u}{\phi\, 0.85\beta_{s,\text{mod}}f_{ck}\, b} \qquad \text{(구조기준 부록I 3.1과 3.2)}$$

위 식을 이용하여 가장 큰 압축력을 받고 있는 BH 스트럿의 필요유효폭을 계산하면 다음과 같다.

$$w_{req} = \frac{F_u}{\phi\, 0.85 \beta_{s,\mathrm{mod}} f_{ck}\, b} = \frac{1,156.98 \times 10^3}{0.75 \times 0.85 \times 0.60 \times 40 \times 660} = 114.6\mathrm{mm}$$

여기서, BH 스트럿의 유효압축강도 β_s는 구조기준 부록I 3.3(2)의 최소 철근량 규정을 만족하지 않는 것으로 가정하여 0.60으로 결정하였다. 표 3.1.2에 스트럿의 유효강도계수와 필요유효폭을 정리하였다.

표 3.1.2 스트럿의 유효강도 및 필요유효폭

스트럿 요소	요소 종류	β_s or β_n	$\beta_{s,\mathrm{mod}}$	$0.85\beta_{s,\mathrm{mod}} f_{ck}$	F_u(kN)	w_{req}(mm)	안전 여부
A B	스트럿 AB NZ A-CCC NZ B-CCC	0.60 1.00 1.00	0.60	20.4	249	24.6	만족
B C	스트럿 BC NZ B-CCC NZ C-CCC	0.60 1.00 1.00	0.60	20.4	355	35.2	만족
C D	스트럿 CD NZ C-CCC NZ D-CCC	0.60 1.00 1.00	0.60	20.4	467	46.2	만족
D E	스트럿 DE NZ D-CCC NZ E-CCC	0.60 1.00 1.00	0.60	20.4	598	59.2	만족
A F	스트럿 AF NZ A-CCC NZ F-CCT	0.60 1.00 0.80	0.60	20.4	491	48.6	만족
A G	스트럿 AG NZ A-CCC NZ G-CTT	0.60 1.00 0.60	0.60	20.4	1,067	105.6	만족
B G	스트럿 BG NZ B-CCC NZ G-CTT	0.60 1.00 0.60	0.60	20.4	338	33.5	만족
B H	스트럿 BH NZ B-CCC NZ H-CTT	0.60 1.00 1.00	0.60	20.4	1,157	114.6	만족
C H	스트럿 CH NZ C-CCC NZ H-CTT	0.60 1.00 0.60	0.60	20.4	414	41.0	만족

표 3.1.2 스트럿의 유효강도 및 필요유효폭(계속)

스트럿 요소	요소 종류	β_s or β_n	$\beta_{s.\mathrm{mod}}$	$0.85\beta_{s.\mathrm{mod}} f_{ck}$	F_u(kN)	w_{req}(mm)	안전 여부
C I	스트럿 CI NZ C-CCC NZ I-CTT	0.60 1.00 0.60	0.60	20.4	1,039	102.9	만족
D I	스트럿 DI NZ D-CCC NZ I-CTT	0.60 1.00 0.60	0.60	20.4	314	31.1	만족
D J	스트럿 DJ NZ D-CCC NZ J-CCT	0.60 1.00 0.80	0.60	20.4	865	85.6	만족
E J	스트럿 EJ NZ* E-CCC NZ J-CCT	0.60 1.00 0.80	0.60	20.4	237	23.5	만족
F K	스트럿 FK NZ F-CCT NZ K-CCT	0.60 0.80 0.80	0.60	20.4	458	45.4	만족
G K	스트럿 GK NZ G-CTT NZ K-CCT	0.60 0.60 0.80	0.60	20.4	283	28.0	만족
G L	스트럿 GL NZ G-CTT NZ L-CTT	0.60 0.60 0.60	0.60	20.4	1,153	114.1	만족
H L	스트럿 HL NZ H-CTT NZ L-CTT	0.60 0.60 0.60	0.60	20.4	607	60.1	만족
H M	스트럿 HM NZ H-CTT NZ M-CCT	0.60 0.60 0.80	0.60	20.4	962	95.2	만족
I M	스트럿 IM NZ I-CTT NZ M-CCT	0.60 0.60 0.80	0.60	20.4	516	51.1	만족
I N	스트럿 IN NZ I-CTT NZ N-CCT	0.60 0.60 0.80	0.60	20.4	830	82.3	만족
J N	스트럿 JN NZ J-CCT NZ N-CCT	0.60 0.80 0.80	0.60	20.4	376	37.3	만족
J O	스트럿 JO NZ J-CCT NZ O-CCT	0.60 0.80 0.80	0.60	20.4	727	72.0	만족

* NZ=절점영역

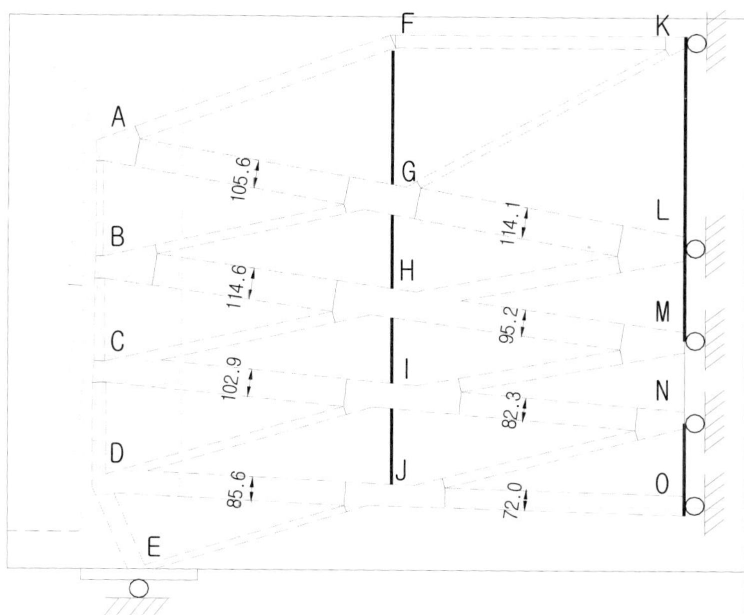

그림 3.1.5 차원화한 스트럿-타이 모델

3.1.5 균열제어를 위한 최소 철근량의 배근 및 철근정착

1) 최소 철근량의 배근

스트럿 강도를 검토할 때 스트럿의 유효강도계수 β_s는 구조기준 부록I 3.3(2)를 만족하지 않는 것으로 가정하였으므로 최소 철근량 설계규정을 검토할 필요가 없다.

2) 철근의 정착

구조기준 부록I 4.3절에는 타이의 정착을 기계적 장치, 포스트텐션 정착장치, 표준갈고리, 또는 철근의 연장에 의해 이루어져야 한다고 규정하고 있다. 가장 큰 인장력을 받는 FG 타이의 정착을 위해 90° 표준갈고리를 사용하면 정착길이 l_{dh}는 콘크리트 구조기준 8.2.5절에 따라 다음과 같이 구할 수 있다.

$$l_{dh} = \frac{100 d_b}{\sqrt{f_{ck}}} \times \text{보정계수} = \frac{100 \times 16}{\sqrt{40}} \times 0.7 \times \frac{690.27}{993} = 123.10\text{mm}$$

따라서 FG 타이 철근을 정착시키기 위해 그림 3.1.6과 같이 상하부에 각각 200mm를 확보하도록 횡단면과 폐쇄형으로 처리한다(B-B 단면 참조).

3.1.6 철근배근 상세

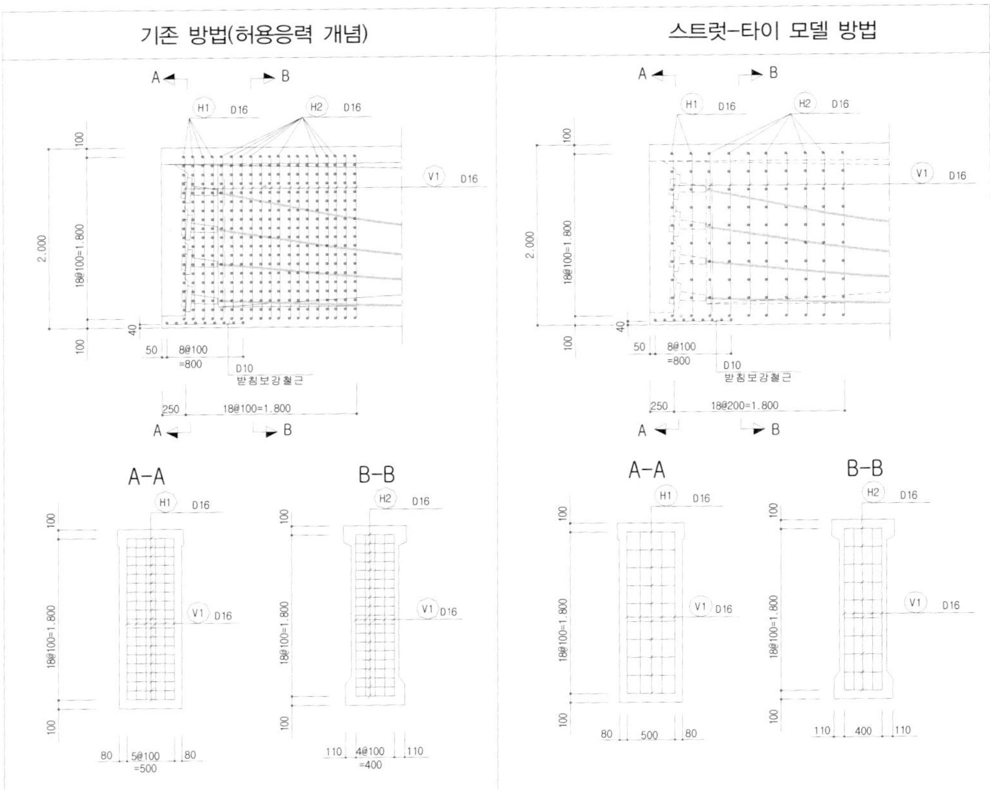

그림 3.1.6 설계대상 영역의 철근배근 상세

이 예제에서는 정착부의 측면 모델에 국한하고 평면에 대한 스트럿-타이 모델 설계를 수행하지 않았는데, 일반적으로 평면 모델의 인장타이의 인장력은 측면 모델의 수직 인장타이 부재력보다 훨씬 작다. 따라서 H1과 H2 철근은 V1 철근과 동일하게 배근할 경우 충분히 안전하다.

3.2 PSC box-girder 정착부

3.2.1 단부 정착부

PSC box 단부 정착부 스트럿-타이 모델을 위해 선정한 구조물은 l=50m 연속, 폭 11.825m, 깊이 2.8m 및 복부에 6개의 단부 정착구를 갖는 구조로 그림 3.2.1은 설계대상 구조물의 기하학적 형상을 보여주고 있다. 강연선은 ϕ15.2mm(0.6″)×16ea를 사용하여 지압판은 315mm×315mm 크기로 콘크리트 지압영역에 의해 지지될 수 있도록 구성되어 있다. 지압판에 작용하는 하중은 손실 발생 전 도입시 프리스트레스 하중이 작용하는 것으로 본다. 콘크리트 설계기준압축강도 f_{ck}는 40MPa이고 철근의 설계기준항복강도는 400MPa, 강선의 인장강도는 1,900MPa이다. 설계대상 영역인 단부 정착부는 대칭의 기하학적 형상과 설계하중을 가지므로 단면 중심으로 한쪽 복부에만 작용하는 힘의 흐름에 대하여 고려하였다.

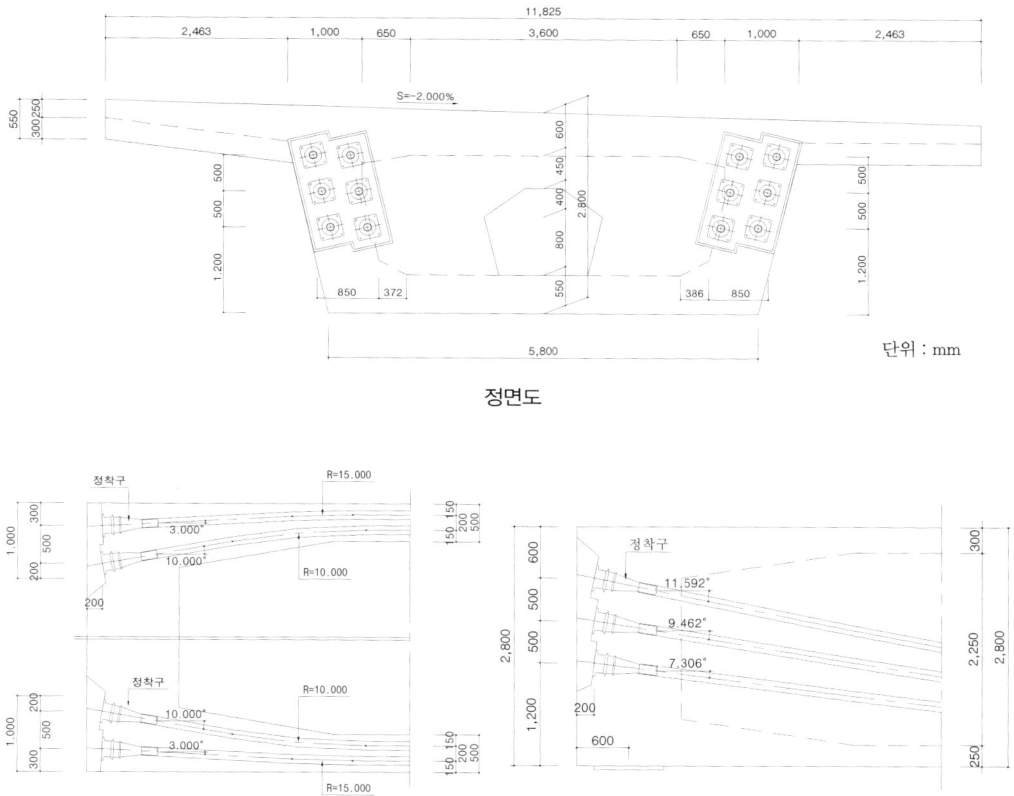

그림 3.2.1 설계대상 구조물의 기하학적 형상 및 설계하중

1) 스트럿-타이 모델의 선정

단부 정착구에 작용하는 도입 긴장력은 다음과 같다.

i) 도입 긴장력

$$P = 0.70 f_{pu} \times A_p = 0.70 \times 1{,}900\text{MPa} \times 138.7\text{mm}^2 \times 16\text{ea}/1{,}000 = 2{,}952\text{kN}$$

ii) 3차원의 형상을 2차원으로 단순화시키기 위하여 모델의 작용하는 하중은 두 개의 정착구에 작용하는 긴장력이 수평과 수직으로 재하되는 것으로 하였다.

iii) 긴장력 작용점으로부터 $0.05h$ 위치에서 두 개의 스트럿으로 분리되며, $0.5h$ 위치에서 타이가 위치하는 것으로 모델을 선정하였다.

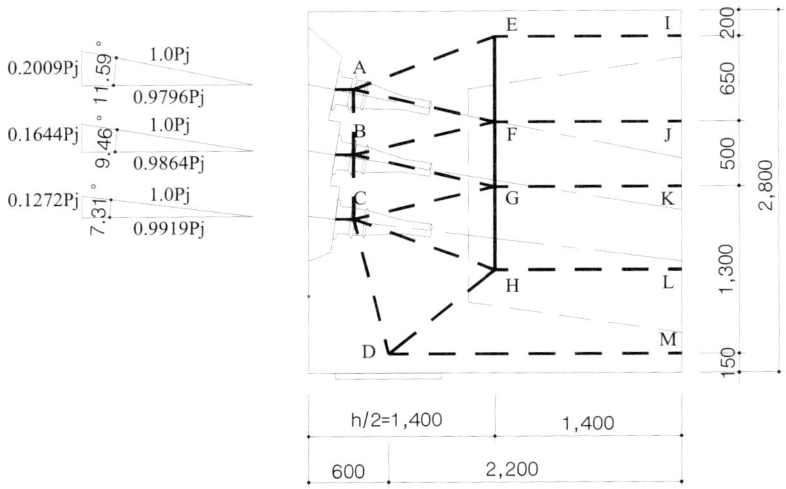

그림 3.2.2 단부 정착부 스트럿-타이 모델

2) 스트럿과 타이의 단면력 산정

선정한 스트럿-타이 모델을 통해 부재력을 산정하면 다음과 같다.

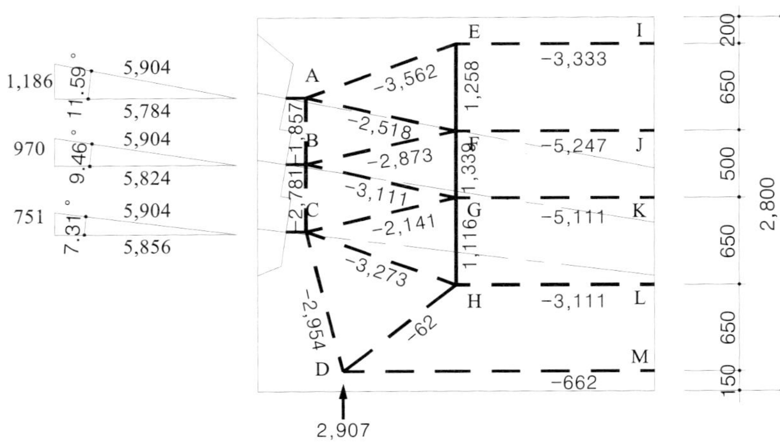

그림 3.2.3 스트럿-타이 모델의 단면력

3) 철근의 배치

단부 정착부 모델에서 EF, FG 및 GH 부재에 타이가 위치하고 있다. 타이의 필요철근량을 계산할 때 계수인장력 F_u와 강도감소계수 $\phi = 0.85$를 사용하고, 각 타이 중 가장 큰 인장력으로 보강철근을 계산한다.

$$\text{FG 타이} : A_{st} = \frac{F_u}{\phi f_y} = \frac{1,339 \times 10^3}{0.85 \times 400} = 3,938\text{mm}^2$$

타이 위치의 필요철근량($A_{st} = 3,938\text{mm}^2$)을 만족하도록 H19-4 ea-5 layer($A_{st} = 5,730\text{mm}^2$) 철근을 타이 위치에 연직방향으로 배근한다.

4) 스트럿과 절점영역의 강도 검토

스트럿과 절점영역의 강도 검토는 스트럿의 유효강도와 스트럿이 만나는 절점영역의 유효강도를 비교하여 그중 작은 유효강도 값을 스트럿의 유효강도로 결정하고, 이를 이용하여 결정한 스트럿의 필요유효폭과 타이의 유효폭을 이용하여 차원화된 스트럿-타이 모델을 결정한 후, 이 모델이 설계대상 구조물의 외부 기하학적 형상을 벗어나는지, 또는 스트럿 단면적의 중첩 발생 여부의 검토를 통해 수행한다. 스트럿의 유효강도와 스트럿이 만나는 절점영역의 유효강도를 비교하여 그중 작은 유효강도 값을 스트럿의 유효강도로 사용할 경우에는 추가적인 절점영역의 강도 검토 과정을 수행할 필요가 없다. 스트럿의 필요유효폭 w_{req}은 스트럿의 계수단면력 F_u을 앞서 계산된 스트럿의 유효강도 값($0.85\beta_{s,\text{mod}} f_{ck}$)과 두께 $b = 0.815\text{m}$로 나누어 계산한다.

$$w_{req} = \frac{F_u}{\phi\, 0.85 \beta_{s,\text{mod}} f_{ck}\, b} \qquad \text{(구조기준 부록I 3.1과 3.2)}$$

표 3.2.1은 스트럿의 유효강도계수와 필요유효폭을 보여주고 있다.

표 3.2.1 스트럿의 유효강도 및 필요유효폭

스트럿 요소	요소 종류	β_s or β_n	$\beta_{s,\text{mod}}$	$0.85\beta_{s,\text{mod}} f_{ck}$	F_u(kN)	w_{req}(mm)
AB	스트럿AB	0.75	0.75	25.5	1,857	119
	NZ A-CCC	1				
	NZ B-CCC	1				
BC	스트럿BC	0.75	0.75	25.5	2,781	178
	NZ B-CCC	1				
	NZ C-CCC	1				

표 3.2.1 스트럿의 유효강도 및 필요유효폭(계속)

스트럿 요소	요소 종류	β_s or β_n	$\beta_{s,\text{mod}}$	$0.85\beta_{s,\text{mod}} f_{ck}$	F_u(kN)	w_{req}(mm)
	스트럿CD	0.75				
CD	NZ C-CCC	1	0.75	25.5	2,954	190
	NZ D-CCC	1				
	스트럿AE	0.75				
AE	NZ A-CCC	1	0.75	25.5	3,562	229
	NZ E-CCT	0.8				
	스트럿AF	0.75				
AF	NZ A-CCC	1	0.6	20.4	2,518	202
	NZ F-CTT	0.6				
	스트럿BF	0.75				
BF	NZ B-CCC	1	0.6	20.4	2,873	230
	NZ F-CTT	0.6				
	스트럿BG	0.75				
BG	NZ B-CCC	1	0.6	20.4	3,111	249
	NZ G-CTT	0.6				
	스트럿CG	0.75				
CG	NZ C-CCC	1	0.6	20.4	2,141	172
	NZ G-CTT	0.6				
	스트럿CH	0.75				
CH	NZ C-CCC	1	0.75	25.5	3,273	210
	NZ H-CCT	0.8				
	스트럿DH	0.75				
DH	NZ D-CCC	1	0.75	25.5	62	4
	NZ H-CCT	0.8				
	스트럿EI	0.75				
EI	NZ E-CCT	0.8	0.75	25.5	3,333	214
	NZ I-CCC	1				
	스트럿FJ	0.75				
FJ	NZ F-CTT	0.6	0.6	20.4	5,247	421
	NZ J-CCC	1				
	스트럿GK	0.75				
GK	NZ G-CTT	0.6	0.6	20.4	5,111	410
	NZ K-CCC	1				
	스트럿HL	0.75				
HL	NZ H-CCT	0.8	0.75	25.5	3,111	200
	NZ L-CCC	1				
	스트럿DM	0.75				
DM	NZ D-CCC	1	0.75	25.5	662	42
	NZ M-CCC	1				

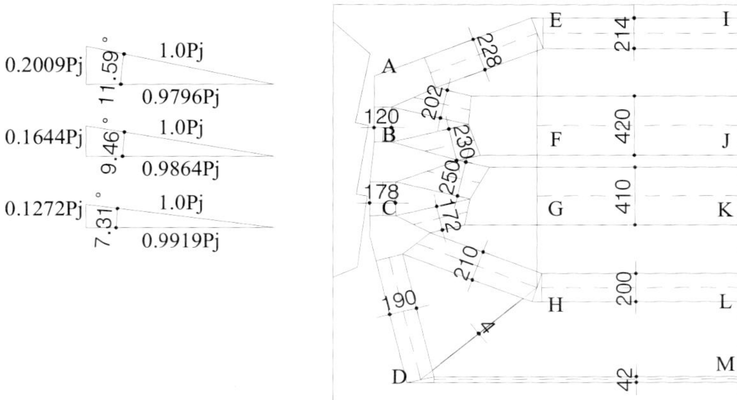

그림 3.2.4 차원화시킨 스트럿-타이 모델

그림 3.2.4는 표 3.2.1의 스트럿의 필요유효폭을 이용하여 차원화시킨 스트럿-타이 모델을 보여주고 있다.

5) 균열제어를 위한 최소 철근량의 배근 및 철근정착

(1) 최소 철근량의 배근

스트럿의 강도를 검토할 때 스트럿의 유효압축강도계수 $\beta_s = 0.75$로 결정하여 강도 검토를 수행하였으므로 구조기준 부록I 3.3(2)의 식 (3.3)을 만족하도록 최소 철근량을 배근하여야 한다.

$$\Sigma \frac{A_{si}}{bs_i} sin^2 \gamma_i \geq 0.003 \qquad \text{(구조기준 부록I 3.3)}$$

여기서, A_{si}는 콘크리트 스트럿 중심선과 이루는 각 γ_i로 배치된 철근의 전체면적이다. EI, FJ, GK, HL, 그리고 DM 스트럿을 가로지르는 최소 철근량은 수직방향으로 3EA-H19 철근을 200mm 간격으로 배근하는 것으로 가정하여 최소 철근량 설계규정 만족 여부를 검토하였다.

$$\text{EI 스트럿} : \Sigma \frac{A_{si}}{bs_i} \sin^2 \gamma_i = \frac{286.5 \times 3}{815 \times 200} \sin^2 90 = 0.00527 \geq 0.003$$

스트럿에 대해 최소 철근량 규정을 만족하므로 수직방향은 3EA-H19 철근을 200mm 간격으로 배근한다.

(2) 철근의 정착

구조기준 부록I 4.3절에서는 타이의 정착을 기계적 장치, 포스트텐션 정착장치, 표준갈고리,

또는 철근의 연장에 의해 이루어져야 한다고 규정하고 있다. FG 타이의 정착을 위해 90° 표준 갈고리를 사용하면 정착길이 d_{dh}는 콘크리트 구조기준 8.2.5절에 따라 다음과 같이 구할 수 있다.

$$l_{dh} = \frac{100\,d_b}{\sqrt{f_{ck}}} \times \text{보정계수} = \frac{100 \times 19.1}{\sqrt{40}} \times 0.7 \times \frac{3{,}938}{5{,}730} = 145\text{mm}$$

FG 타이를 설계영역의 단부까지 연장하여 표준갈고리를 이용하여 정착시키면 유용한 정착길이는 150mm이다. 따라서 필요한 정착길이보다 배근된 정착길이가 크므로 FG 타이는 정착조건을 만족한다.

6) 철근배근 상세

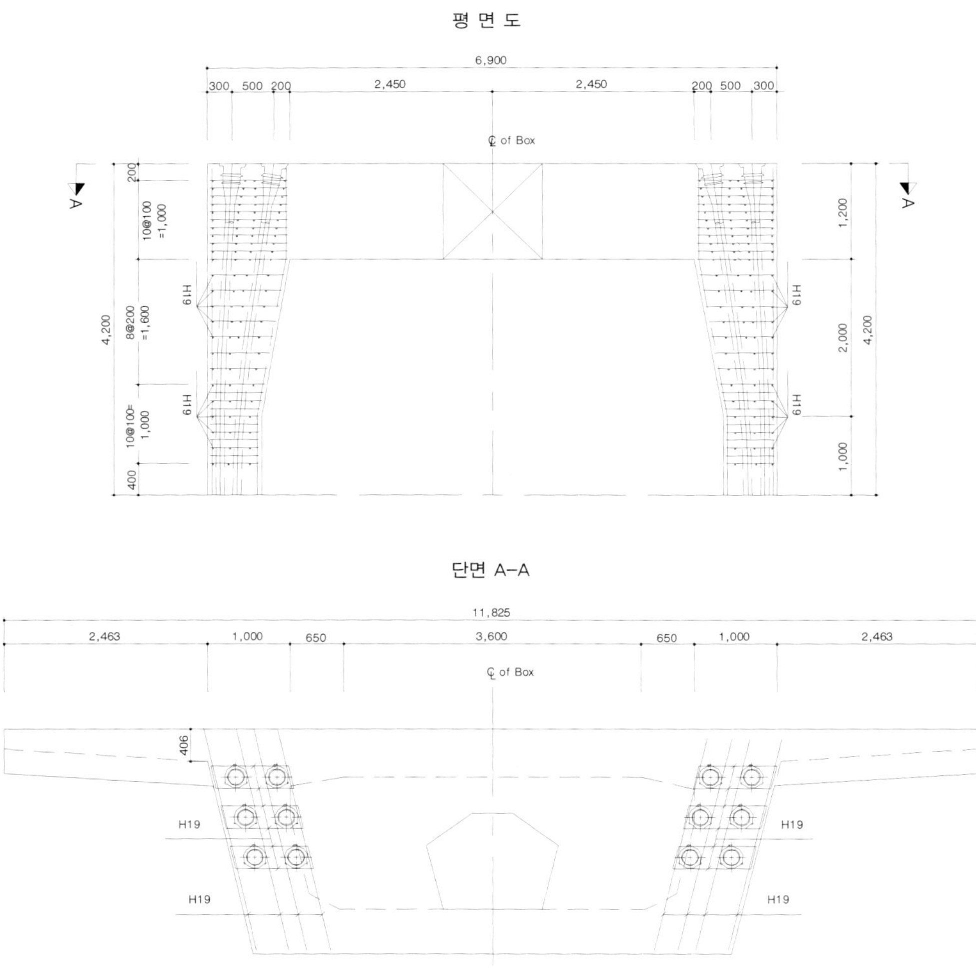

그림 3.2.5 단부 정착부 설계대상 영역의 철근배근 상세

3.2.2 슬래브 횡방향 텐던 정착부

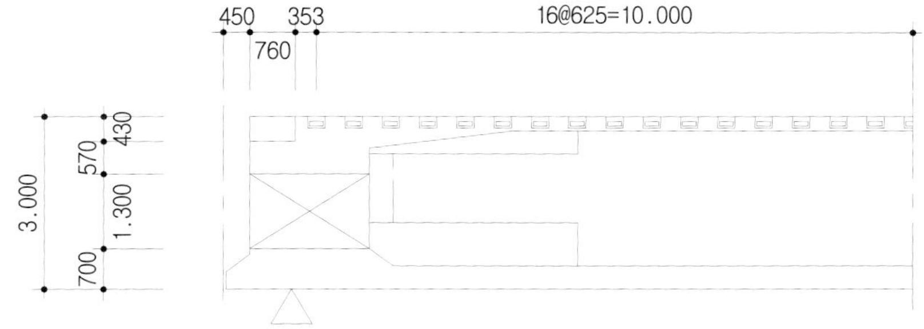

측 면 도

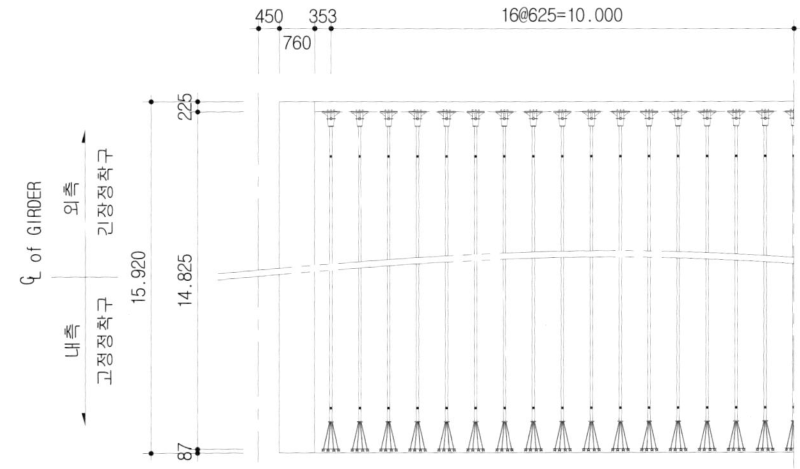

평 면 도

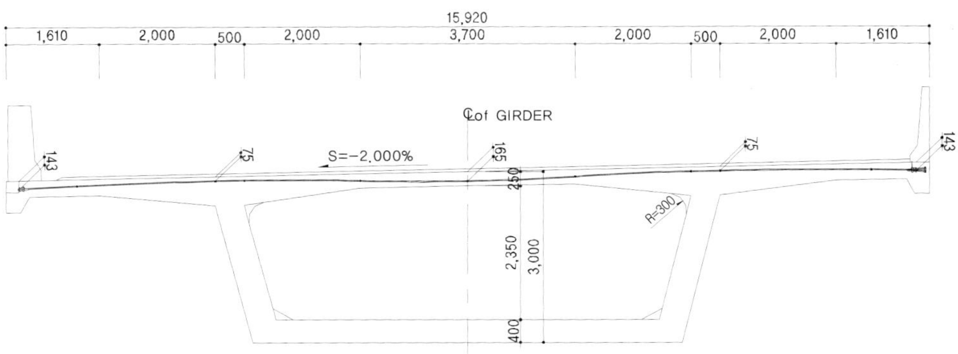

단 면 도

그림 3.2.6 설계대상 구조물의 기하학적 형상

PSC box 캔틸레버부의 경간이 길어지는 경우 단면 두께의 증가가 필요하다. 이에 따른 자중 증가로 물량이 증가하여 비경제적인 경우가 많다. 슬래브의 단면 두께 증가 없이 상부 슬래브에 횡방향 텐던을 배치하여 효율적인 단면 형상을 구성할 수 있다. 횡방향 텐던은 교축방향과 직교하도록 배치하며 두께에 비하여 그 길이가 길므로 슬래브 면에 대해서는 평면응력 상태로 가정할 수 있고, 긴장력이 일정한 간격으로 작용하므로 단면에 대해서는 평면변형 상태로 고려할 수 있다.

교량 단면에 대한 횡방향 프리스트레스 설계는 평면변형 상태이므로 단위길이당 보로 간주하고 설계한다.

횡방향 텐던 정착부 모델은 경간 50.0m 연속인 PSC BOX로 설계하중은 1등교(DB24)이며 교량 폭원은 15.920m(편도 3차선)이다. 캔틸레버부 길이는 2.161m, 형고는 3.0m, 슬래브 두께는 0.285m이며 기하 형상은 그림 3.2.6과 같다. 강연선은 ϕ15.2mm(0.6″)×3ea@625mm를 사용하고 지압판은 230mm×70mm 크기로 콘크리트 지압영역에 의해 지지될 수 있도록 구성되어 있다. 지압판에 작용하는 하중은 손실 발생 전 도입 시 프리스트레스 하중이 작용하는 것으로 본다.

콘크리트 설계기준압축강도 f_{ck}는 40MPa이고 철근의 설계기준항복강도는 400MPa, 강선의 인장강도는 1,900MPa이다.

1) 스트럿-타이 모델의 선정

교축방향에 대한 수평면의 스트럿-타이 모델은 똑같은 형태가 반복되므로 3개 정착구 모델을 다음 그림과 같이 구성하였다. 단부 정착구에 작용하는 도입 긴장력은 다음과 같다.

i) 도입 긴장력

$$P = 0.75 f_{pu} \times A_p = 0.75 \times 1{,}900\text{MPa} \times 138.7\text{mm}^2 \times 3\text{ea}/1{,}000 = 593\text{kN}$$

ii) 긴장력 작용점으로부터 58mm(지압판/4) 위치에서 두 개의 스트럿으로 분리되며, 다시 $0.4l\,(0.4 \times 625 = 250\text{mm})$ 위치에서 타이가 위치하는 것으로 선정된 모델 형상은 그림 3.2.7과 같다.

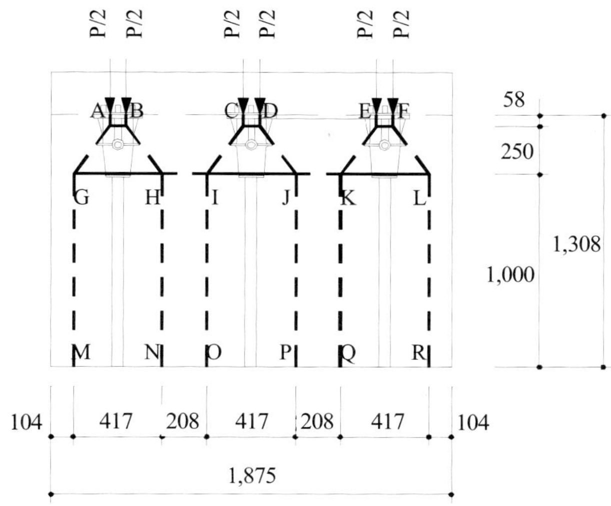

그림 3.2.7 단부 정착부 스트럿-타이 모델

2) 스트럿과 타이의 단면력 산정

선정한 스트럿-타이 모델을 통해 부재력을 산정하면 다음과 같다.

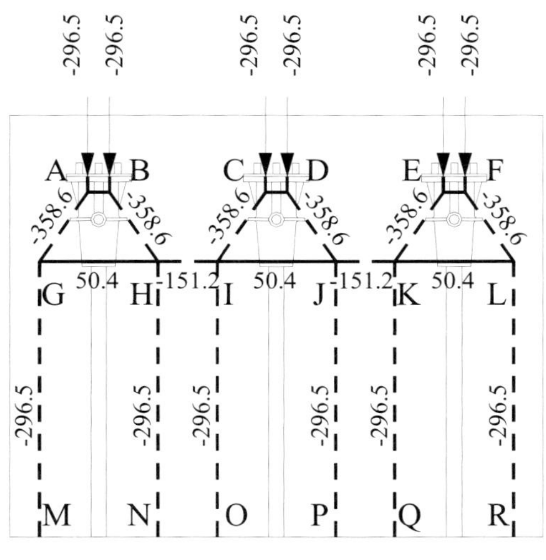

그림 3.2.8 스트럿-타이 모델의 단면력

3) 철근의 배치

단부 정착부 모델에서 GH, IJ 및 KL 부재에 타이가 위치하고 있다. 타이의 필요철근량을 계산 시 극한 인장강도는 강도 감소계수 $\phi=0.85$를 사용하고, 각 타이에서 동일하게 발생한 인장력으로 보강철근을 계산한다.

$$\text{IJ 타이} : A_{st} = \frac{F_u}{\phi f_y} = \frac{50.4\times 10^3}{0.85\times 400} = 148\text{mm}^2$$

타이 위치의 필요철근량($A_{st}=148\text{mm}^2$)을 만족하도록 H13-2ea($A_{st}=253.7\text{mm}^2$) 철근을 타이 위치에 배근한다.

4) 스트럿과 절점영역의 강도 검토

스트럿과 절점영역의 강도 검토는 스트럿의 유효강도와 스트럿이 만나는 절점영역의 유효강도를 비교하여 그중 작은 유효강도 값을 스트럿의 유효강도로 결정하고, 이를 이용하여 결정한 스트럿의 필요유효폭과 타이의 유효폭을 이용하여 차원화된 스트럿-타이 모델을 결정한 후, 이 모델이 설계대상 구조물의 외부 기하학적 형상을 벗어나는지 또는 스트럿 단면적의 중첩 발생 여부의 검토를 통해 수행한다. 스트럿의 유효강도와 스트럿이 만나는 절점영역의 유효강도를 비교하여 그중 작은 유효강도 값을 스트럿의 유효강도로 사용할 경우에는 추가적인 절점영역의 강도 검토 과정을 수행할 필요가 없다. 스트럿의 필요유효폭 w_{req}은 스트럿의 계수단면력 F_u을 앞서 계산된 스트럿의 유효강도 값($0.85\beta_{s,\text{mod}}f_{ck}$)과 두께 b로 나누어 계산한다.

$$w_{req} = \frac{F_u}{\phi\, 0.85\beta_{s,\text{mod}}f_{ck}b} \qquad \text{(구조기준 부록I 3.1과 3.2)}$$

표 3.2.2는 스트럿의 유효강도계수와 필요유효폭을 보여주고 있다.

표 3.2.2 스트럿의 유효강도 및 필요유효폭

요소 번호	요소 종류	β_s or β_n	$\beta_{s,\text{mod}}$	$0.85\beta_{s,\text{mod}}f_{ck}$	F_u(kN)	w_{req}(mm)
BH	스트럿 BH NZ B-CCC NZ H-CCT	0.75 1 0.8	0.75	25.5	359	75
HI	스트럿 HI NZ H-CCT NZ I-CCT	0.75 0.8 0.8	0.75	25.5	151	32
IO	스트럿 IO NZ I-CCT NZ O-CCC	0.75 0.8 1	0.75	25.5	297	62

그림 3.2.9는 표 3.2.2의 스트럿의 필요유효폭을 이용하여 차원화시킨 스트럿-타이 모델을 보여주고 있다. 그림 3.2.9에서 IJ 타이의 필요유효폭은 타이의 단면력을 타이를 구성하는 I와 J 절점영역의 유효강도 중 작은 값을 이용하여 결정한다.

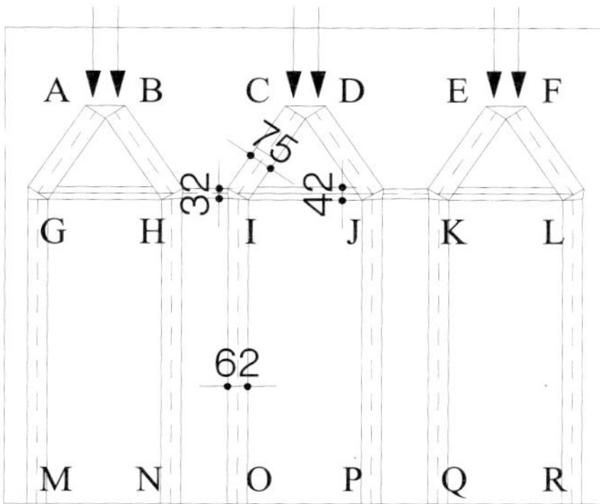

그림 3.2.9 차원화시킨 스트럿-타이 모델

5) 균열제어를 위한 최소 철근량의 배근 및 철근정착

(1) 최소 철근량의 배근

스트럿의 강도를 검토할 때 스트럿의 유효압축강도계수 $\beta_s = 0.75$로 결정하여 강도 검토를 수행하였으므로 구조기준 부록I 3.3(2)의 식 (3.3)을 만족하도록 최소 철근량을 배근하여야 한다.

$$\Sigma \frac{A_{si}}{bs_i} \sin^2 \gamma_i \geq 0.003 \qquad \text{(구조기준 부록I 3.3)}$$

여기서, A_{si}는 콘크리트 스트럿 중심선과 이루는 각 γ_i로 배치된 철근의 전체면적이다. IO스트럿을 가로지르는 최소 철근량은 수직방향으로 2EA-H13 철근을 200mm 간격으로 배근하고 수평방향으로 5EA-H19 철근을 전 영역에 걸쳐 200mm 간격으로 배근하는 것으로 가정하여, IO부재 스트럿에 대해 최소 철근량 설계규정 만족 여부를 검토하였다.

$$\text{IO 스트럿} : \Sigma \frac{A_{si}}{bs_i} \sin^2 \gamma_i = \frac{126.7 \times 2}{250 \times 200} \sin^2 90.0 = 0.00507 \geq 0.003$$

스트럿에 대해 최소 철근량 규정을 만족하므로 수직방향은 2EA-H13 철근을 200mm 간격으로 배근한다.

(2) 철근의 정착

구조기준 부록 I 4.3절에서는 타이의 정착을 기계적 장치, 포스트텐션 정착장치, 표준갈고리, 또는 철근의 연장에 의해 이루어져야 한다고 규정하고 있다. IJ 타이의 정착을 위해 90° 표준갈고리를 사용하면 정착길이 l_{dh}는 콘크리트 구조기준 8.2.5절에 따라 다음과 같이 구할 수 있다.

$$l_{dh} = \frac{100\,d_b}{\sqrt{f_{ck}}} \times 보정계수 = \frac{100 \times 12.7}{\sqrt{40}} \times 0.7 \times \frac{148}{253.7} = 82\text{mm}$$

IJ 타이를 설계영역의 단부까지 연장하여 표준갈고리를 이용하여 정착시키면 유용한 정착길이는 100mm이다. 따라서 필요한 정착길이보다 배근된 정착길이가 크므로 IJ 타이는 정착조건을 만족한다.

6) 철근배근 상세

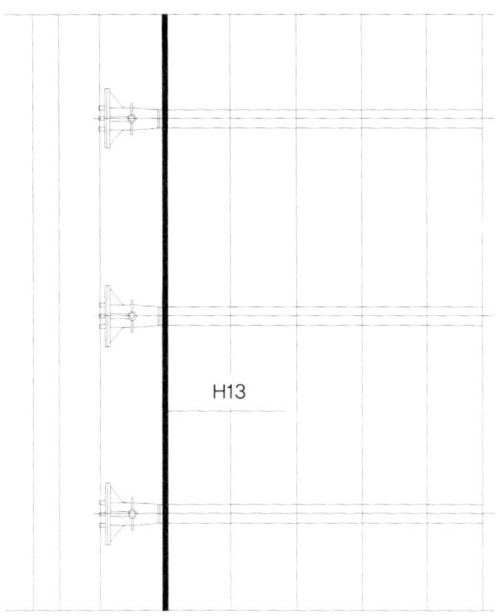

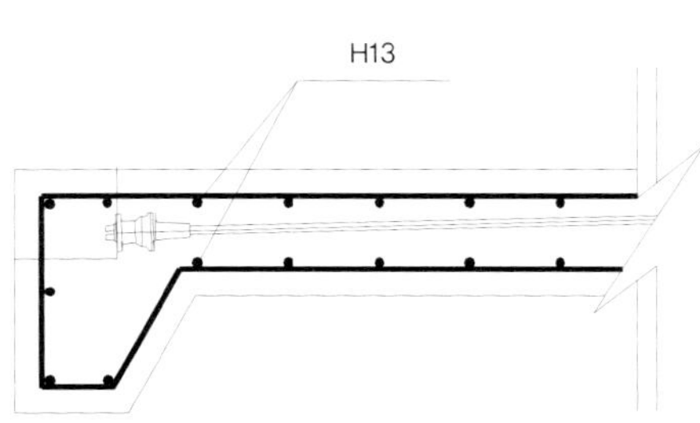

그림 3.2.10 슬래브 횡방향 텐던 정착부 설계대상 영역의 철근배근 상세

3.2.3 중간 정착부

PSC box 중간 정착부 스트럿-타이 모델을 위해 선정한 구조물은 중간 정착부 간 종방향 거리는 4.0m 간격으로 설치되고, 하부 슬래브와 복부 사이에 1개의 정착구를 갖는 구조로 그림 3.2.11은 설계대상 구조물의 기하학적 형상과 하중조건을 보여주고 있다. 강연선은 ϕ15.2mm(0.6″)×19ea를 사용하여 지압판은 315mm×315mm 크기로 콘크리트 지압영역에 의해 지지될 수 있도록 구성되어 있다. 지압판에 작용하는 하중은 손실 발생 전 도입 시 프리스트레스 하중이 작용하는 것으로 본다. 콘크리트 설계기준압축강도 f_{ck}는 40MPa이고 철근의 설계기준항복강도는 400MPa, 강선의 인장강도는 1,900MPa이다. 스트럿-타이 모델에 기초한 설계는 강도 측면에서 안전측이 되며, 3차원 문제에 대한 스트럿-타이 모델은 2차원의 보조 모델을 이용하는 방법으로 접근이 가능하다

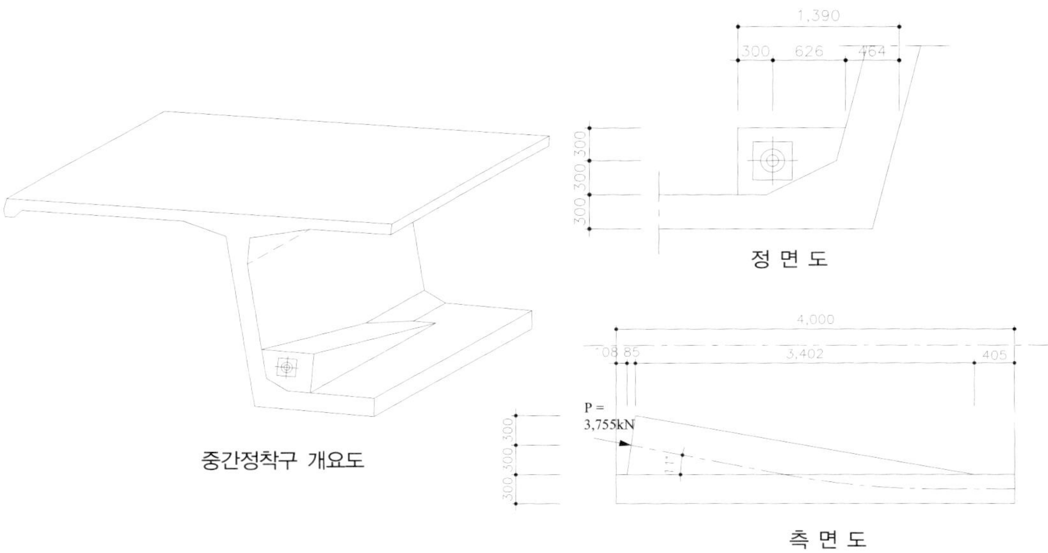

그림 3.2.11 설계대상 구조물의 기하학적 형상 및 설계하중

1) 스트럿-타이 모델의 선정

중간 정착구에 작용하는 힘은 도입 긴장력, 텐던의 곡률력 등으로 다음과 같다.

· 도입 긴장력 $P = 0.75 f_{pu} \times A_p = 0.75 \times 1{,}900\text{MPa} \times 138.7\text{mm}^2 \times 19\text{ea}/1{,}000$

$= 3{,}755\text{kN}$ (정착 후 긴장력 $P_{\text{after}} = 3{,}566\text{kN}$)

· 텐던의 곡률력(Curvature Force) $= P/R = 3{,}755/8 = 469.4\text{kN/m}$

· 접선력(Radial Force)$= P \times \sin\theta = 3{,}755 \times \sin 11° = 716.5\text{kN}$

일반적으로 정착부 전면의 균열을 제어하기 위해 요구되는 철근량 산출은 긴장력의 0.25배(수평 정착력)에 해당하는 하중에 대해 계산하면 충분하다. 근접 후방의 다른 중간 정착구에 작용하는 압축력은 전방의 중간 정착구까지 퍼져나가 정착부 전면에 생기는 인장력을 현저히 감소시키는 효과를 발휘한다.

근접 후방 중간 정착부에 작용하는 압축력의 효과를 산정하기 위해 설계대상 단면의 경사 복부를 연직으로 이상화시킨다. 하중이 분산되는 각도를 45° 로 간주하고 스트럿-타이 모델을 선정하고자 하는 중간 정착구 단면에서 후방에서 작용하는 압축력의 효과를 나타내면 그림 3.2.12와 같다.

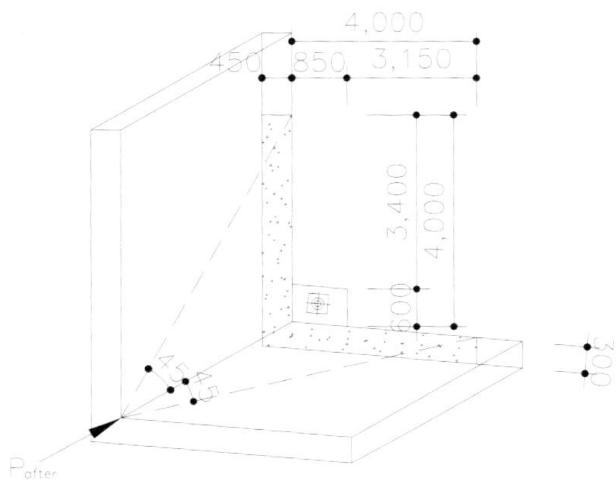

그림 3.2.12 근접 후방 중간 정착구에 작용하는 압축력의 효과

· 후방 분포하중(Spread force)$= 3,566\text{kN} \times \cos 11° = 3,500\text{kN}$

· 이전 단계에서 긴장된 정착구에 기인한 응력

$$f = \frac{3,500}{4 \times 0.45 + 4 \times 0.3 + 0.45 \times 0.3} = 1,116\text{kN/m}^2 = 1.116\text{MPa}$$

· 근접 후방 중간 정착구에 의한 압축력

$$Q = 1,116 \times (1.3 \times 0.9 - 0.85 \times 0.6) = 736.6\text{kN}$$

· 인장력 $T = 0.25 \times 3,755 \times \cos 11° - 736.6 = 184.9\text{kN}$

· 필요철근량 $A_{s,req} = \dfrac{T}{0.85 f_y} = \dfrac{184.9 \times 10^3}{0.85 \times 400} = 543.8\text{mm}^2$

· 철근비 $\rho = \dfrac{A_{s,req}}{bd} = \dfrac{543.8 \times 10^{-6}}{1.3 \times 0.9 - 0.85 \times 0.6} = 0.000824 < 0.002$

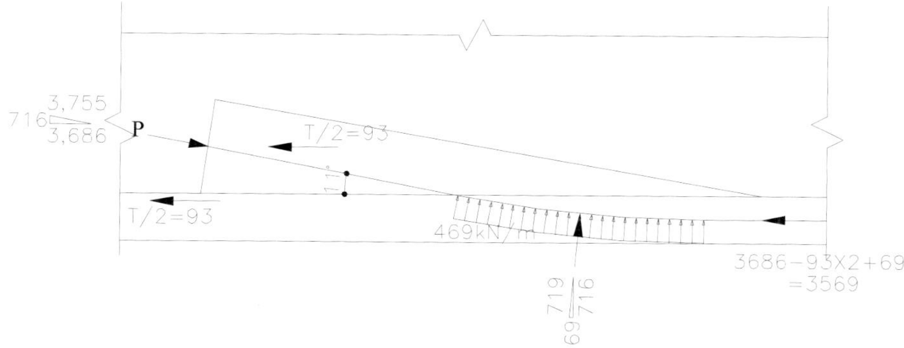

그림 3.2.13 중간 정착부 작용 하중

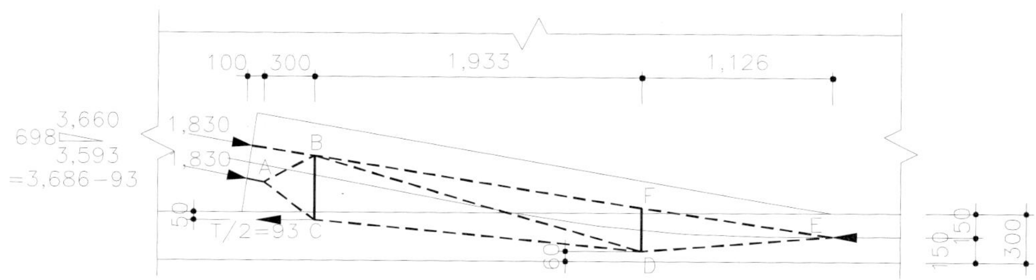

그림 3.2.14 중간 정착부 스트럿-타이 모델

따라서 온도철근 등의 최소 철근배근량보다 작은 값이므로 추가 보강은 필요 없다. 인장력 T는 복부와 플랜지에 절반씩 분배하여 $T/2=93$kN 크기가 중간 정착부에 작용하는 하중으로 나타내면 그림 3.2.13과 같다.

중간 정착부에 작용하는 하중을 바탕으로 스트럿-타이 모델을 그림 3.2.14와 같이 선정하였다. 설계하중 작용점은 정착부 중심점으로부터 100mm 편기된 곳에 작용하도록 하였다.

E점 위치는 중간 정착부 끝단 아래쪽 슬래브 중심에 위치하도록 결정하였고, D점 위치는 텐던의 곡률 중심 아래쪽 피복 두께 위치로 결정하였다. C점 위치는 피복 두께 위치로 결정하여 정착구 후방에서 작용하는 인장력을 재하하였다.

2) 스트럿과 타이의 단면력 산정

선정한 스트럿-타이 모델은 정정 트러스 구조이므로 절점의 힘 평형조건을 이용하여 그림 3.2.15와 같이 스트럿과 타이의 단면력을 구할 수 있다.

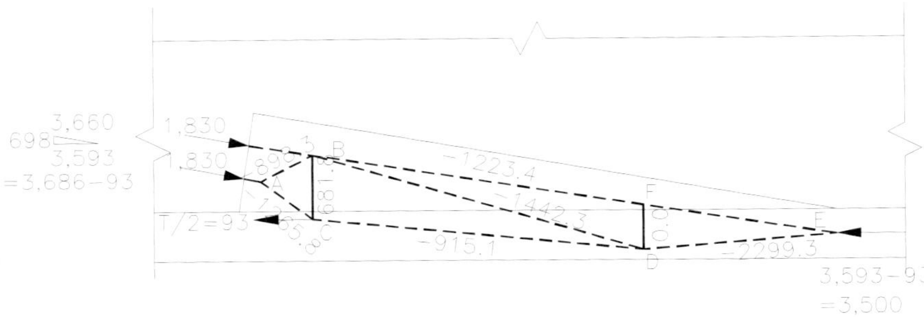

그림 3.2.15 스트럿-타이 모델의 단면력

3) 철근의 배치

(1) 파열력 작용위치 철근의 결정

중간 정착부 모델에서 BC 부재에 타이가 위치하고 있다. 타이의 필요철근량을 계산할 때 계수인장력과 강도감소계수 $\phi=0.85$를 사용하여 보강철근을 계산한다.

$$\text{BC 타이}: A_{st}=\frac{F_u}{0.85f_y}=\frac{681.8\times10^3}{0.85\times400}=2,005.3\text{mm}^2$$

BC 타이 위치의 필요철근량($A_{st}=2,005.3\text{mm}^2$)을 만족하도록 H19-4ea-3layer($A_{st}=3,438\text{mm}^2$)철근을 BC 타이 위치에 배근한다.

(2) 텐던의 곡률력에 대한 보강철근의 결정

FD부재는 부재력이 없는 부재이나 텐던의 곡률력 $P/R=469.4\text{kN/m}$에 대하여 필요한 보강철근량을 구하면 다음과 같다.

$$\text{곡률력 타이}: A_{st}=\frac{F_u}{0.85f_y}=\frac{469.4\times10^3}{0.85\times400}=1,380\text{mm}^2/\text{m}$$

곡률력에 저항하는 타이 위치의 필요철근량($A_{st}=1,380\text{mm}^2$)을 만족하도록 H19-4ea-3layer($A_{st}=3,438\text{mm}^2$) 철근을 강선의 곡률부 위치에 스트럿 다리 4ea에 200mm 간격으로 배근한다.

4) 스트럿과 절점영역의 강도 검토

스트럿과 절점영역의 강도 검토는 스트럿의 유효강도와 스트럿이 만나는 절점영역의 유효강도를 비교하여 그중 작은 유효강도 값을 스트럿의 유효강도로 결정하고, 이를 이용하여 결정한 스트럿의 필요유효폭과 타이의 유효폭을 이용하여 차원화된 스트럿-타이 모델을 결정한 후, 이 모델이 설계대상 구조물의 외부 기하학적 형상을 벗어나는지 또는 스트럿 단면적의 중첩 발생 여부의 검토를 통해 수행한다. 스트럿의 유효강도와 스트럿이 만나는 절점영역의 유효강도를 비교하여 그중 작은 유효강도 값을 스트럿의 유효강도로 사용할 경우에는 추가적인 절점영역의 강도 검토 과정을 수행할 필요가 없다. 스트럿의 필요유효폭 w_{req}은 스트럿의 단면력 F_u을 앞서 계산된 스트럿의 유효강도 값$(0.85\beta_{s,\text{mod}} f_{ck})$과 두께 b로 나누어 계산한다.

$$w_{req} = \frac{F_u}{\phi\, 0.85\beta_{s,\text{mod}} f_{ck}\, b} \qquad \text{(구조기준 부록I 3.1과 3.2)}$$

표 3.2.3은 스트럿의 유효강도계수와 필요유효폭을 보여주고 있다.

그림 3.2.16은 표 3의 스트럿의 필요유효폭을 이용하여 차원화시킨 스트럿-타이 모델을 보여주고 있다. 그림 3.2.16에서 BC 타이의 필요유효폭은 타이의 단면력을 타이를 구성하는 B와 C절점영역의 유효강도 중 작은 값을 이용하여 결정한다.

표 3.2.3 스트럿의 유효강도 및 필요유효폭

요소 번호	요소 종류	β_s or β_n	$\beta_{s,\text{mod}}$	$0.85\beta_{s,\text{mod}} f_{ck}$	F_u(kN)	w_{req}(mm)
AB	스트럿AB NZ A-CCC NZ B-CCT	0.75 1 0.8	0.75	25.5	898	51
AC	스트럿AC NZ A-CCC NZ C-CCT	0.75 1 0.8	0.75	25.5	1,266	72
BE	스트럿BE NZ B-CCT NZ E-CCC	0.75 0.8 1	0.75	25.5	1,223	70
BD	스트럿BD NZ B-CCT NZ D-CCC	0.75 0.8 1	0.75	25.5	1,442	82
CD	스트럿CD NZ C-CCT NZ D-CCC	0.75 0.8 1	0.75	25.5	915	52
DE	스트럿DE NZ D-CCC NZ E-CCC	0.75 1 1	0.75	25.5	2,299	130

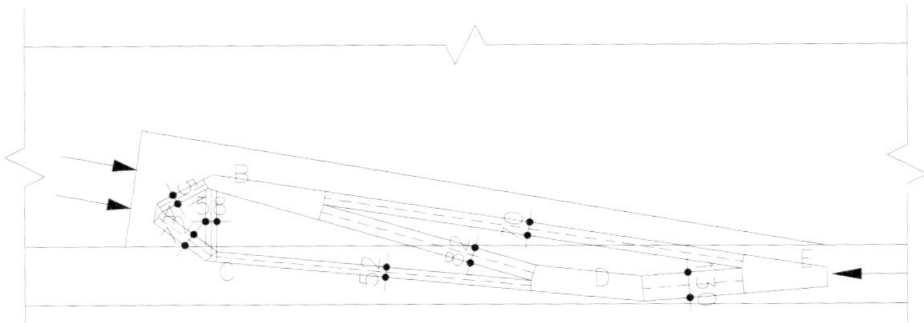

그림 3.2.16 차원화시킨 스트럿-타이 모델

5) 균열제어를 위한 최소 철근량의 배근 및 철근정착

(1) 최소 철근량의 배근

스트럿의 강도를 검토할 때 스트럿의 유효압축강도계수 $\beta_s = 0.75$로 결정하여 강도 검토를 수행하였으므로 구조기준 부록I 3.3(2)의 식 (3.3)을 만족하도록 최소 철근량을 배근하여야 한다.

$$\Sigma \frac{A_{si}}{bs_i} sin^2\gamma_i \geq 0.003 \qquad \text{(구조기준 부록I 3.3)}$$

여기서, A_{si}는 콘크리트 스트럿 중심선과 이루는 각 γ_i로 배치된 철근의 전체면적이다. BD, BE, CD, 그리고 DE 스트럿을 가로지르는 최소 철근량은 수직방향으로 5EA-H19 철근을 200mm 간격으로 배근하고 수평방향으로 5EA-H19 철근을 전 영역에 걸쳐 200mm 간격으로 배근하는 것으로 가정하여, 대표적으로 BD부재 스트럿에 대해 최소 철근량 설계 규정 만족 여부를 검토하였다.

$$\text{BD 스트럿} : \Sigma \frac{A_{si}}{bs_i} \sin^2\gamma_i = \frac{286.5 \times 5}{926 \times 200} \sin^2 6.72 + \frac{286.5 \times 5}{926 \times 200} \sin^2 73.28$$

$$= 0.0072 \geq 0.003$$

스트럿에 대해 최소 철근량 규정을 만족하므로 수직방향은 5EA-H19 철근을 200mm 간격으로, 수평방향은 5EA-H19 철근을 200mm 간격으로 배근한다.

(2) 철근의 정착

구조기준 부록I 4.3절에서는 타이의 정착을 기계적 장치, 포스트텐션 정착장치, 표준갈고리, 또는 철근의 연장에 의해 이루어져야 한다고 규정하고 있다. BC 타이의 정착을 위해

90° 표준갈고리를 사용하면 정착길이 d_{dh}는 콘크리트 구조기준 8.2.5절에 따라 다음과 같이 구할 수 있다.

$$l_{dh} = \frac{100\, d_b}{\sqrt{f_{ck}}} \times \text{보정계수} = \frac{100 \times 19.1}{\sqrt{40}} \times 0.7 \times \frac{2,005}{3,438} = 123\text{mm}$$

BC 타이를 설계영역의 단부까지 연장하여 표준갈고리를 이용하여 정착시키면 유용한 정착길이는 150mm이다. 따라서 필요한 정착길이보다 배근된 정착길이가 크므로 BC 타이는 정착조건을 만족한다.

6) 철근배근 상세

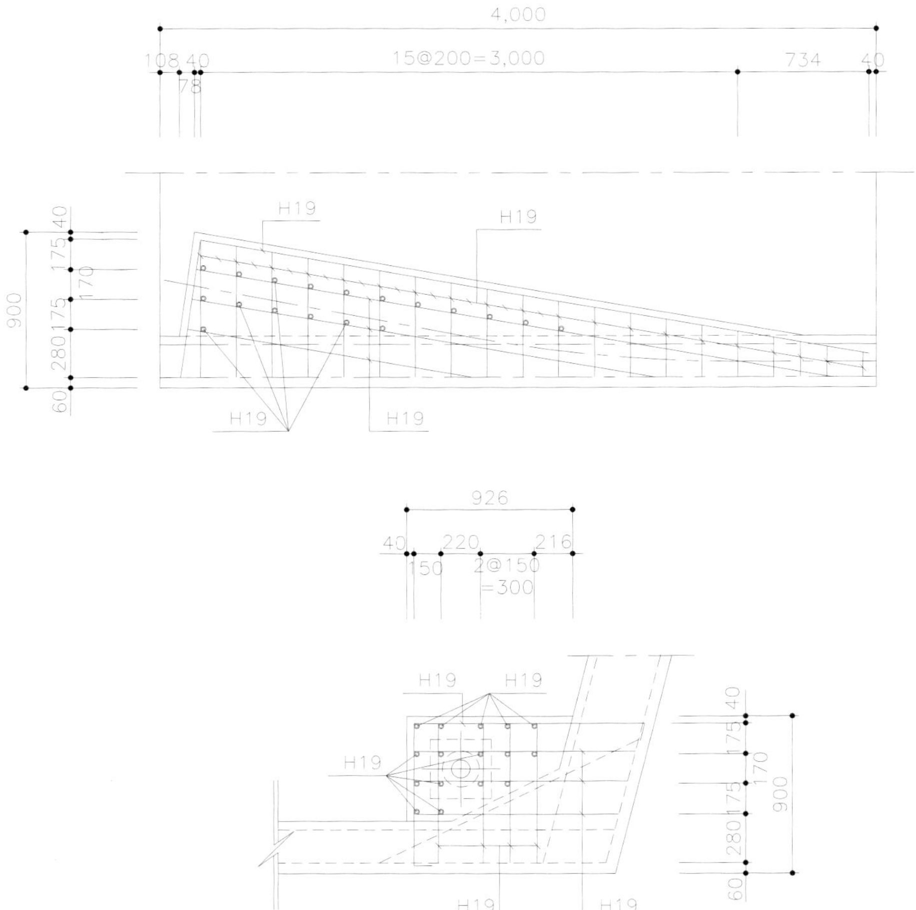

그림 3.2.17 중간 정착부 설계대상 영역의 철근배근 상세

예제 4 : 보-기둥 접합부의 설계

4.1 내부 보-기둥 접합부 설계를 위한 스트럿-타이 모델

보와 기둥은 압축부재와 휨부재로써 프레임 구조시스템을 이룬다. 보와 기둥 연결부는 부재의 응력을 원활하게 전달할 수 있는 강도 및 강성을 가져야 한다. 보-기둥 접합부는 대표적인 D영역으로 안전한 접합부 설계를 위해 접합부에 작용하는 외부 응력에 대한 합리적인 모형화가 첫 번째 단계이다. 다음 단계에서 접합부 내부의 응력 흐름에 대한 모형이 필요하다. 즉 설계조건에 따른 설계영역의 내부에서 철근의 배치를 조정할 수 있는 스트럿-타이 모델을 구성할 수 있다.

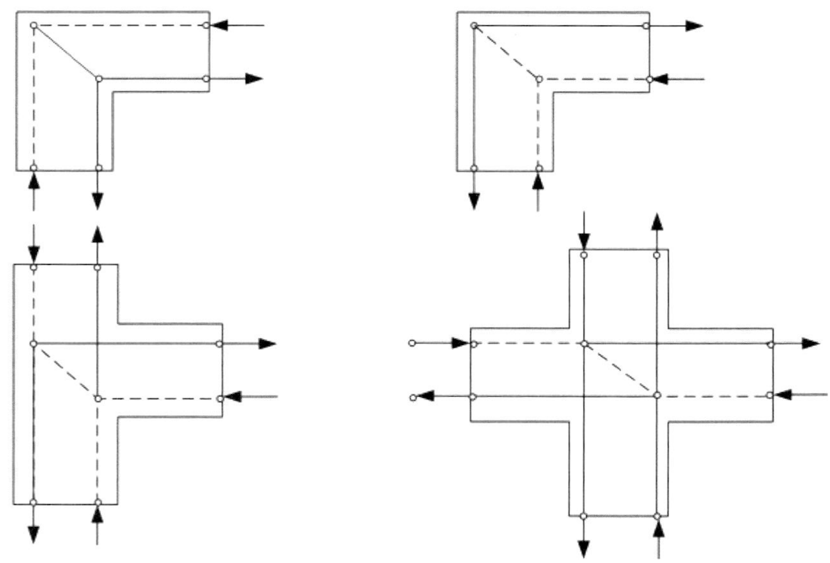

그림 4.1.1 보-기둥 접합부에 대한 대표적인 스트럿-타이 모델

접합부의 기본적인 하중 흐름은 ㄱ자형 접합부에서 작용하는 열린 모멘트와 닫힌 모멘트에 대한 기초적인 스트럿-타이 모델의 이해가 필요하다. 이를 기반으로 하여 접합부 상부에서 작용하는 기둥 압축력을 고려한 압축대의 범위를 이용하여 접합부 내부에서 저항하는 대각선 스트럿 폭의 선정, 트러스 작용을 위한 수평 · 수직 전단보강근의 추가량을 산

정하여야 한다.

현행 구조기준에서는 접합부의 강도를 보수적으로 큰 전단강도를 확보하도록 하고 실험을 통해 내진성능의 정도를 검증하도록 하고 있으나, 다양한 접합부와 외부 응력 그리고 재료강도의 변화와 부착강도 등 변화에 대해 능동적으로 접합부를 합리적으로 설계하기 위하여 예제를 소개한다.

4.1.1 접합부의 분류와 응력

골조 내부에 위치한 보-기둥 접합부의 설계는 우선 약보-강기둥의 내진설계방법의 하나인 역량설계법(capacity design)에 따라 보의 휨모멘트에 대한 항복을 먼저 유도하여 전체 시스템의 안정적인 에너지 소산을 의도한다. 우선 적절하게 선정한 보의 휨모멘트 강도를 근거로 기둥과 접합부에 전달되는 전단력을 산정한다. 보-기둥 내부 접합부는 Paulay와 Preistley가 제안한 응력전달 모형을 토대로 간단한 방법으로 대각선 스트럿과 트러스가 부담하는 접합부 전단강도를 산정한다. 스트럿-타이 모델 적용문제에서 아치작용과 트러스 작용의 분담력에 대한 분배를 부착강도로 다루는 것은 여러 가지 실험결과로 보아 적절한 방법이다.

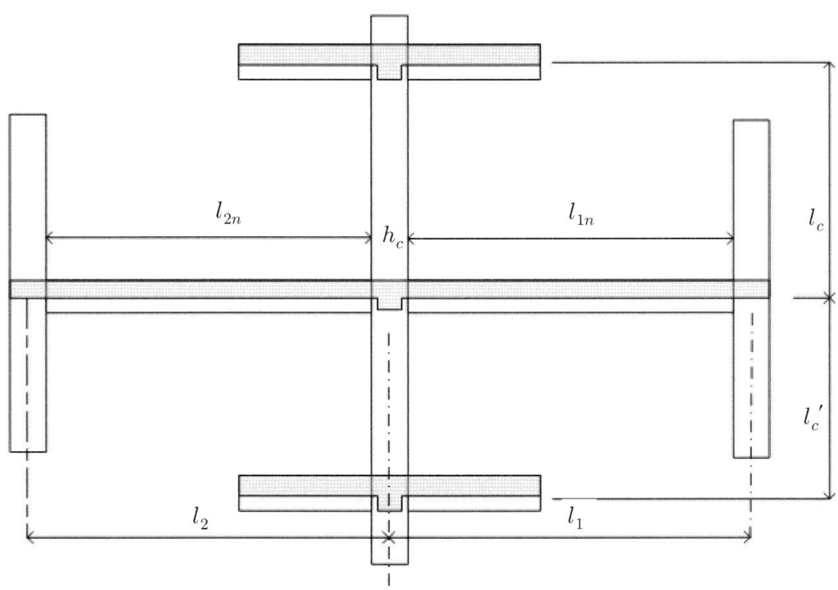

그림 4.1.2 내부 보-기둥 접합부

접합부 설계를 위한 산정방법은 다음과 같은 순서를 따른다.

1) 기둥에 작용하는 전단력

접합부에 작용하는 외력과 내력은 보가 먼저 항복에 도달하도록 하고 기둥은 탄성범위 내에 있도록 한다. 이러한 capacity design method에 의한 기둥으로 발생하는 전단력은 다음과 같다.

$$V_{col} \approx 2\left(\frac{l_1}{l_{1n}}M_{1,o}+\frac{l_2}{l_{2n}}M_{2,o}\right)/(l_c+l_c') \tag{4.1.1}$$

2) 접합부에 작용하는 전단력

접합부 경계면에 작용하는 보의 휨 압축력과 인장력은 짝힘으로 우측방향의 보 상단의 인장력과 좌측면 압축력의 절대 값과 기둥의 전단력의 차이가 접합부의 수평전단력으로 작용한다. 접합부에 작용하는 수평전단력은 초과강도계수를 고려하면 다음 식으로 표현한다.

$$V_{jh}=(A_{s1}+A_{s2})\lambda_o f_y - V_{col} \tag{4.1.2}$$

이에 따라 수직방향 전단력은 보와 기둥의 깊이에 따라 결정된다.

$$V_{jv}=(h_b/h_c)V_{jh} \tag{4.1.3}$$

3) 접합부의 전단강도 모형

접합부 영역에 균일한 전단력이 작용하는 경우와 기둥의 휨 압축대와 보의 압축대에 작용하는 집중력으로 2가지 전단강도로 발현한다고 볼 수 있다. 접합부의 전단강도를 대각선 스트럿 작용과 분포 철근에 의한 트러스 작용의 합으로 생각한다. 접합부에 작용력에 대하여 콘크리트와 철근으로 필요한 전단강도를 확보하도록 설계한다.

$$V_{jh}=V_{strut,h}+V_{truss,h} \tag{4.1.4}$$

접합부의 단면적과 필요한 수평과 수직 철근량을 산정하는 것이 목적이다.

4) 기둥의 압축대 깊이

기둥의 축력과 휨모멘트로 접합부의 모서리에 압축응력이 집중된다. 기둥의 휨 압축대의 깊이 c는 다음 식을 이용한다.

$$c=(0.25+0.85\frac{P_u}{f_{ck}A_g})h_c \tag{4.1.5}$$

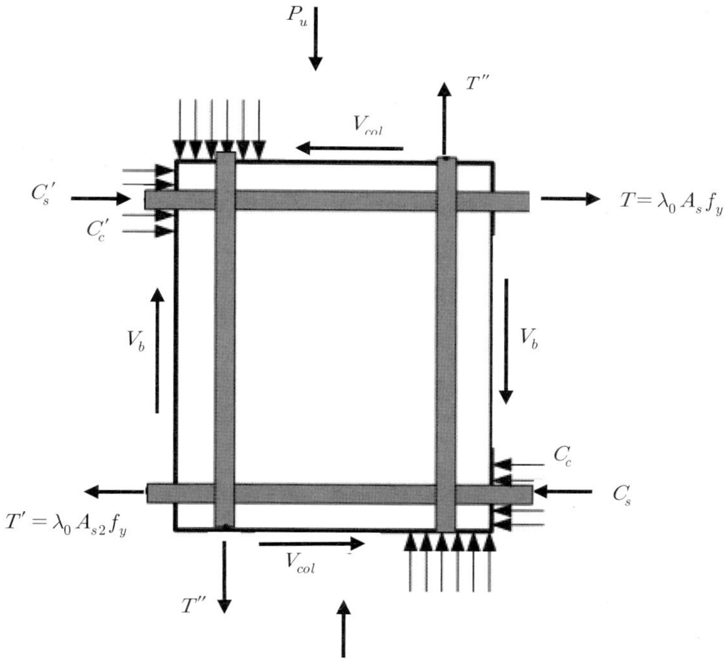

그림 4.1.3 접합부의 작용력 분포

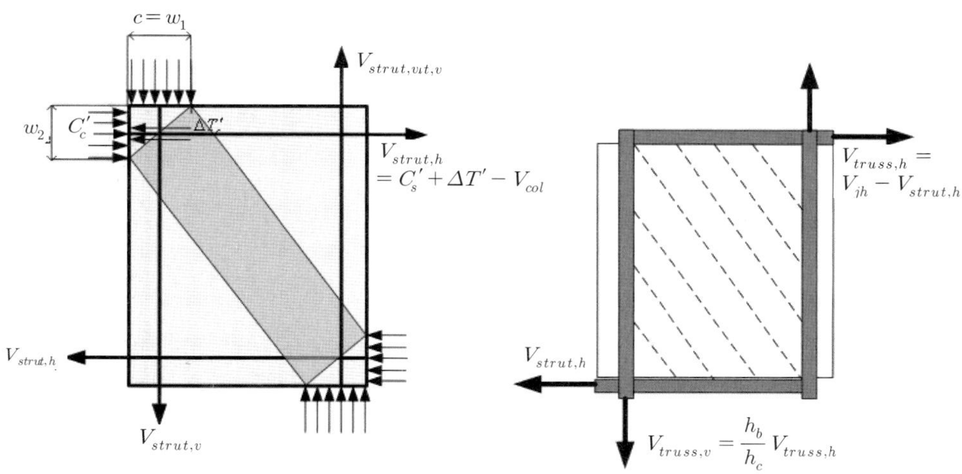

그림 4.1.4 압축스트럿과 트러스 작용으로 발휘하는 전단강도 모델

5) 부착응력의 고려

접합부를 관통하는 보의 수평철근은 압축응력과 인장응력의 급격한 변화를 부착강도가 부담한다. 접합부 상단을 지나는 철근의 인장력 변화량은 부착강도가 일정하게 작용한다는 가정 하에 절점에서의 인장력의 변화량을 산정할 수 있다.

$$\Delta T_c' = u_o c = (C_s' + T)\frac{c}{h_c} = 1.55\frac{c}{h_c}T \tag{4.1.6}$$

압축철근에 발휘되는 압축력은 초과강도계수와 인장철근과 압축철근량의 비에 대해 고려한다. 이때 접합부 좌측면에 휨모멘트로 발생하는 압축력 중 철근이 부담하는 압축력은 평형조건에 따라 다음과 같다.

$$C_s' = \gamma f_y A_s = \frac{\gamma}{\lambda_o}T \tag{4.1.7}$$

결국 콘크리트로 발휘하는 압축력은 수평방향 평형조건으로 표현하면 다음 식으로 나타난다.

$$C_c' = T' - C_s' = \beta T - \frac{\gamma}{\lambda_o}T = (\beta - 0.55)T \tag{4.1.8}$$

6) 대각 스트럿으로 발휘하는 전단강도

대각선 압축 스트럿으로 발휘하는 필요한 전단강도는 다음 식으로 표현된다.

$$V_{ch} = C_c' + \Delta T_c' - V_{col} = (1.55\frac{c}{h_c} + \beta - 0.55)T - V_{col} \tag{4.1.9}$$

보의 상부 철근에 의한 인장강도와 보의 소성힌지 형성을 설정해서 구한 기둥의 전단력을 이용하면 대각선 압축 스트럿이 발휘하는 접합부의 수평방향 전단강도를 산정할 수 있다.

7) 트러스 작용으로 발휘하는 접합부 전단강도

앞서 구한 식 (4.1.1)과 식 (4.1.2)에서 필요한 나머지 접합부의 전단강도는 다음 식으로 표현할 수 있다.

$$\begin{aligned} V_{sh} &= V_{jh} - V_{ch} = [(1+\beta)T - V_{col}] - [(1.55\frac{c}{h_c} + \beta - 0.55)T - V_{col}] \\ &= 1.55\left(1 - \frac{c}{h_c}\right)T \end{aligned} \tag{4.1.10}$$

8) 스트럿의 크기 결정

소요전단강도는 주변 보와 기둥의 강도에 따라 결정되어 필요한 압축대의 폭과 강도 그리고 분포 철근량을 구할 수 있다.

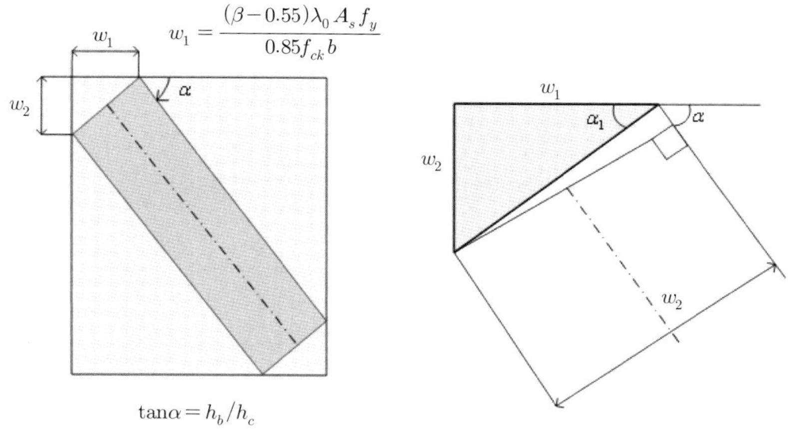

그림 4.1.5 대각선 압축대의 폭 산정

대각선 스트럿의 폭은 기하학적인 조건을 이용하면 다음 식으로 표현된다.

$$w = \sqrt{w_1^2 + w_2^2 \sin(\alpha_1 + \alpha)} \tag{4.1.11}$$

스트럿으로 발휘하는 전단강도는 콘크리트 압축강도와 스트럿 폭 그리고 접합부의 너비로 결정된다.

$$V_{ch} = 0.85 f_{ck} w b \cos\alpha \tag{4.1.12}$$

9) 트러스 작용에 대한 전단보강근의 산정

트러스 작용으로 결정되는 전단강도는 면내 응력이 작용하는 Disk로 간주하면 연성파괴 조건으로 다음 식을 사용할 수 있다.

$$V_{sh} = 0.85 f_{ck} b h_c \sqrt{w_x (1 - w_x)} \tag{4.1.13}$$

또는 수직방향 등분포 철근량을 이용하면 다음 식으로 표현할 수 있다.

$$V_{sh} = 0.85 f_{ck} b h_c \sqrt{w_x w_y} \tag{4.1.14}$$

수평방향과 수직방향의 각각 역학적 철근비를 식으로 표현하면 다음 식으로 주어진다.

$$w_x = \frac{A_{sx} f_y}{0.85 f_{ck} s_x b}, \quad w_y = \frac{A_{sy} f_y}{0.85 f_{ck} s_y b}$$

이상의 힘의 전달 메커니즘을 스트럿-타이 모델로 표현하면 다음과 같다.

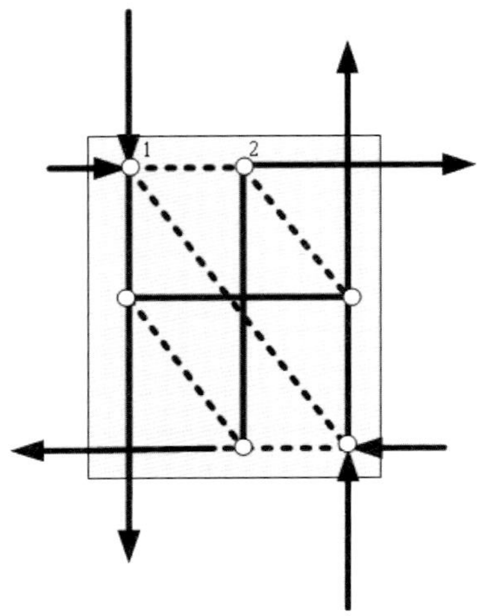

그림 4.1.6 내부 보-기둥 접합부의 스트럿-타이 모델

대각선 압축 스트럿이 저항해야 하는 전단력은 앞에 논의한 것 같이 표현할 수 있다. 1번 절점과 2번 절점 사이에 부착력으로 압축력을 받는 철근이 인장으로 발전한다. 수직과 수평방향의 등분포 철근은 나머지 전단력에 대해서 강도를 확보해야 한다. 부착응력으로 발휘하는 인장력은 $\Delta T_c{}' = u_o c = (C_s{}' + T)\frac{c}{h_c} = 1.55\frac{c}{h_c}T$으로 표현할 수 있다. 절점2에 연결된 대각선 스트럿과 수직방향 철근으로 추가적인 전단강도를 발휘한다. 필요한 철근량은 2번 절점에서 평형조건을 이용하면 다음 식으로 표현할 수 있다.

$$\Sigma A_v f_y = T\cot\alpha \tag{4.1.16}$$

대각선 스트럿의 조기 압축파괴를 방지하기 위하여 철근량을 다음 식으로 조정해야 한다.

$$\Sigma A_v f_y \le 0.85 \times 0.75 f_{ck}(h_b - \frac{T}{0.85 f_{ck} b})\cos\alpha\sin\alpha \tag{4.1.17}$$

다만, 계수 0.75는 다음 조건을 만족할 경우 사용할 수 있으며, 만족하지 않는 경우 0.6

으로 감소시킨다.

$$\Sigma \frac{A_v}{b_s\, s_i} \sin^2 \alpha_i \geq 0.003 \qquad (4.1.18)$$

4.2 모서리 접합부

모서리 접합부는 작용하는 휨모멘트의 방향에 따라 크게 두 가지로 분류할 수 있다. 첫 번째는 그림 4.2.1(b)에서와 같이 모멘트의 방향이 접합부 모서리각을 90°보다 크도록 작용하는 경우(opening moment)로서, 이때는 접합부의 안쪽 면에 인장력이 발생한다. 다른 하나는 휨모멘트의 방향이 접합부 모서리각을 90°보다 작도록 작용하는 경우(closing moment)이며 접합부의 바깥쪽 면에 인장력이 발생한다. 이 중 첫 번째 경우가 고려해야 할 사항이 많다.

또한 이 예제에서는 그림 4.2.1(b)에서와 같이 접합부의 경계면에 휨모멘트만 작용하는 경우를 다루도록 한다. 이는 인접한 보와 기둥에 작용하는 전단력을 고려할 경우에 스트럿-타이 모델이 너무 복잡해지는 경향이 있기 때문이다. 접합부에 작용하는 모든 종류의 힘을 고려하고자 하는 경우에는 접합부에 인접한 보와 기둥의 전단력이 0이 되는 지점까지 고려하여 스트럿-타이 모델을 재구성해야 한다.

이 예제는 아래의 주어진 조건하에서 그림 4.2.1과 같이 휨모멘트가 작용하는 모서리 접합부(Corner Joint)에 대하여 휨설계를 한 예제이다.

* 작용 계수휨모멘트 : $M_u = 400\text{kN}\cdot\text{m}$

* 콘크리트 설계기준압축강도 : $f_{ck} = 27\text{MPa}$

* 철근 설계기준항복강도 : $f_y = 400\text{MPa}$

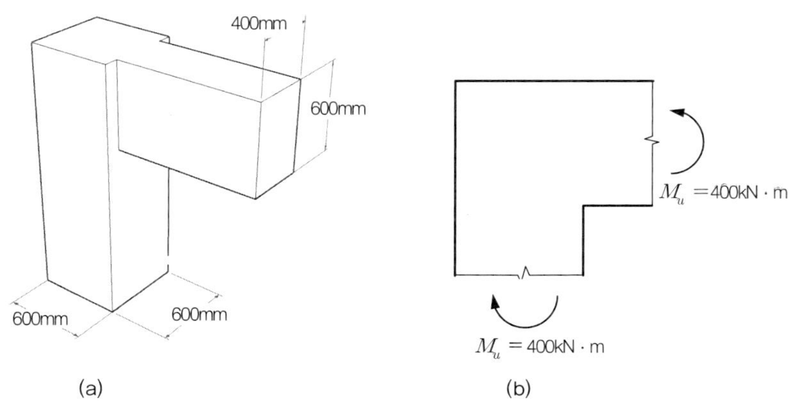

그림 4.2.1 모서리 접합부의 기하학적 형상 및 설계하중

4.2.1 스트럿-타이 모델 구성

모서리 접합부의 경계면에 작용하는 모멘트를 압축력과 인장력의 조합으로 치환하였을 때, 접합부 내부에서 이 힘을 전달하기 위한 스트럿-타이 모델은 그림 4.2.2(a)~(c)에서와 같이 여러 가지 형태로 구성할 수 있다. 그림 4.2.2(a)는 가장 단순한 형태의 모델이다.

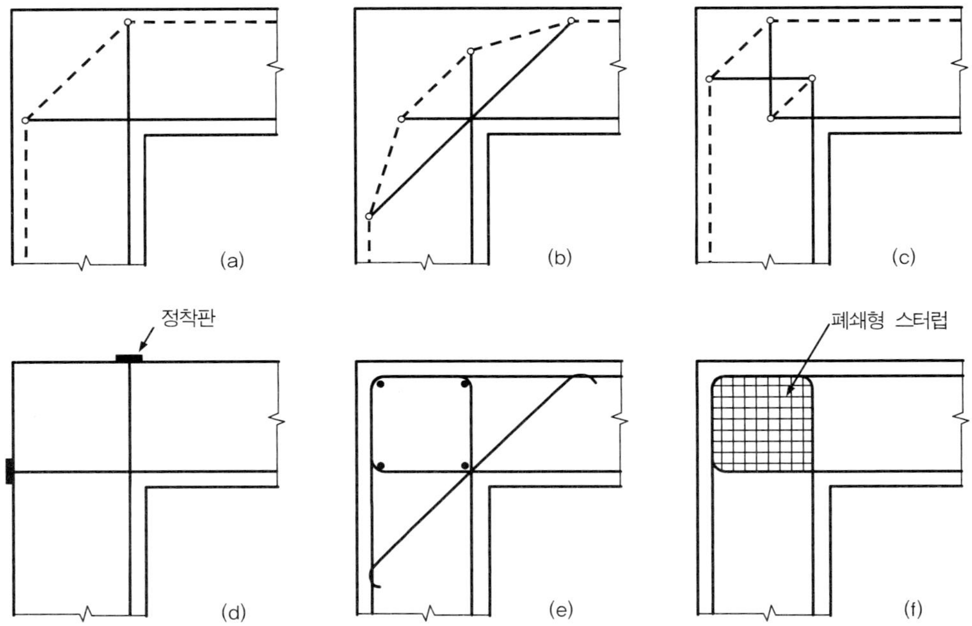

그림 4.2.2 모서리 접합부에 대한 스트럿-타이 모델과 철근 배근

그러나 경사진 스트럿에 작용하는 압축력이 접합부의 콘크리트 표면 지점까지 전달되어야 하므로, 그림 4.2.2(d)에서와 같이 외부 정착판을 사용하여 보와 기둥의 안쪽 면에 발생하는 인장력이 충분히 발현되도록 해야 한다. 이를 해소하기 위하여 그림 4.2.2(b)와 같이 압축스트럿의 경사도를 완만하게 변화하도록 하고, 추가적으로 경사진 타이를 배치하는 방법이 있으나 이 역시 실제 경사방향의 철근 배치에 번거로움이 있다(그림 4.2.2(e) 참조).

이 예제에서는 그림 4.2.2(c)에서와 같이 경사진 스트럿의 압축력이 접합부 중앙에 수직·수평으로 배치된 타이의 인장력에 의해 보와 기둥의 주철근으로 전달되도록 하는 모델을 선정하여 모서리 접합부에 대한 설계를 진행하도록 한다. 이 경우의 실제 적용은 그림 4.2.2(f)처럼 스터럽을 접합부 내부에 수직·수평방향으로 균일하게 배근하여 해결할 수 있다. 그림 4.2.3은 각 절점에서의 평형조건을 이용하여, 선정된 스트럿-타이 모델의 스트럿과 타이에 작용하는 하중을 계산한 것이다.

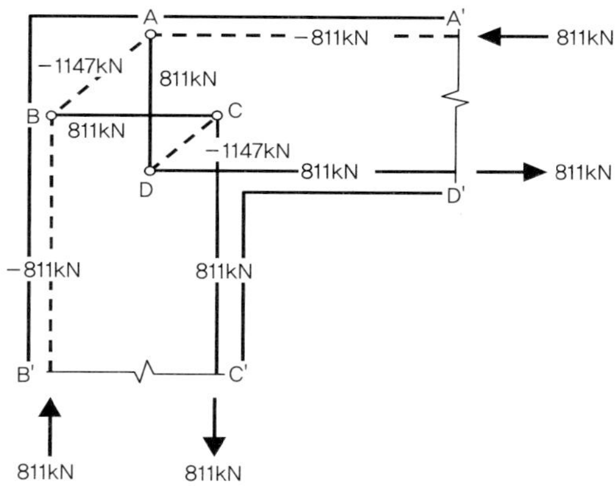

그림 4.2.3 스트럿과 타이에 작용하는 하중

4.2.2 철근 배치

1) 접합부 안쪽 면 철근

보 하단부 및 기둥 우측에 위치한 타이 DD′와 CC′에 필요한 철근량 A_{st}는 다음 식으로부터 구할 수 있다.

$$A_{st} = \frac{F_u}{\phi f_y} = \frac{811 \times 10^3}{0.9 \times 400} = 2,253\text{mm}^2$$

보와 기둥에 배근되는 철근 연속을 감안하여 보 하단부에는 5-D25($A_{st} = 2,534\ \text{mm}^2$) 철근을 타이 DD′ 위치에 배근하고, 기둥 우측에는 4-D29($A_{st} = 2,570\text{mm}^2$) 철근을 타이 CC′ 위치에 배근한다.

2) 수직 · 수평 스터럽 철근

모서리 접합부 중앙에는 타이 AD와 BC에 작용하는 인장력을 보와 기둥의 주철근으로 전달하는 데 필요한 철근을 배근하여야 한다. 이 타이는 접합부의 폭 내에 넓게 분포된 스터럽의 형태로 배근될 수 있다.

D13 이중 폐쇄스터럽을 사용한다고 가정하였을 때 각 타이에 필요한 스터럽의 수(n)를 구하면 다음과 같다.

$$n = \frac{F_u}{\phi A_{st} f_y} = \frac{811 \times 10^3}{0.9 \times 4 \times 126.7 \times 400} = 4.4 \text{ 즉, } n = 5$$

타이 AD와 BC는 각각 기둥과 보의 양단 주철근 내에 균일하게 분포되어야 한다. 스트럿 AA′와 BB′의 위치는 압축력에 저항하는 콘크리트의 단면적을 고려하여 부재면에서 60mm 떨어진 것으로 가정하고, 타이 CC′와 DD′ 역시 콘크리트 피복두께, 스터럽과 주철근의 직경 등을 고려하여 부재면에서 60mm 떨어진 것으로 가정한다. 이때 타이 AD와 BC를 구성하는 스터럽이 분포될 수 있는 유효폭은 600mm−60mm−60mm=480mm로 동일하며 배근간격 s =480mm/(5+1)=80mm이다. 그러므로 접합부 내부에 D13 이중 폐쇄스터럽을 80mm 간격으로 배근한다.

4.2.3 스트럿 강도 검토

스트럿의 최대 폭은 절점의 기하학적 형상으로부터 결정되며, 절점의 각 경계면 최대 폭은 설계대상 영역의 기하학적 형상과 경계면에 작용하는 힘의 크기를 이용해 구할 수 있다.

이 예제에서 강도 검토가 필요한 스트럿은 스트럿 AB와 CD이다. 그림 4.2.1에서 알 수 있듯이 보의 깊이와 기둥의 폭이 600mm로 동일하고 각 부재에 작용하는 휨모멘트도 같으므로 두 스트럿은 모두 45° 의 기울기를 갖는다.

1) 스트럿 AB

스트럿 AB의 최대 폭은 절점 A와 B의 경계면 중 작은 값으로 구해지는데, 보의 폭(400mm)이 기둥의 폭(600mm)보다 작으므로 절점 B에 의해 결정된다고 할 수 있다. 절점 B의 수평 폭 w_{n1}은 스트럿 BB′로부터 작용하는 힘을 이용해 다음과 같이 계산할 수 있다.

$$w_{n1} = \frac{F_u}{0.85\phi\beta_n f_{ck} b} = \frac{811 \times 10^3}{0.85 \times 0.75 \times 0.8 \times 27 \times 600} = 98\text{mm}$$

절점 B의 수직 폭은 2단계에서 배근된 폐쇄스터럽에 의해 구속되어 있는 영역에 의해 결정되므로 w_{n2} =480/2=240mm이다. 접합부의 기하학적 형상에 의해 스트럿의 기울기가 45° 로 결정되므로 스트럿 AB의 최대 폭 w_{prov}은 다음과 같이 구할 수 있다(그림 4.2.4 참조).

$$w_{prov} = w_{n1}\cos 45° + w_{n2}\sin 45° = (98 + 240) \times \frac{\sqrt{2}}{2} = 239\text{mm}$$

그에 비해 스트럿-타이 모델에서 요구하는 스트럿의 폭 w_{req}는 다음과 같다.

$$w_{req} = \frac{F_u}{0.85\phi\beta_s f_{ck} b} = \frac{1147 \times 10^3}{0.85 \times 0.75 \times 0.75 \times 27 \times 400}$$

$$= 222\text{mm} \leqq 239\text{mm} = w_{prov} \qquad \langle\text{만족}\rangle$$

2) 스트럿 CD

스트럿 CD의 최대 폭은 양단의 C와 절점 D 중에 보의 주근인 타이 DD′가 정착되어야 하는 절점 D에 의해 결정된다.

절점 D의 수직 폭 w_{n1}은 콘크리트 피복두께, 보 스터럽(D10)과 주철근(D29)의 직경 등을 고려하여 다음과 같이 계산할 수 있다.

$$w_{n1} = 2\left(40 + 9.53 + \frac{28.6}{2}\right) = 128\text{mm}$$

절점 D의 수평 폭은 접합부 중앙에 배근되는 폐쇄스터럽에 의해 결정되므로 절점 B에서와 같은 $w_{n2} = 240\text{mm}$라고 할 수 있다. 이때 스트럿 CD의 최대 폭 w_{prov}은 다음과 같이 구할 수 있다(그림 4.2.4 참조).

$$w_{prov} = w_{n1}\cos 45° + w_{n2}\sin 45° = (128 + 240) \times \frac{\sqrt{2}}{2} = 260\text{mm}$$

스트럿 CD에 가해지는 압축력은 스트럿 AB의 경우와 같으므로 스트럿-타이 모델에서 요구하는 스트럿의 폭 $w_{req} = 222\text{mm} \leqq w_{prov} = 260\text{mm}$이다.

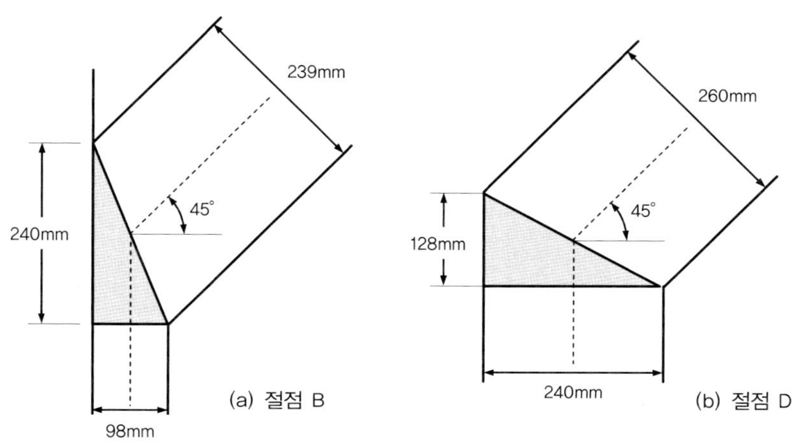

그림 4.2.4 스트럿과 절점의 최대 폭

표 4.2.1은 스트럿의 필요폭과 최대 폭을 비교하여 스트럿의 강도조건 만족 여부를 판단한 것이다.

표에서 알 수 있듯이 스트럿-타이 모델을 구성하는 2개의 스트럿에서 필요폭보다 최대 폭이 큰 것으로 나타나 스트럿의 강도조건을 만족한다고 할 수 있다.

표 4.2.1 스트럿의 강도 검토 결과

스트럿	β_s	$\theta(°)$	F_u(kN)	w_{req}(mm)	w_{prov}(mm)	안전 여부
AB	0.75	45	1147	222	239	OK
CD	0.75	45	1147	222	260	OK

4.2.4 절점부 강도 검토

절점의 최대 폭 w_{prov}는 3단계에서와 같은 방법으로 구할 수 있으며, 다음의 식을 이용해 절점의 강도를 검토할 수 있다.

$$w_{req} = \frac{F_u}{0.85\phi\beta_n f_{ck} b} \leq w_{prov}$$

위 식에서 절점의 종류에 따라 β_n을 달리 적용하여야 하며, b는 스트럿의 폭이 아닌 절점의 폭을 의미한다. 표 4.2.2는 절점 경계면의 필요폭과 최대 폭을 비교하여 각 절점의 강도조건 만족 여부를 판단한 것이다. 표에서 알 수 있듯이 대부분의 절점 경계면에서 필요폭보다 최대 폭이 큰 것으로 나타났다. 조건을 만족시키지 못하는 절점 D의 타이 DD′방향으로는 콘크리트의 피복두께를 5mm 정도 증가시켜 문제를 해결할 수 있다.

표 4.2.2 절점의 강도 검토 결과

절점	β_n	유형	요소	F_u(kN)	w_{req}(mm)	w_{prov}(mm)	안전 여부
A	0.8	CCT	AA′	811	98	118	만족
			AD	811	98	240	만족
			AB	1,147	139	253	만족
B	0.8	CCT	BB′	811	98	98	만족
			BC	811	98	240	만족
			BA	1,147	139	239	만족
C	0.6	CTT	CB	811	131	240	만족
			CC′	811	131	131	만족
			CD	1,147	185	262	만족
D	0.6	CTT	DA	811	131	240	만족
			DD′	811	131	128	불만족
			DC	1,147	185	260	만족

4.2.5 최소 철근량 배근 및 철근정착

1) 최소 철근량 배근

스트럿 AB와 CD의 강도를 검토할 때 스트럿의 유효압축강도계수 $\beta_s = 0.75$를 사용할 수 있었던 것은 다음 식에 의해 구해지는 최소 철근량이 스트럿을 가로지른다는 가정 때문이다.

$$\Sigma \frac{A_{si}}{bs_i} \sin^2 \gamma_i \geq 0.03$$

스트럿이 존재하는 접합부 내부에는 2단계에서 이미 수직 · 수평방향으로 2중 폐쇄스터럽을 80mm 간격으로 배근하였기 때문에 이 철근량이 위의 조건식을 만족하는지 검토한다.

$$\frac{126.7 \times 5}{600 \times 80} \sin^2 45° + \frac{126.7 \times 5}{600 \times 80} \sin^2 45° = 0.013 \geq 0.003 \qquad \text{〈만족〉}$$

두 개의 스트럿이 동일한 조건 하에 있으므로 모든 스트럿에 대해 최소 철근량 규정을 만족한다고 할 수 있다.

2) 철근정착

스트럿-타이 모델의 타이는 기계적 정착장치, 포스트텐션 정착장치, 표준갈고리 또는 충분한 정착길이 확보 등을 통해 정착되어야 한다. 타이 AD와 BC는 2중 폐쇄스터럽이므로 타이 CC′와 DD′를 구성하고 있는 기둥과 보 주철근의 정착길이를 구한다. 이들 타이의 정착을 위해 90° 표준갈고리를 사용한다고 가정하면 정착길이 l_{dh}는 콘크리트 구조기준에 따라 다음과 같이 구할 수 있다.

$$\text{타이 CC}' : l_{dh} = \frac{100 d_b}{\sqrt{f_{ck}}} \times \text{보정계수} = \frac{100 \times 31.8}{\sqrt{27}} \times 0.27 \times \frac{2702}{3177} = 364\text{mm}$$

$$\text{타이 DD}' : l_{dh} = \frac{100 d_b}{\sqrt{f_{ck}}} \times \text{보정계수} = \frac{100 \times 28.6}{\sqrt{27}} \times 0.27 \times \frac{2702}{3212} = 324\text{mm}$$

각 타이를 접합부 끝단까지 연장하여 표준갈고리를 이용하여 정착시키면 유효정착길이는 접합부의 전체 유효폭인 480mm이다. 이는 각 타이에 대하여 요구되는 정착길이보다 크므로 타이 CC′와 DD′는 정착조건을 만족한다. 이와는 별도로 접합부 내의 수직 · 수평방향으로 배근된 2중 폐쇄스터럽을 정착시키기 위해 접합부 바깥면으로 4개의 D16 철근을 ㄱ자 모양으로 배근한다(그림 4.2.5 참조).

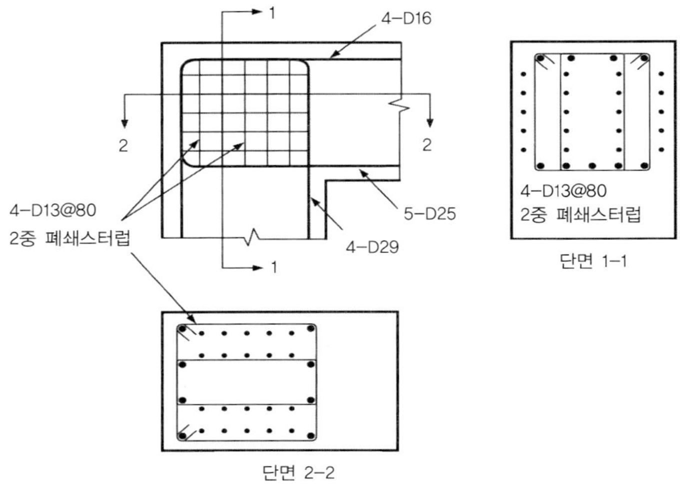

그림 4.2.5 모서리 접합부의 철근배근 상세

예제 5 : 박스 우각부의 설계

박스 구조물은 주로 지하공간의 이용 증대를 위한 지하철, 공동구, 수로 및 암거 등의 다양한 용도로 사용되고 있으며, 대부분의 상단 우각부에는 응력집중을 저감시키기 위해 삼각형 헌치를 설치하며, 하부 우각부의 경우 통로기능을 위해 사각형 헌치를 사용하기도 한다. RC 구조물의 우각부에는 그림 5.1.1과 같이 하중작용에 따라 열림 및 닫힘모멘트가 작용한다. 현재까지 박스 우각부 설계는 그림 5.1.2와 같이 도로교설계기준 라멘부재 절점부 규정에 따라 우각부 보강철근량을 산정하여 왔다. 이 장에서는 박스 우각부의 헌치 유무에 따라 두 가지의 스트럿-타이 모델을 구성하였다. 미국 ACI-318과 국내 설계기준에는 우각부에 관한 스트럿-타이 모델의 구성형태에 관한 구체적인 방법에 관한 절차가 없으나, Eurocode 2(Part 2, Design of Concrete Bridge Structures, 1992)의 6.5절과 9.9절에 우각부의 스트럿-타이 모델 구성방법과 형태에 대해서 그림 5.1.3과 같이 제시하고 있어 이를 참조하였다.

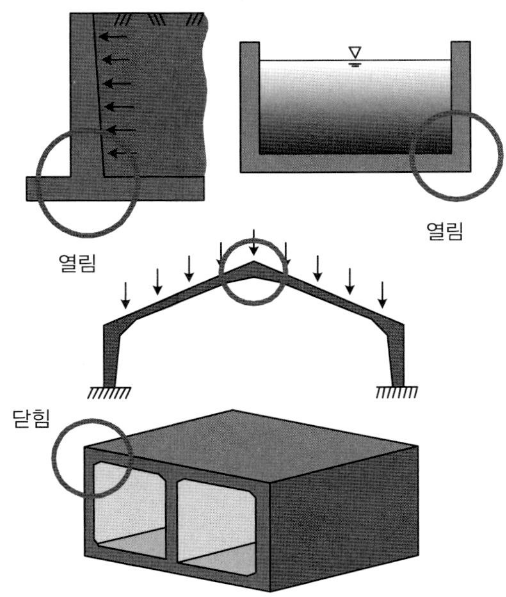

그림 5.1.1 열림모멘트와 닫힘모멘트를 받는 구조물

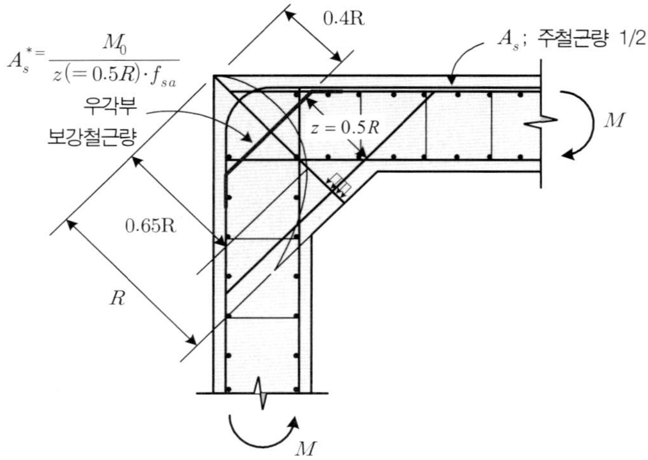

그림 5.1.2 우각부 보강철근량 산정방법(도로교설계기준. 2005)

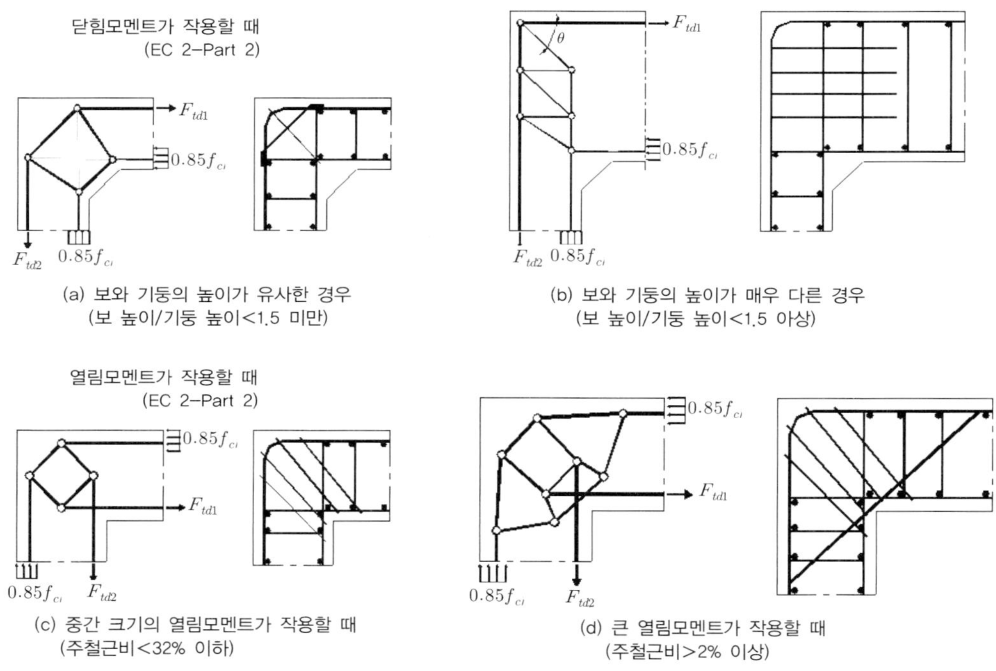

그림 5.1.3 우각부에 대한 Eurocode 2-Part 2 규정

스트럿-타이 모델 선정에서 가장 중요한 것은 구조계에 발생하는 응력분포에 적합한 절점구성을 하는 것이며, 인장타이의 위치는 반드시 충분한 길이의 철근을 배치하는 것이 좋다.

박스 구조물은 일반적으로 보와 기둥의 깊이가 유사한 경우가 대부분이며, 지중에 설치되는 경우 우각부는 주로 닫힘모멘트를 받는다. 이러한 일반적인 RC 박스 우각부에서는 헌치가 있을 경우에 내부모멘트 팔길이 z가 커지기 때문에 가능한 헌치를 설치하는 것이 구조적으로 유리하게 된다(그림 5.1.4 참조).

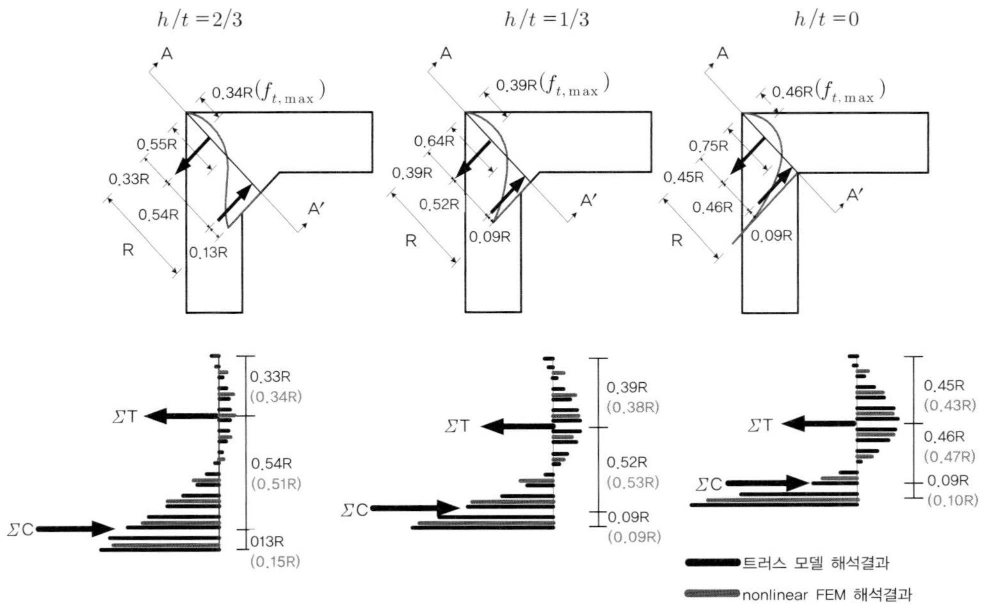

그림 5.1.4 헌치(h) 유무에 따른 내부모멘트 팔길이 변화(보 두께=벽체 두께=t)

이때 우각부 절점구성의 중요한 점은 응력교란을 받는 우각부의 인장타이와 압축절점 사이 거리 Z가 $0.45R \sim 0.55R$ 범위에 있다는 것이다. 따라서 Z 값이 가급적 $0.55R$ 이하가 되도록 절점을 구성하는 것이 바람직하다.

5.1 헌치부가 있는 우각부

5.1.1 단면 선정과 재료강도 선택

설계대상 구조물의 기하학적 형상과 설계하중을 그림 5.1.5에 도시화하였다. 콘크리트 설계기준압축강도는 28MPa이고 철근의 설계기준항복강도는 400MPa이다. 이때 자중과 전단력 효과는 무시하고 우각부의 휨모멘트만 고려한다. 휨철근비는 0.68%임(일반적인 박스의 주철근비는 1.5% 미만임).

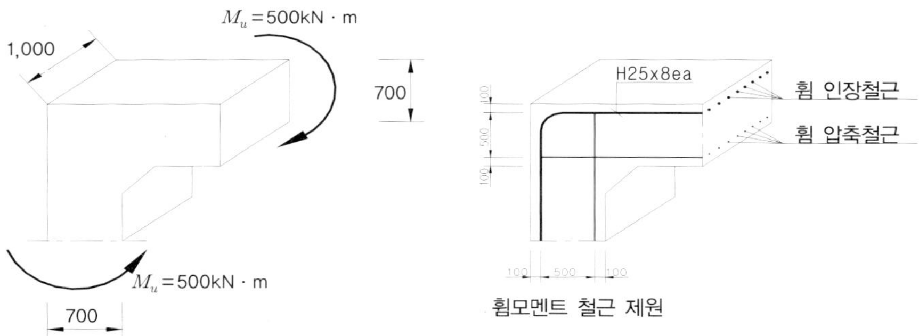

그림 5.1.5 헌치가 있는 박스 우각부의 기하학적 형상 및 계수단면력

5.1.2 스트럿-타이 모델의 선정

박스 우각부의 스트럿-타이 모델을 선정할 때 제원 상태는 다음과 같다.

i) 모멘트 방향(열림, 닫힘) 상태=닫힘

ii) 슬래브와 벽체의 두께 비=1.0

iii) 휨 주철근량=0.68%

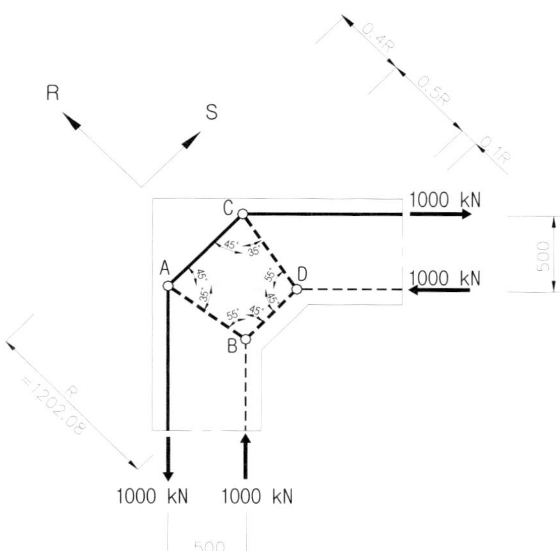

그림 5.1.6 스트럿-타이 모델

위의 조건에 따른 스트럿-타이 모델 구성은 그림 5.1.3에 표현한 Eurocode 2(Part 2, Design of Concrete Bridge Structures, 1992) 6.5절과 9.9절을 참조하여 구성할 수 있으며, 이때 스트럿의 θ 값은 가급적 $25^{\circ} \sim 65^{\circ}$ 범위 내로 한다(CEB-FIP MC90).

닫힘모멘트를 받는 우각부의 절점구성은 도로교설계기준(4.12.5절, 2005)에 근거하여 스트럿과 타이의 간격이 $0.5R$이 되도록 구성하였다.

이때 기존 휨 주철근의 회전반경에 인장타이가 위치하지 않기 때문에 보강효과가 없는 것으로 간주하였고, 휨철근의 인장 보강효과를 고려하기 위해서는 별도의 절점구성을 해야 한다.

5.1.3 스트럿과 타이의 단면력 산정

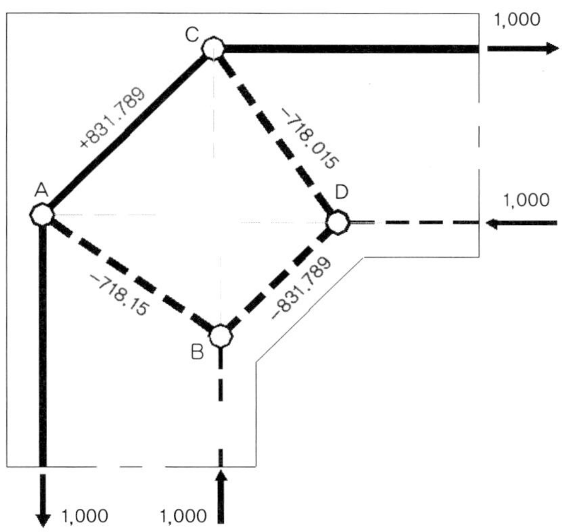

그림 5.1.7 스트럿-타이의 단면력(단위 : kN)

5.1.4 철근 배치

보강철근의 결정

AC 타이의 필요철근량을 계산하면 표 5.1.1과 같다.

$$\text{AC 타이} : A_{st} = \frac{F_u}{\phi f_u} = \frac{832 \times 10^3}{0.85 \times 400} = 2,447\text{mm}^2$$

표 5.1.1 타이의 제원 결정

타이 요소	필요철근량(mm^2)	사용 철근량(mm^2)	비 고
AC	2,447	2,570 H29×4ea	1단@250

종방향 b=100cm 방향으로 H29를 250cm 간격에 하나씩 배근함.

5.1.5 스트럿과 절점영역의 강도 검토

스트럿과 절점영역의 강도 검토는 다음과 같은 절차에 따라 수행한다.

i) 스트럿의 유효강도와 스트럿이 만나는 절점영역의 유효강도를 비교하여 그중 작은 유효강도 값을 스트럿의 유효강도로 결정하고

ii) 이를 이용하여 결정한 스트럿의 필요유효폭과 타이의 유효폭을 이용하여 차원화한 스트럿-타이 모델을 결정한 후

iii) 이 모델이 설계대상 구조물의 기하학적 형상을 벗어나는지 또는 스트럿 단면적의 중첩 발생 여부의 검토를 수행한다.

스트럿의 유효강도와 스트럿이 만나는 절점영역의 유효강도를 비교하여 그중 작은 유효강도 값을 스트럿의 유효강도로 사용할 경우에는 추가적인 절점영역의 강도 검토 과정을 수행할 필요가 없다.

스트럿의 필요유효폭 w_{req}은 스트럿의 단면력 F_u을 앞서 계산된 스트럿의 유효강도 값 $(0.85\beta_{s,\mathrm{mod}}f_{ck})$과 두께 b로 나누어 계산한다.

$$w_{req} = \frac{F_u}{\phi 0.85\beta_{s,\mathrm{mod}}f_{ck}b} \qquad \text{(구조기준 부록 I 3.1과 3.2)}$$

위 식을 이용하여 AB 스트럿의 필요유효폭을 계산하면 다음과 같다.

$$w_{req} = \frac{F_u}{\phi 0.85\beta_{s,\mathrm{mod}}f_{ck}b} = \frac{7.18\times 10^3}{0.75\times 0.85\times 0.60\times 28\times 1,000} = 67.1\mathrm{mm}$$

여기서, AB 스트럿의 유효압축강도 β_s는 구조기준 부록 I 3.3(2)의 최소 철근량 규정을 만족하지 않는 것으로 가정하여 0.60으로 결정하였다. 표 5.2에 스트럿의 유효강도계수와 필요유효폭을 정리하였다.

표 5.1.2 스트럿의 유효강도 및 필요유효폭

스트럿 요소	요소 종류	β_s 또는 β_n	$\beta_{s,\mathrm{mod}}$	$0.85\beta_{s,\mathrm{mod}}f_{ck}$	F_u(kN)	w_{req}(mm)	안전 여부
AB	스트럿 AB NZ* A-CTT NZ B-CCC	0.60 0.60 1.00	0.60	14.28	718.15	67.1	만족
BD	스트럿 BD NZ B-CCC NZ D-CCC	0.60 1.00 1.00	0.60	14.28	831.789	77.7	만족
CD	스트럿 CD NZ C-CTT NZ D-CCC	0.60 0.60 1.00	0.60	14.28	718.15	67.1	만족

* NZ=절점영역

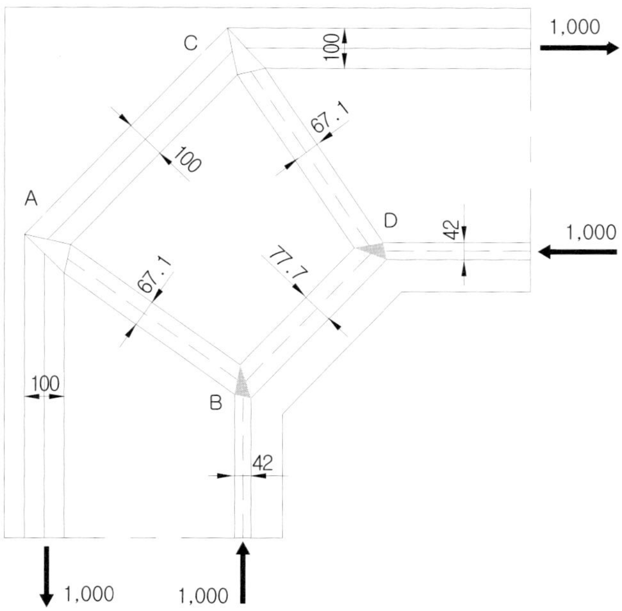

그림 5.1.8 차원화한 스트럿-타이 모델(CAD 작성)

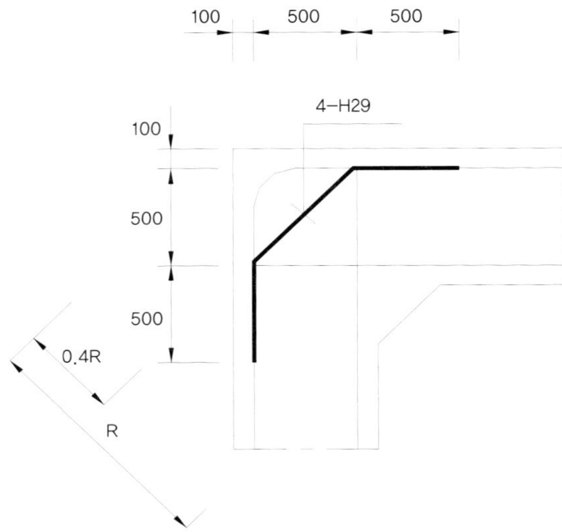

그림 5.1.9 닫힘모멘트가 작용하는 경우 우각부의 철근배근(B=100cm)

5.2 헌치부가 없는 우각부

5.2.1 단면 선정과 재료강도 선택

설계대상 구조물의 기하학적 형상과 설계하중을 그림 5.2.1에 도시화하였다. 콘크리트 설계기준압축강도는 28MPa이고 철근의 설계기준항복강도는 400MPa이다. 이때 자중과 전단력은 무시하며 우각부의 휨모멘트만 고려한다.

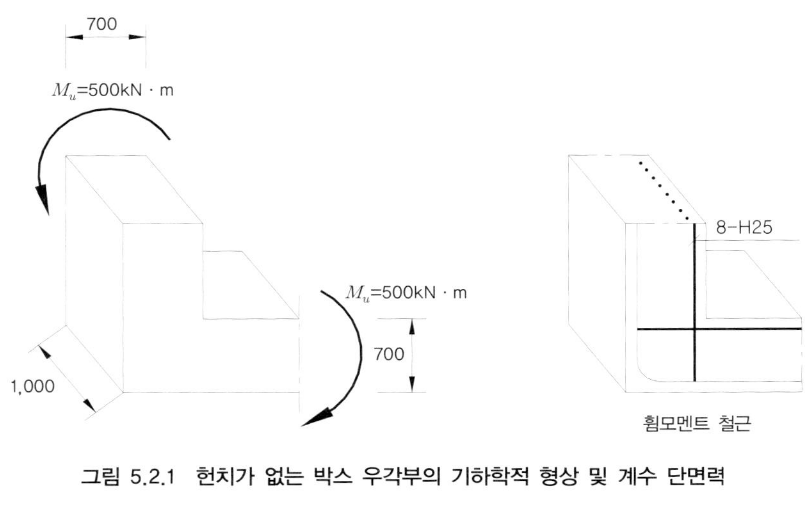

그림 5.2.1 헌치가 없는 박스 우각부의 기하학적 형상 및 계수 단면력

5.2.2 스트럿-타이 모델의 선정

박스 우각부의 스트럿-타이 모델을 선정할 때 제원 상태는 다음과 같다.

i) 모멘트 방향 (열림, 닫힘) 상태=열림

ii) 슬래브와 벽체의 두께비=1.0

iii) 휨 주철근량=0.68%

위의 조건에 따른 스트럿-타이 모델 구성은 그림 5.1.3의 Eurocode 2(Part 2, Design of Concrete Bridge Structures, 1992) 6.5절과 9.9절을 참조하여 구성할 수 있으며, 이 때 스트럿의 θ 값은 가급적 25°~65° 범위 내로 한다(CEB-FIP MC90). 이러한 규정에 따라 헌치가 없는 우각부에 열림모멘트를 받을 때 스트럿-타이 모델을 그림 5.2.2와 같이 구성하였다.

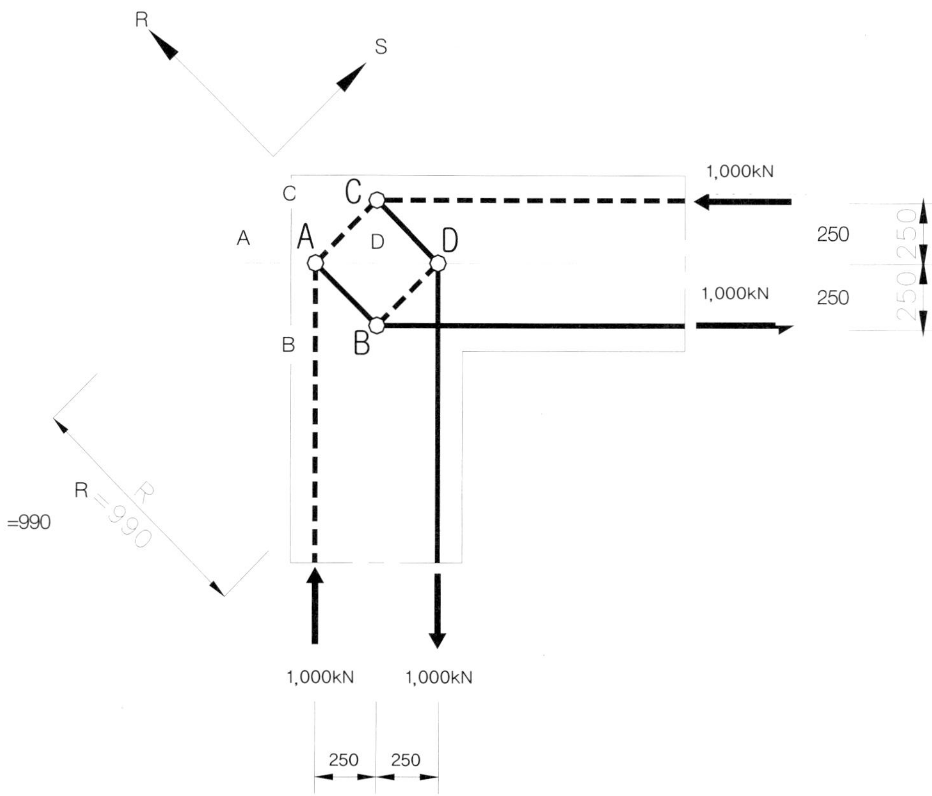

그림 5.2.2 스트럿-타이 모델

5.2.3 스트럿과 타이의 단면력 산정

선정한 트러스는 힘의 평형조건으로 부재력을 산출할 수 있으며, 결과를 그림 5.2.3에 도시화하였다.

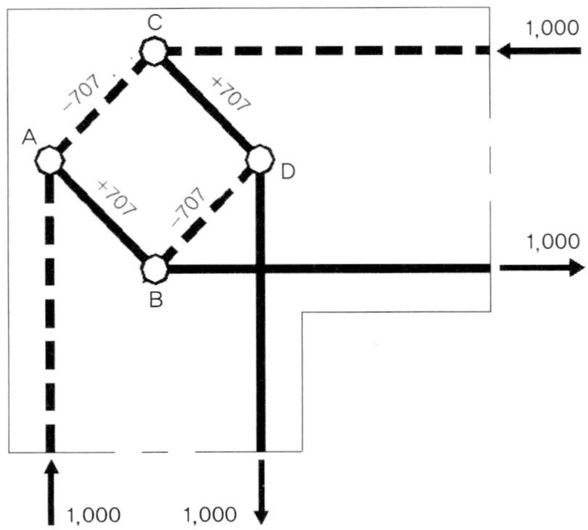

그림 5.2.3 스트럿-타이의 단면력(단위 : kN)

5.2.4 철근 배치

보강철근의 결정

AB와 CD 타이의 필요철근량을 계산하면 다음과 같다.

$$\text{AB 타이} : A_{st} = \frac{F_u}{\phi f_u} = \frac{707 \times 10^3}{0.85 \times 400} = 2{,}079\text{mm}^2$$

인장력을 전달하기 위해 AB 타이의 707kN의 단면력을 전달하는 데 필요한 경사철근을 배근하여야 한다. 인장력을 전달하는 타이의 최대 유효폭 내에 넓게 분포된 스터럽의 배근 형태를 가진다. H16의 폐쇄스터럽을 사용하여 경사타이에 필요한 스터럽의 수(n)를 구하면 다음과 같다.

$$\text{AB 경사타이} : n = \frac{F_u}{\phi A_{st} f_u} = \frac{707 \times 10^3}{0.85 \times (4 \times 198.7) \times 400} \approx 3$$

결정한 스터럽 수를 이용하여 경사타이의 유효폭 354(=500×sin45°)mm 내에서 필요 배근간격 s를 구하면 다음과 같다.

AB 경사타이 : 354/3=108mm

따라서 AB 경사타이 방향으로 H16 폐쇄스터럽(종방향 100cm 내 스터럽 다리수 $n=4$)을 100mm 간격으로 배근한다.

AB 경사타이 철근량 : $A_{used}=2383.2\text{mm}^2$(H16×4ea(종)×3ea(횡))

5.2.5 스트럿과 절점영역의 강도 검토

스트럿과 절점영역의 강도 검토는 다음과 같은 절차에 따라 수행한다.

i) 스트럿의 유효강도와 스트럿이 만나는 절점영역의 유효강도를 비교하여 그중 작은 유효강도 값을 스트럿의 유효강도로 결정하고

ii) 이를 이용하여 결정한 스트럿의 필요유효폭과 타이의 유효폭을 이용하여 차원화한 스트럿-타이 모델을 결정한 후

iii) 이 모델이 설계대상 구조물의 기하학적 형상을 벗어나는지 또는 스트럿 단면적의 중첩 발생 여부의 검토를 수행한다.

스트럿의 유효강도와 스트럿이 만나는 절점영역의 유효강도를 비교하여 그중 작은 유효강도 값을 스트럿의 유효강도로 사용할 경우에는 추가적인 절점영역의 강도 검토 과정을 수행할 필요가 없다. 스트럿의 필요유효폭 w_{req}은 스트럿의 단면력 F_u을 앞서 계산된 스트럿의 유효강도 값($0.85\beta_{s,\mathrm{mod}}f_{ck}$)과 두께 b로 나누어 계산한다.

$$w_{req}=\frac{F_u}{\phi 0.85\beta_{s,\mathrm{mod}}f_{ck}\,b}$$ (구조기준 부록Ⅰ 3.1과 3.2)

위 식을 이용하여 AC 스트럿의 필요유효폭을 계산하면 다음과 같다.

$$w_{req}=\frac{F_u}{\phi 0.85\beta_{s,\mathrm{mod}}f_{ck}\,b}=\frac{7.07.107\times10^3}{0.75\times0.85\times0.60\times28\times1000}=66\,\mathrm{mm}$$

여기서, AB 스트럿의 유효압축강도 β_s는 구조기준 부록Ⅰ 3.3(2)의 최소 철근량 규정을 만족하는 않는 것으로 가정하여 0.6으로 결정하였다. 표 5.2.1에 스트럿의 유효강도계수와 필요유효폭을 정리하였다.

표 5.2.1 스트럿의 유효강도 및 필요유효폭

스트럿 요소	요소 종류	β_s or β_b	$\beta_{s,\text{mod}}$	$0.85\beta_{s,\text{mod}}f_{ck}$	F_u(kN)	w_{req}(mm)	안전 여부
AC	스트럿 AC NZ* A-CCT NZ C-CCT	0.60 0.80 0.80	0.60	14.28	707	66	만족
BD	스트럿 BD NZ B-CTT NZ D-CTT	0.60 0.60 0.60	0.60	14.28	707	66	만족

* NZ=절점영역

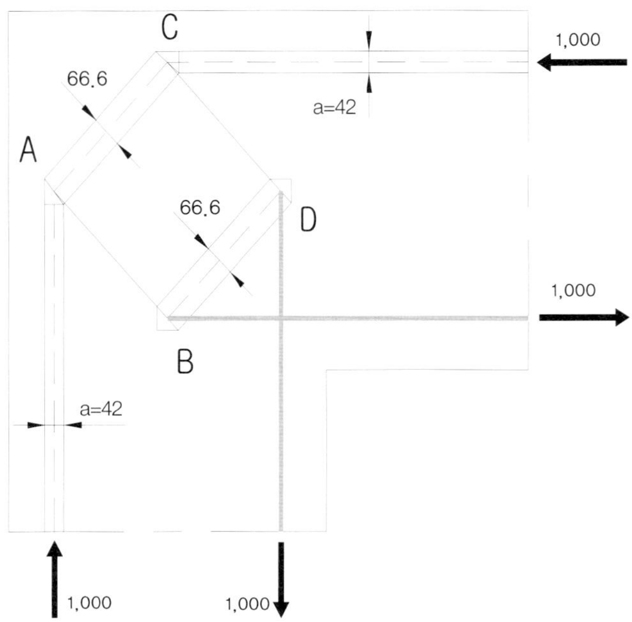

그림 5.2.4 차원화한 스트럿-타이 모델(CAD 작성)

5.2.6 균열제어를 위한 최소 철근량의 배근 및 철근정착

1) 최소 철근량의 배근

스트럿 AC, BD 강도를 검토할 때 스트럿의 유효강도계수 β_s는 구조기준 부록I 3.3(2)를 만족하지 않는 것으로 가정하였으므로 최소 철근량 설계규정을 검토할 필요가 없다.

2) 철근의 정착

구조기준 부록I 4.3절에는 타이의 정착을 기계적 장치, 포스트텐션 정착장치, 표준갈고리, 또는 철근의 연장에 의해 이루어져야 한다고 규정하고 있다. 가장 큰 인장력을 받는 AB 타이의 정착을 위해 90° 표준갈고리 정착길이 l_{dh}는 콘크리트 구조기준 8.2.5절에 따라 다음과 같이 구할 수 있다.

$$l_{df} = \frac{100 d_b}{\sqrt{f_{ck}}} \times \text{보정계수} = \frac{100 \times 16}{\sqrt{28}} \times 0.7 \times \frac{1965}{2383.2} = 175\text{mm}$$

따라서 AB 경사타이를 종방향 250mm를 폭으로 폐쇄스터럽으로 배근한다.

5.2.7 철근배근 상세

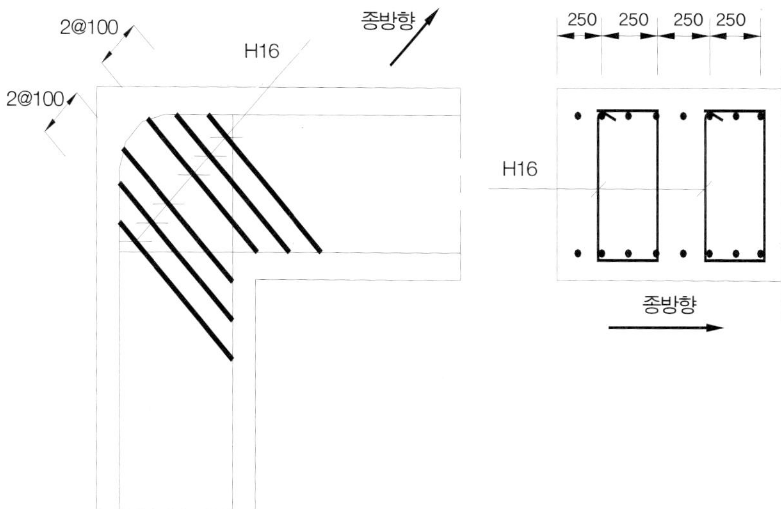

그림 5.2.5 헌치가 없는 우각부의 철근 배치

예제 6 : 코벨의 설계

6.1 단일 코벨

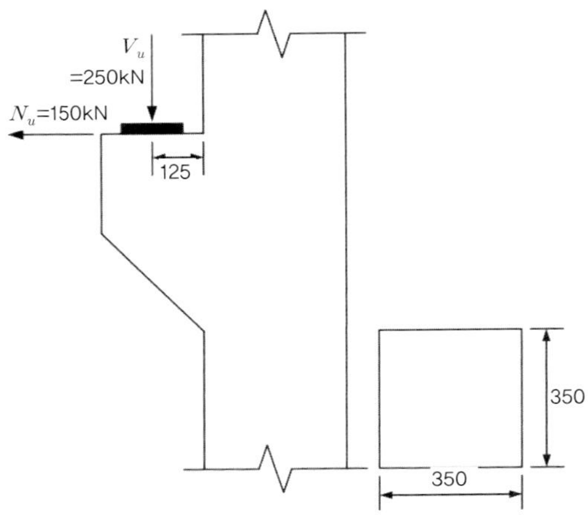

그림 6.1.1 설계대상 코벨의 기하학적 형상 및 설계하중

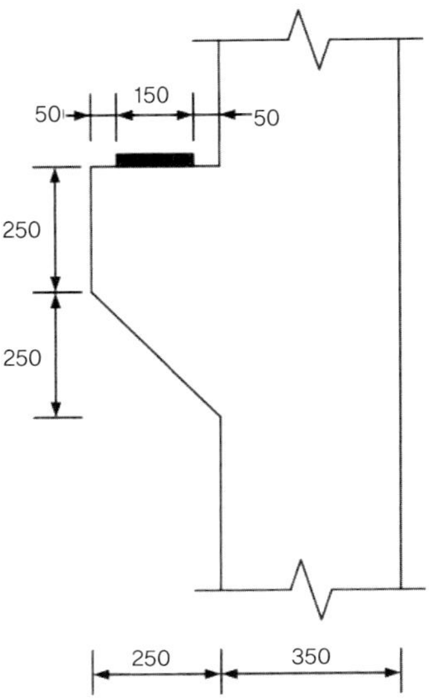

그림 6.1.2 선정한 코벨의 치수

설계대상 구조물은 350mm×350mm 크기의 정사각형 기둥에서 돌출된 단일 코벨이다. 설계대상 코벨은 프리캐스트 보의 반력을 지지하고 있고 기둥면으로부터 125mm 떨어진 위치에 $V_u = 250$kN의 계수전단력이 작용하고 있으며 크리프와 수축변형에 의하여 계수전단력의 20%인 수평방향 인장력 $N_u = 50$kN이 작용하는 것으로 가정한다. 그림 6.1.1은 설계대상 구조물의 기하학적 형상과 하중조건을 보여주고 있다.

콘크리트 설계기준압축강도 f_{ck}는 28MPa이고 철근의 설계기준항복강도 f_y는 400MPa이다. 코벨은 그림 6.1.2에 나타나 있는 바와 같이 지압판을 포함하고 있으며 전단경간비 (a/d)는 0.24이다.

6.1.1 스트럿-타이 모델 선정

지압판 하부의 절점영역은 CCT절점이며 유효압축강도는 다음과 같다.

$$f_{ce} = 0.85\beta_n f_{ck} = 0.85 \times 0.80 \times 28\text{MPa} = 19.04\text{MPa}$$

지압판의 치수를 300mm×150mm로 선택하면 지압판의 면적은 300×150=45,000mm^{2}이므로 지압응력은 250kN/45,000mm^2=5.56MPa이고, 이것은 최대 지압응력 $\phi f_{ce} = 0.75$(19.04)=14.28MPa보다 작으므로 선택한 지압판의 치수는 적절하다.

구조기준은 전단경간에 대한 깊이의 비 a/d가 1.0 이하이며 지압면의 외측단의 깊이는 적어도 $0.5d$ 이상으로 할 것을 요구하고 있다. 구조기준을 만족시키기 위하여 그림 6.2와 같이 코벨의 치수를 선택하였다.

콘크리트 구조기준에 의하면 전단강도 $V_n(= V_u/\phi)$는 $0.2f_{ck}bd$와 $5.6bd$(N) 이하로 취해야 한다.

그림 6.1.3과 같은 스트럿-타이 모델을 선택하였다. 인장타이 CB의 중심선은 코벨 상부면에서 50mm 떨어진 위치로 가정하면 $d = 500-50 = 450$mm이다. 수평 타이 DA는 코벨의 경사면과 기둥이 만나는 점과 수평을 이루는 것으로 가정한다.

스트럿 DD′의 중심선은 스트럿의 유효폭 w_s을 계산하여 결정하며 절점 A에 대한 휨모멘트를 절단법에 의해 계산하면 다음과 같다.

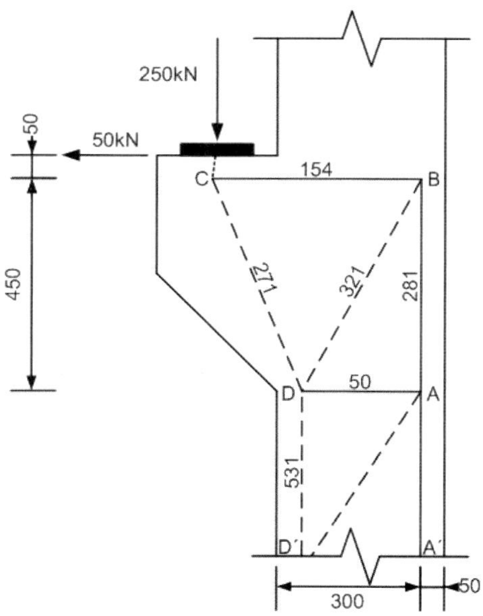

그림 6.1.3 선정한 스트럿-타이 모델 1

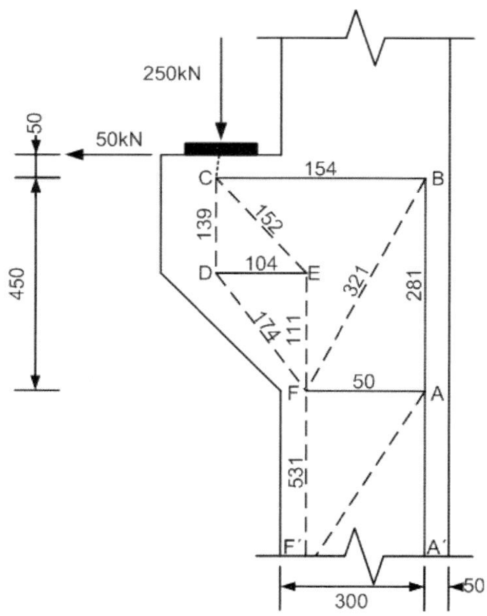

그림 6.1.4 선정한 스트럿-타이 모델 2

$$\Sigma M_{at\,A} = 250(300+125)+50(500) = F_{u,\,DD}\left(300-\frac{w_s}{2}\right)$$

여기서, $F_{u,DD} = \phi f_{ce} b w_s$이고 지압판 하부의 절점 C와 절점 D 역시 CCT 절점이므로 응력은 $\phi f_{ce} = 14.28\text{MPa}$로 제한된다.

따라서 $F_{u,DD} = \phi f_{ce} b w_s = 14.28(350) w_s / 1{,}000 = 5w_s$가 된다. 위의 식에 대입하여 정리하면 $F_{u,\,DD} = 525\text{kN}$, $w_s = 106\text{mm}$이다.

6.1.2 스트럿과 타이의 설계단면력 산정

선정한 스트럿-타이 모델은 정정 트러스 구조이므로 절점의 힘 평형조건을 이용하여 그림 6.1.3 및 그림 6.1.4와 같이 스트럿과 타이의 계수단면력을 구할 수 있다. 표 6.1.1 및 표 6.1.2에 트러스 요소의 단면력을 나타내었다.

표 6.1.1 스트럿-타이 모델 1에 대한 스트럿과 타이의 단면력

부재	CD	CB	BD	BA	DA	DD′
단면력(kN)	−271	+155	−321	+281	+50	−531

표 6.1.2 스트럿-타이 모델 2에 대한 스트럿과 타이의 단면력

부재	CD	CE	CB	DE	DF	EF	BF	BA	FA	FF′
단면력(kN)	−139	−152	+154	+104	−174	−111	−321	+281	+50	−531

6.1.3 스트럿과 절점영역의 강도 검토

1) 스트럿-타이 모델 1

코벨의 외면에 면한 스트럿 CD는 절점영역 C와 D에 의해 결정되는 치수에 근거하여 강도를 검토한다. 나머지 스트럿은 스트럿의 유효폭을 계산하여 사용가능한 공간에 배치될 수 있는지 여부를 검토한다. 스트럿 CD의 공칭강도는 다음과 같다.

$$F_{ns} = f_{ce} A_c$$

여기서, $f_{ce} = 0.85\beta_s f_{ck} = 0.85(0.75)(28) = 17.85\text{MPa}$이며 A_c는 스트럿 양단의 면적 중 작은 값이다. 그림 6.1.5에서 보이는 바와 같이 $A_c = 350(94) = 32{,}900\text{mm}^2$이므로 $F_{ns} =$

$f_{ce}A_c = 17.58(1,000)/(32,900) = 587\text{kN}$이다. 표 6.1.1에서 나타난 바와 같이 스트럿 CD의 단면력은 271kN이며, 이 값은 $\phi F_{ns} = 0.75(587) = 440\text{kN}$보다 작으므로 스트럿 CD는 적절하다.

스트럿 BD의 유효압축강도 $f_{ce} = 17.85\text{MPa}$로 제한되기 때문에 스트럿 BD에 요구되는 폭은 $F_u/f_{ce}b = 321(1,000)/0.75(17.85)(350) = 69\text{mm}$이다. 스트럿 DD′에 요구되는 폭은 단계 1에서 결정된 106mm로 한다. 그림 6.1.5에 나타난 바와 같이 모든 스트럿의 폭이 외곽선 내에 위치하므로 적절한 설계이다.

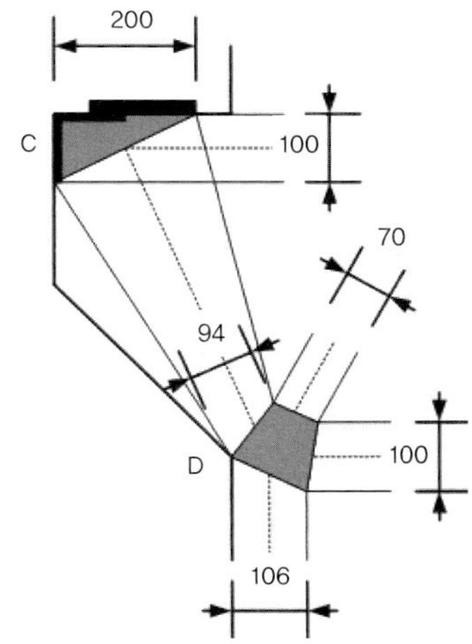

그림 6.1.5 스트럿-타이 모델 1에 대한 스트럿의 구성요소의 치수

절점영역 D의 유효폭 w_s는 절점영역에서의 응력제한을 만족하므로 절점영역 C에 대한 검토가 필요하다. 절점영역 C의 응력제한을 만족시키기 위한 유효폭 w_t는 다음과 같다.

$$w_t = \frac{F_u}{\phi f_{ce} b} = \frac{154,000}{14.28 \times 350} = 31\text{mm}$$

단계 1에서 타이 CB의 중심선을 코벨 상단으로부터 50mm로 가정하였으므로 타이의 폭은 2(50) = 100mm이다. 따라서 유효폭 w_t는 타이 CB의 절점영역 C의 응력제한을 만족한다.

표 6.1.3은 각 스트럿의 강도 검토 결과를 보여주고 있으며 표 6.1.4는 각 절점영역의 강도 검토 결과를 보여주고 있다.

표 6.1.3 스트럿-타이 모델 1에 대한 스트럿의 강도 검토

요소번호	β_s	$\phi 0.85\beta_s f_{ck}$	F_u(kN)	w_{req}(mm)	w_{prov}(mm)	안전 여부
CD	0.75	13.39	271	58	94	만족
BD	0.75	13.39	321	69	70	만족
DD′	1.0	17.85	531	85	106	만족

표 6.1.4 스트럿-타이 모델 1에 대한 절점영역의 강도 검토

절점번호	경계면 요소	β_n	$\phi 0.85\beta_n f_{ck}$	F_u(kN)	w_{req}(mm)	w_{prov}(mm)	안전 여부
C	지지점	0.8	14.28	250	50	200	만족
	타이 CB			154	31	100	만족
	스트럿 CD			271	54	112	만족
D	타이 DA	0.8	14.28	50	10	100	만족
	스트럿 CD			271	54	112	만족
	스트럿 BD			321	64	70	만족
	스트럿 DD′			531	106	106	만족

2) 스트럿-타이 모델 2

스트럿의 강도 검토를 위한 필요단면폭 w_{req} 스트럿의 F_u를 스트럿의 유효압축강도 $0.85\beta_s f_{ck}$, 스트럿의 강도감소계수 ϕ, 그리고 스트럿의 두께 b 등으로 나누어 계산한다.

$$w_{req} = \frac{F_u}{\phi(0.85)\beta_s f_{ck} b}$$

표 6.1.5는 각 스트럿의 강도 검토 결과를 보여주고 있다.

표 6.1.5 스트럿-타이 모델 2에 대한 스트럿의 강도 검토

요소번호	β_s	$\phi 0.85\beta_s f_{ck}$	F_u(kN)	w_{req}(mm)	w_{prov}(mm)	안전 여부
CD	1.0	17.85	139	22	115	만족
CE	0.75	13.39	152	32	168	만족
DF	0.75	13.39	174	37	114	만족
EF	0.75	13.39	111	24	106	만족
BF	0.75	13.39	321	69	70	만족
FF′	1.0	17.85	531	85	106	만족

스트럿의 강도 검토 결과, 각 스트럿의 필요단면폭이 최대 단면폭을 초과하지 않는 것을 확인할 수 있다. 이는 스트럿이 설계하중을 전달함에 있어 충분한 압축강도를 확보하고 있음을 나타내는 것이다.

표 6.1.6 스트럿-타이 모델 2에 대한 절점영역의 강도 검토

절점번호	경계면 요소	β_n	$\phi 0.85\beta_n f_{ck}$	F_u(kN)	w_{req}(mm)	w_{prov}(mm)	안전 여부
C	지지점	0.8	14.28	250	50	200	만족
C	타이 CB	0.8	14.28	154	31	100	만족
C	스트럿 CD	0.8	14.28	139	28	115	만족
C	스트럿 CE	0.8	14.28	152	30	168	만족
D	타이 DE	0.8	14.28	104	20	100	만족
D	스트럿 CD	0.8	14.28	139	28	115	만족
D	스트럿 DF	0.8	14.28	174	35	114	만족
E	타이 DE	0.8	14.28	104	21	100	만족
E	스트럿 CE	0.8	14.28	152	30	168	만족
E	스트럿 EF	0.8	14.28	111	22	106	만족
F	타이 FA	0.8	14.28	50	10	100	만족
F	스트럿 DF	0.8	14.28	174	35	114	만족
F	스트럿 EF	0.8	14.28	111	22	106	만족
F	스트럿 BF	0.8	14.28	321	64	70	만족
F	스트럿 FF′	0.8	14.28	531	106	106	만족

절점영역의 강도 검토를 위한 절점영역 경계면의 필요단면폭은 각 절점영역 경계면에 작용하는 단면력 F_u를 절점영역의 유효강도 $0.85\beta_n f_{ck}$, 절점영역의 강도감소계수 ϕ, 그리고 절점영역의 두께 b 등으로 나누어 계산한다.

$$w_{req} = \frac{F_u}{\phi(0.85)\beta_n f_{ck} b}$$

표 6.1.6은 각 절점영역의 강도 검토 결과를 보여주고 있다.

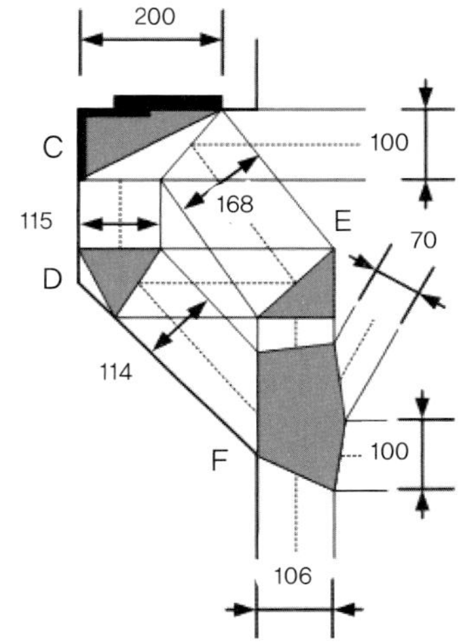

그림 6.1.6 스트럿-타이 모델 2에 대한 스트럿의 구성요소의 치수

6.1.4 철근의 배치

1) 스트럿-타이 모델 1

타이 CB에 요구되는 철근량은 다음과 같다.

$$A_s = \frac{F_u}{\phi f_y} = \frac{128\times 10^3}{0.85\times 400} = 376\text{mm}^2$$

4-D13을 선택하면 $A_s = 4(127) = 508\text{mm}^2$이며 철근의 배치는 그림 6.1.7과 같이 배근하고 철근의 단부는 ㄱ형강(L-100×100×10)을 용접한다.

타이 DA에 요구되는 철근량은 다음과 같다.

$$A_s = \frac{F_u}{\phi f_y} = \frac{50\times 10^3}{0.85\times 400} = 147\text{mm}^2$$

2-D10을 선택하면 $A_s = 2(2)(71) = 284\text{mm}^2$이며 상하에 50mm 간격의 hoop로 배치한다.

2) 스트럿-타이 모델 2

타이 CB에 요구되는 철근량은 다음과 같다.

$$A_s = \frac{F_u}{\phi f_y} = \frac{128 \times 10^3}{0.85 \times 400} = 376\text{mm}^2$$

4-D13을 선택하면 $A_s = 4(127) = 508\text{mm}^2$이며 철근의 배치는 그림 6.1.8과 같이 배근하고 철근의 단부는 ㄱ형강(L-100×100×10)을 용접한다.

타이 DE에 요구되는 철근량은 다음과 같다.

$$A_s = \frac{F_u}{\phi f_y} = \frac{104 \times 10^3}{0.85 \times 400} = 306\text{mm}^2$$

3-D13을 선택하면 $A_s = 3(2)(127)762\text{mm}^2$이며 100mm 간격의 hoop로 배치한다.

타이 FA에 요구되는 철근량은 다음과 같다.

$$A_s = \frac{F_u}{\phi f_y} = \frac{50 \times 10^3}{0.85 \times 400} = 147\text{mm}^2$$

2-D10을 선택하면 $A_s = 2(2)(71)284\text{mm}^2$이며 50mm 간격의 hoop로 배치한다.

6.1.5 균열제어를 위한 최소 철근량의 배치 및 철근정착

1) 스트럿-타이 모델 1

구조기준에 따르면, 단면적 A_s의 주인장철근인 인장타이 CB에 평행한 폐쇄스터럽이나 띠철근은 전체 단면적 A_h가 $0.5(A_s - A_n)$ 이상이어야 하고, A_s에 인접한 유효깊이의 2/3 내에 균등하게 배치되어야 한다.

$$\begin{aligned} A_h &= 0.5(A_s - A_n) = 0.5(A_s - N_u/\phi f_y) \\ &= 0.5(506.8 - 50{,}000/0.85(400)) = 180\text{mm}^2 \end{aligned}$$

유효깊이는 450mm이므로 300mm 내에 세 개의 폐쇄스터럽(D10)을 배치하면 $A_h = 3(2)(71)426\text{mm}^2$로서 요구되는 철근량 180mm^2를 만족한다.

스트럿의 유효압축강도계수 β_s는 구조기준 부록I 3.3(2)를 만족하는 것으로 가정하여 0.75로 결정하여 강도 검토를 수행하였으므로 구조기준 부록I 3.3(2)의 식 (3.3)을 만족하도록 최소 철근량을 배근하여야 한다.

$$\Sigma \frac{A_{si}}{b s_i} \sin^2 \gamma_i \geq 0.003$$

여기서, A_{si}는 콘크리트 스트럿 중심선과 이루는 각 γ_i로 배치된 철근의 전체면적이다. 각 스트럿에 대해 최소 철근량 설계규정 만족 여부를 검토하면 아래와 같다.

$$\text{스트럿 BD : } \Sigma \frac{A_{si}}{b s_i} \sin^2 \gamma_i = \frac{2 \times 71}{350 \times 100} \sin^2 61.2 = 0.0031 \geq 0.003$$

$$\text{스트럿 CD : } \Sigma \frac{A_{si}}{b s_i} \sin^2 \gamma_i = \frac{2 \times 71}{350 \times 100} \sin^2 67.3 = 0.0035 \geq 0.003$$

모든 스트럿에 대해 최소 철근량 규정을 만족하므로 D10의 폐쇄스터럽을 100mm 간격으로 배근한다.

2) 스트럿-타이 모델 2

3-D13이 배치되어 있으므로 $A_h = 3(2)(127)762\text{mm}^2$로써 요구 철근량 180mm^2를 만족한다. 각 스트럿에 대해 최소 철근량 설계규정 만족 여부를 검토하면 아래와 같다.

$$\text{스트럿 CD : } \Sigma \frac{A_{si}}{b s_i} \sin^2 \gamma_i = \frac{2 \times 127}{350 \times 100} \sin^2 90 = 0.0073 \geq 0.003$$

$$\text{스트럿 CE : } \Sigma \frac{A_{si}}{b s_i} \sin^2 \gamma_i = \frac{2 \times 127}{350 \times 100} \sin^2 46.8 = 0.0039 \geq 0.003$$

$$\text{스트럿 BF : } \Sigma \frac{A_{si}}{b s_i} \sin^2 \gamma_i = \frac{2 \times 127}{350 \times 100} \sin^2 61.2 = 0.0056 \geq 0.003$$

$$\text{스트럿 DF : } \Sigma \frac{A_{si}}{b s_i} \sin^2 \gamma_i = \frac{2 \times 127}{350 \times 100} \sin^2 53.1 = 0.0046 \geq 0.003$$

$$\text{스트럿 EF : } \Sigma \frac{A_{si}}{b s_i} \sin^2 \gamma_i = \frac{2 \times 127}{350 \times 100} \sin^2 90 = 0.0073 \geq 0.003$$

모든 스트럿에 대해 최소 철근량 규정을 만족한다.

6.1.6 배근 상세

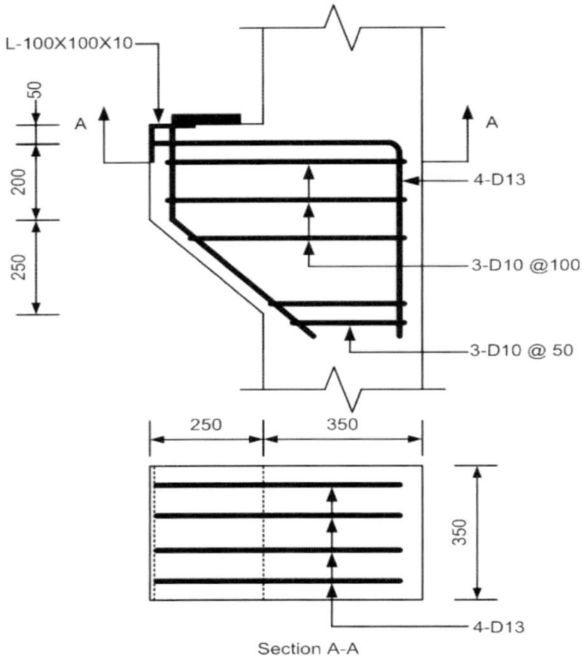

그림 6.1.7 스트럿-타이 모델 1에 대한 철근배근 상세

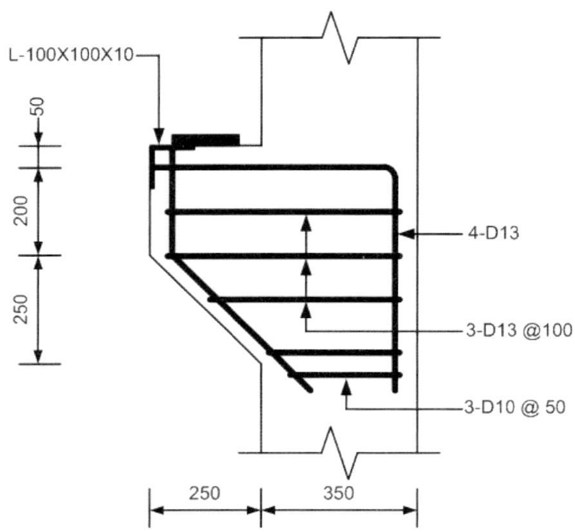

그림 6.1.8 스트럿-타이 모델 2에 대한 철근배근 상세

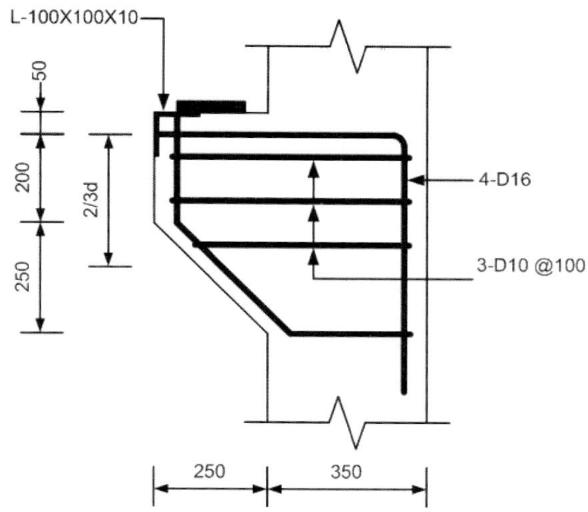

그림 6.1.9 ACI 318 Shear Friction 설계에 대한 철근배근 상세

6.1.7 ACI 318 Shear Friction 설계

1) 설계하중

$$V_u = 250\text{kN}$$

$$N_u = 50\text{kN}$$

$$M_u = 250(125) + 50(500 - 450) = 33,750\text{kN} - \text{mm}$$

2) Limitation Check

극한 전단력은 $\phi(0.2f_{ck})bd$ 및 $\phi(5.5)bd$보다 작아야 한다.

$$V_u < \phi(0.2f_{ck})bd = 0.75(0.2 \times 28) \times 350 \times 450 = 661,500\text{N}$$

$$V_u < \phi(5.5)bd = 0.75(5.5) \times 350 \times 450 = 649,688\text{N}$$

3) Shear Friction 철근

$$A_{vf} = \frac{V_u}{\phi f_y \mu} = \frac{250,000}{0.75 \times 400 \times (1.4 \times 1.0)} = 595\text{mm}^2$$

4) 인장철근

$$A_n = \frac{N_u}{\phi f_y} = \frac{50,000}{0.75 \times 400} = 167\text{mm}^2$$

5) 휨 보강철근

$$A_f = \frac{M_u}{\phi f_y(0.85d)} = \frac{33,750,000}{0.75 \times 400 \times (0.85 \times 450)} = 294\text{mm}^2$$

6) 철근의 배치

표 6.1.7 주철근

	$A_s(\text{mm}^2)$	주철근(mm^2)	폐쇄스터럽	
			$A_h(\text{mm}^2)$	위치(mm)
1	$A_s \geq \frac{2}{3}A_{vf} + A_n = 564$	$A_s = 564$	$A_h = \frac{1}{3}A_{vf} = 198$	$\frac{2}{3}d = 300$
2	$A_s \geq A_f + A_n = 461$	$A_s = 461$	$A_h = \frac{1}{2}A_f = 147$	$\frac{2}{3}d = 300$

코벨의 철근은 $A_s = 564\text{mm}^2$ 및 $A_h = 198\text{mm}^2$로 선택한다.

7) 최소 철근량의 배근

$$\rho_{\min} = 0.04\frac{f_{ck}}{fy} = 0.04\frac{28}{400} = 0.0028$$

$$\rho = \frac{A_s}{bd} = \frac{564}{350 \times 450} = 0.0036 > \rho_{\min} = 0.0028$$

4-D16을 선택하면 $A_s = 4(159) = 636\text{mm}^2$이며 철근 배치는 그림 6.1.9와 같이 배근한다.

$$A_{h-\min} = 0.5(A_s - A_n) = 0.5(564 - 167) = 198.5\text{mm}^2$$

$$A_h = 198 < A_{h-\min} = 198.5 \Rightarrow A_h = 198.5\text{mm}^2$$

3-D10을 선택하면 $A_h = 3(2)(71) = 426\text{mm}^2$이며 폐쇄스터럽의 간격은 300/3=100mm로 한다.

스트럿-타이 모델 1과 모델 2를 이용한 설계법은 같은 주철근을 산정하였고 스트럿-타이 모델 1을 이용한 설계결과는 모델 2보다 폐쇄스터럽 철근량이 감소하였다. 스트럿-타이 모델을 이용한 설계법이 ACI 318 Shear Friction을 이용한 설계법보다 주철근량이 감소하였으며 스트럿-타이 모델을 사용하면 경제적인 설계가 가능하다.

6.2 더블 코벨

설계대상 구조물은 프리캐스트 보의 반력을 지지하고 있으며 기둥의 양면에서 150mm 떨어진 위치에 275kN의 계수전단력 V_u가 작용하고 있다. 보의 크리프와 건축수축 변형을 고려하기 위하여 62kN의 계수수평력 N_u가 코벨 상부에 작용하는 것으로 가정한다. 기둥은 한 모서리의 길이가 350mm인 정사각형 단면을 가지고 있다. 기둥의 상부에는 1,200kN의 계수압축력 P_u가 작용한다. 콘크리트 설계기준압축강도 f_{ck}는 28MPa이며 철근의 설계기준항복강도 f_y 는 400MPa이 사용되었고 보통중량콘크리트로 가정한다.

지압판을 포함하여 선정된 치수는 그림 6.2.1에 나타내었으며 전단경비(a/d)는 0.33이다.

6.2.1 스트럿-타이 모델 선정

지압판 하부의 절점영역은 CCT절점이며 유효압축강도는 다음과 같다.

$$f_{ce} = 0.85\beta_n f_{ck} = 0.85 \times 0.80 \times 28\mathrm{MPa} = 19.04\mathrm{MPa}$$

지압판의 치수를 350mm×150mm로 선택하면 지압판의 면적은 $350 \times 150 = 52{,}500\mathrm{mm}^2$ 이므로 지압응력은 $275\mathrm{kN}/52{,}500\mathrm{mm}^2 = 5.24\mathrm{MPa}$이고, 이것은 최대 지압응력 $\phi f_{ce} =$ 0.75(19.04)=14.28MPa보다 작으므로 선택한 지압판의 치수는 적절하다.

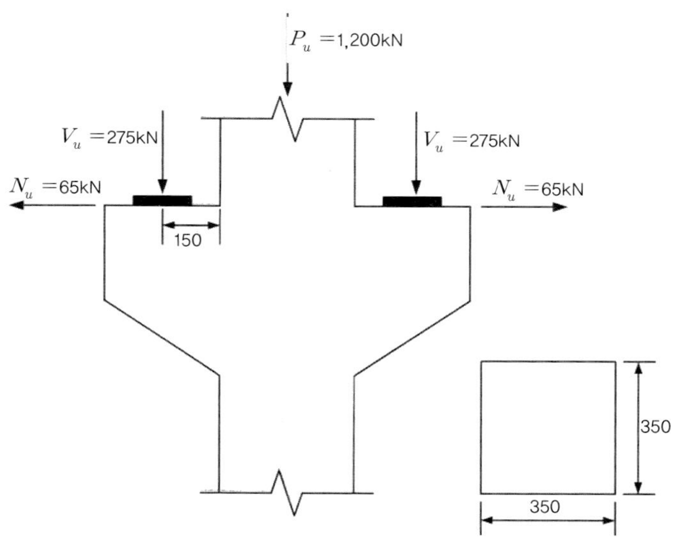

그림 6.2.1 설계대상 구조물의 기하학적 형상 및 설계하중

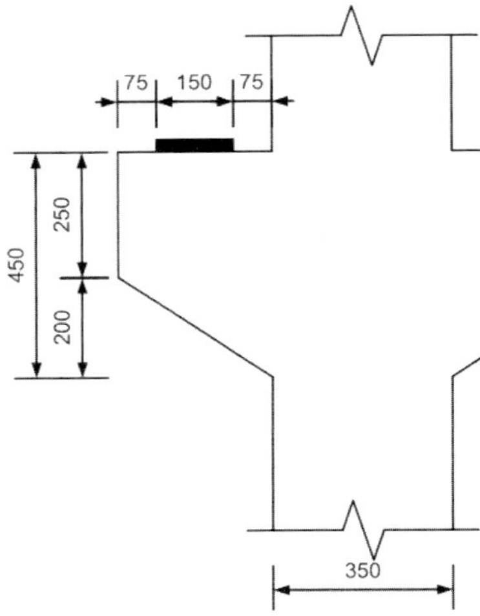

그림 6.2.2 선정한 코벨의 치수

구조기준은 전단경간에 대한 깊이의 비 a/d가 1.0 이하이며 지압면의 외측 단의 깊이는 적어도 $0.5d$ 이상으로 할 것을 요구하고 있다. 구조기준을 만족시키기 위하여 그림 6.2.2와 같이 코벨의 치수를 선택하였다.

그림 6.2.3과 6.2.4는 선정한 스트럿-타이 모델의 치수를 나타내고 있다. 타이 AA′의 위치는 피복두께를 고려하여 코벨 상부로부터 50mm 떨어진 위치로 가정하면 $d=400-50=400$mm이다.

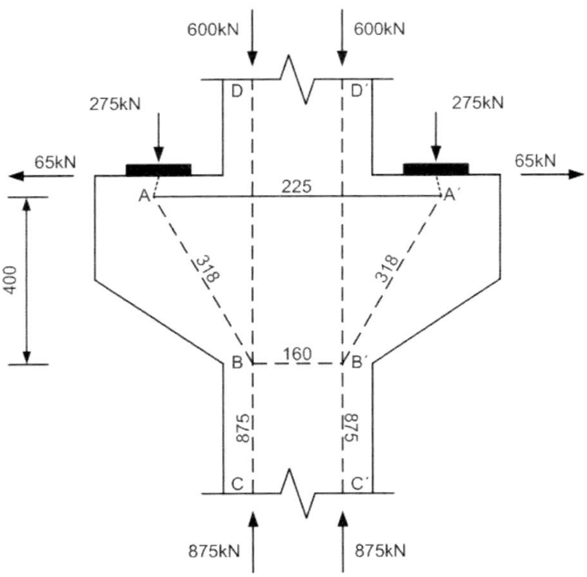

그림 6.2.3 스트럿-타이 모델 1

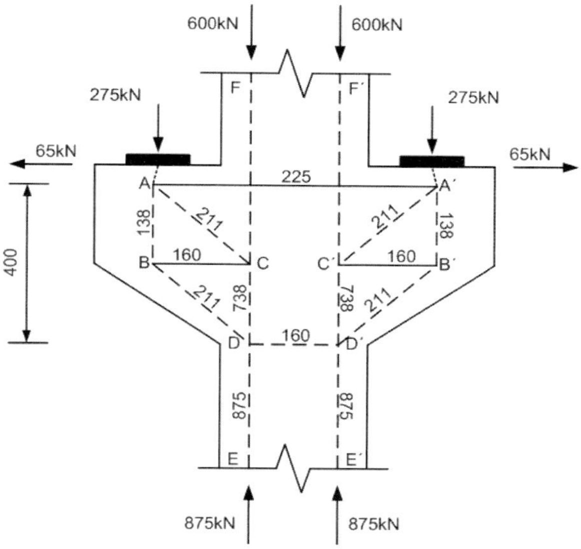

그림 6.2.4 스트럿-타이 모델 2

수평 스트럿 BB′는 코벨의 경사면의 끝과 만나는 수평선상에 있다고 가정한다.

그림 6.2.3과 6.2.4에 나타난 바와 같이 기둥에 작용하는 계수축력 P_u는 스트럿 CB와 C′B′에 작용하는 두 개의 동일한 하중으로 분배되었고 스트럿 CB의 중심선 위치는 유효폭 w_s를 계산하여 결정한다. 스트럿 CB의 유효폭 w_s는 다음과 같이 계산된다.

$$w_s = \frac{F_{u,\,CB}}{\phi f_{ce} b}$$

여기서, $b = 350\text{mm}$, $F_{u,\,CB} = 1{,}200/2 + 275 = 875\text{kN}$이다. 절점영역 B는 CCC절점이므로 유효압축강도 f_{ce}는 다음과 같다.

$$f_{ce} = 0.85\beta_n f_{ck} = 0.85(1.0)(28) = 23.8\text{MPa}$$

위의 값을 대입하여 정리하면 $w_s = 140\text{mm}$이며, 이 값을 이용하여 스트럿-타이 모델의 치수를 결정하였다.

6.2.2 스트럿과 타이의 설계단면력 산정

트러스 요소의 단면력은 정역학적으로 결정되며 표 6.2.1 및 표 6.2.2에 나타내었다.

표 6.2.1 스트럿-타이 모델 1에 대한 스트럿과 타이의 단면력

부재	AA′	AB	BB′	CB	BD
단면력(kN)	+225	−318	−160	−875	−600

표 6.2.2 스트럿-타이 모델 2에 대한 스트럿과 타이의 단면력

부재	AA′	AB	AC	BC	BD	CD	DE	CF
단면력(kN)	+225	−138	−211	+160	−211	−738	−875	−600

6.2.3 스트럿과 절점영역의 강도 검토

1) 스트럿-타이 모델 1

스트럿 AB는 절점영역 A와 B에 의해 결정된 치수에 따라 검토하며 다른 스트럿 요소들은 스트럿의 폭을 계산하여 가능한 공간 내에 배치할 수 있는지 검토한다.

스트럿 AB의 공칭강도는 다음과 같다.

$$F_{ns} = f_{ce} A_c$$

여기서, $f_{ce} = 0.85\beta_s f_{ck} = 0.85(0.75)(28) = 17.85\text{MPa}$이며 A_c는 스트럿 양단의 면적 중 작은 면적으로 한다. 그림 6.9.1에서 $A_c = 350(135) = 47,250\text{mm}^2$이므로 $F_{ns} = 17.85(47,250)/1,000 = 843\text{kN}$이다. 표 6.2.1에서 스트럿 AB의 단면력은 318kN이고 이 값은 $\phi F_{ns} = 0.75(843) = 632\text{kN}$보다 작으므로 스트럿 AB는 적절하다.

수평 스트럿 BB′의 응력은 $\phi f_{ce} = 0.75(0.85\beta_s f_{ck}) = 0.75(0.85)(1.0)(28) = 17.85\text{MPa}$로 제한되므로 스트럿 BB′에 요구되는 폭은 다음과 같다.

$$w = \frac{F_{u,BB'}}{\phi f_{ce} b} = \frac{160,000}{17.85(350)} = 25.6\text{mm}$$

스트럿 BB′의 폭은 50mm를 선택하고 스트럿 BD의 폭은 스트럿 CB의 폭과 동일하게 설정한다. 스트럿 CB의 폭은 단계 1에서 140mm로 계산되었다.

절점영역 B의 폭은 단계 1에서 결정되었으므로 절점영역 A에 대한 검토를 수행한다. 절점영역 A의 응력제한을 만족시키기 위하여 철근량은 콘크리트의 유효깊이와 연관되어야 하며 w_t는 최소한 다음과 같다.

$$w_t = \frac{F_{u,AA'}}{\phi f_{ce} b} = \frac{225,000}{14.28(350)} = 45\text{mm}$$

그림 6.2.5에 나타난 바와 같이 가능한 절점영역이 2(50)=100mm이므로 위의 제한은 만족된다.

표 6.2.3은 각 스트럿의 강도 검토 결과를 보여주고 있으며 표 6.2.4는 각 절점영역의 강도 검토 결과를 보여주고 있다.

표 6.2.3 스트럿-타이 모델 1에 대한 스트럿의 강도 검토

요소번호	β_s	$\phi 0.85\beta_s f_{ck}$	F_u(kN)	w_{req}(mm)	w_{prov}(mm)	안전 여부
AB	0.75	13.39	318	68	135	만족
BB′	1.0	17.85	160	26	50	만족
BD	1.0	17.85	600	96	140	만족
CB	1.0	17.85	875	140	140	만족

표 6.2.4 스트럿-타이 모델 1에 대한 절점영역의 강도 검토

절점번호	경계면 요소	β_n	$\phi 0.85\beta_n f_{ck}$	F_u(kN)	w_{req}(mm)	w_{prov}(mm)	안전 여부
A	지지점	0.8	14.28	275	55	225	만족
	타이 AA′			225	45	100	만족
	스트럿 AB			318	64	245	만족
B	스트럿 AB	1.0	17.85	318	51	135	만족
	스트럿 BB′			160	26	50	만족
	스트럿 BD			600	96	140	만족
	스트럿 CB			875	140	140	만족

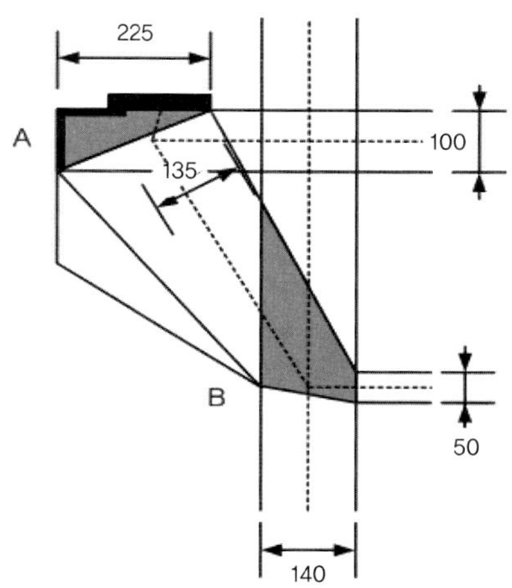

그림 6.2.5 스트럿-타이 모델 1 구성요소의 치수

2) 스트럿-타이 모델 2

스트럿의 강도 검토를 위한 필요단면폭 w_{req} 은 스트럿의 F_u를 스트럿의 유효압축강도 $0.85\beta_s f_{ck}$, 스트럿의 강도감소계수 ϕ, 그리고 스트럿의 두께 b 등으로 나누어 계산한다.

$$w_{req} = \frac{F_u}{\phi(0.85)\beta_s f_{ck} b}$$

표 6.2.5는 각 스트럿의 강도 검토 결과를 보여주고 있다. 스트럿의 강도 검토 결과, 각 스트럿의 필요단면폭이 최대 단면폭을 초과하지 않는 것을 확인할 수 있다. 이는 스트럿이 설계하중을 전달함에 있어 충분한 압축강도를 확보하고 있음을 나타내는 것이다.

표 6.2.5 스트럿-타이 모델 2에 대한 스트럿의 강도 검토

요소번호	β_s	$\phi 0.85\beta_s f_{ck}$	F_u(kN)	w_{req}(mm)	w_{prov}(mm)	안전 여부
AB	1.0	17.85	138	22	79	만족
AC	0.75	13.39	211	45	145	만족
BD	1.0	17.85	211	34	78	만족
CD	0.75	13.39	738	157	160	만족
DD′	1.0	17.85	160	26	50	만족
DE	1.0	17.85	875	140	140	만족
CF	1.0	17.85	600	96	140	만족

절점영역의 강도 검토를 위한 절점영역 경계면의 필요단면폭은 각 절점영역 경계면에 작용하는 단면력 F_u를 절점영역의 유효강도 $0.85\beta_n f_{ck}$, 절점영역의 강도감소계수 ϕ, 그리고 절점영역의 두께 b 등으로 나누어 계산한다.

$$w_{req} = \frac{F_u}{\phi(0.85)\beta_n f_{ck} b}$$

표 6.2.6은 각 절점영역의 강도 검토 결과를 보여주고 있으며 그림 6.2.6은 결정한 절점영역의 최대 단면폭을 이용하여 결정한 스트럿의 최대 단면폭을 나타낸 것이다.

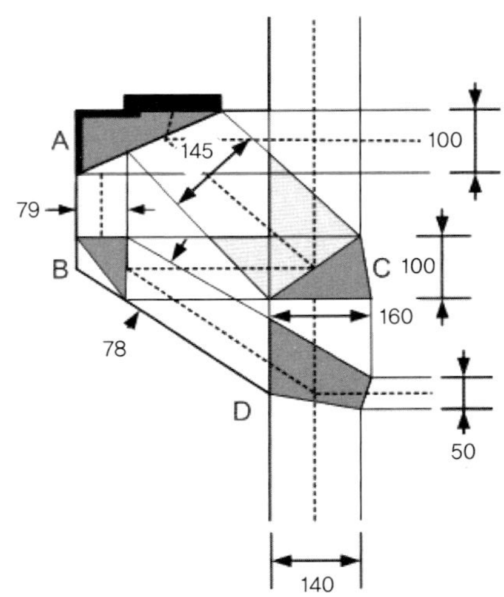

그림 6.2.6 스트럿-타이 모델 2 구성요소의 치수

표 6.2.6 스트럿-타이 모델 2에 대한 절점영역의 강도 검토

절점번호	경계면 요소	β_n	$\phi 0.85\beta_n f_{ck}$	F_u(kN)	w_{req}(mm)	w_{prov}(mm)	안전 여부
A	지지점	0.8	14.28	275	55	225	만족
	타이 AA′			225	45	100	만족
	스트럿 AB			138	28	79	만족
	스트럿 AC			211	42	145	만족
B	타이 BC	0.8	14.28	160	32	100	만족
	스트럿 AB			138	28	79	만족
	스트럿 BD			211	42	78	만족
C	타이 BC	0.8	14.28	160	32	100	만족
	스트럿 AC			211	42	167	만족
	스트럿 CD			738	148	160	만족
	스트럿 CF			600	120	140	만족
D	스트럿 BD	1.0	17.85	211	34	78	만족
	스트럿 CD			600	96	140	만족
	스트럿 DD′			160	26	50	만족
	스트럿 DE			875	140	140	만족

6.2.4 철근의 배치

1) 스트럿-타이 모델 1

타이 AA′에 요구되는 철근량은 다음과 같다.

$$\frac{F_{u,AA'}}{\phi f_y} = \frac{225,000}{0.85(400)} = 662\mathrm{mm}^2$$

4-D16을 선택하면 $A_s = 4(199) = 796\mathrm{mm}^2$이며 철근의 배치는 그림 6.2.7과 같이 배근한다. 타이 AA′를 정착시키기 위하여 4-D16 철근의 단부는 ㄱ형강(L-100×100×10)을 용접한다.

2) 스트럿-타이 모델 2

타이 AA′에 요구되는 철근량은 다음과 같다.

$$\frac{F_{u,AA'}}{\phi f_y} = \frac{225,000}{0.85(400)} = 662\mathrm{mm}^2$$

4-D16을 선택하면 $A_s = 4(199) = 796\mathrm{mm}^2$이며 철근의 배치는 그림 6.2.8과 같이 배근하고 타이 AA′를 정착시키기 위하여 4-D16 철근의 단부는 ㄱ형강(L-100×100×10)을

용접한다.

타이 BC에 요구되는 철근량은 다음과 같다.

$$\frac{F_{u,BC}}{\phi f_y} = \frac{160,000}{0.85(400)} = 471\text{mm}^2$$

3-D13을 선택하면 $A_s = 3(2)(127) = 762\text{mm}^2$ 이며 100mm 간격으로 폐쇄스터럽을 배치한다.

6.2.5 균열제어를 위한 최소 철근량의 배치 및 철근정착

1) 스트럿-타이 모델 1

구조기준에 따르면 요구되는 폐쇄스터럽 또는 타이 AA′에 요구되는 띠철근은 타이 CB에 인접한 유효깊이의 2/3 내에 균등하게 배치되어야 한다. 2/3(400)=266.6mm이므로 255mm를 사용한다.

또한 타이의 면적은 $A_h = 0.5(A_s - A_n)$ 이상을 만족해야 한다. 여기서, A_n은 인장력 N_u에 저항하는 철근의 단면적이다. 따라서 최소 철근량은 다음과 같다.

$$0.5(A_s - A_n) = 0.5\left(A_s - \frac{N_u}{\phi f_y}\right) = 0.5\left(602 - \frac{65,000}{0.85(400)}\right) = 211\text{mm}^2$$

세 개의 D10 폐쇄스터럽을 사용하면 $A_h = 3(2)(71) = 426\text{mm}^2$ 이며 폐쇄스터럽의 간격은 255/3=85mm로 한다.

스트럿의 유효압축강도계수 β_s는 구조기준 부록Ⅰ 3.3(2)를 만족하는 것으로 가정하여 0.75로 결정하여 강도 검토를 수행하였으므로 구조기준 부록Ⅰ 3.3(2)의 식 (3.3)을 만족하도록 최소 철근량을 배근하여야 한다.

$$\Sigma \frac{A_{si}}{b s_i} \sin^2 \gamma_i \geq 0.003$$

여기서, A_{si}는 콘크리트 스트럿 중심선과 이루는 각 γ_i로 배치된 철근의 전체면적이다. 각 스트럿에 대해 최소 철근량 설계규정 만족 여부를 검토하면 아래와 같다.

$$\text{스트럿 AB} : \Sigma \frac{A_{si}}{b s_i} \sin^2 \gamma_i = \frac{2 \times 71}{350 \times 85} \sin^2 60 = 0.0036 \geq 0.003$$

최소 철근량 규정을 만족하므로 D10의 폐쇄스터럽을 85mm 간격으로 배근한다.

2) 스트럿-타이 모델 2

구조기준에 따르면, 단면적 A_s의 주인장철근인 타이 AA′에 평행한 폐쇄스터럽이나 띠철근은 전체 단면적 A_h가 $0.5(A_s - A_n)$ 이상이어야 하고, A_s에 인접한 유효깊이의 2/3 내에 균등하게 배치되어야 한다.

유효깊이 내에 두 개의 D13이 배치되어 있으므로 $A_h = 3(2)(127) = 762\text{mm}^2$로써 요구 철근량 211mm^2를 만족한다. 각 스트럿에 대해 최소 철근량 설계규정 만족 여부를 검토하면 아래와 같다.

$$\text{스트럿 AC : } \Sigma \frac{A_{si}}{b s_i} \sin^2\gamma_i = \frac{2 \times 127}{350 \times 100} \sin^2 41 = 0.0031 \geq 0.003$$

$$\text{스트럿 CD : } \Sigma \frac{A_{si}}{b s_i} \sin^2\gamma_i = \frac{2 \times 127}{350 \times 100} \sin^2 90 = 0.0073 \geq 0.003$$

모든 스트럿에 대해 최소 철근량 규정을 만족한다.

6.2.6 배근 상세

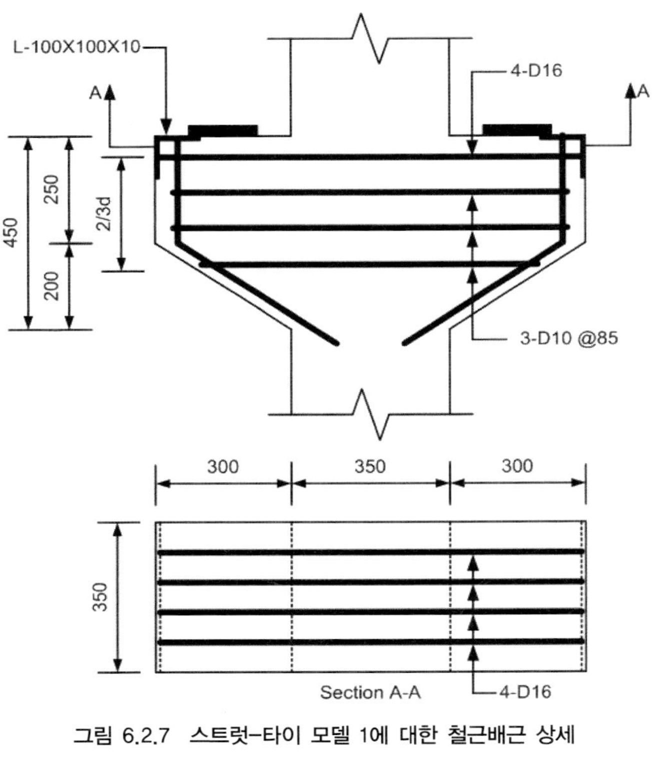

그림 6.2.7 스트럿-타이 모델 1에 대한 철근배근 상세

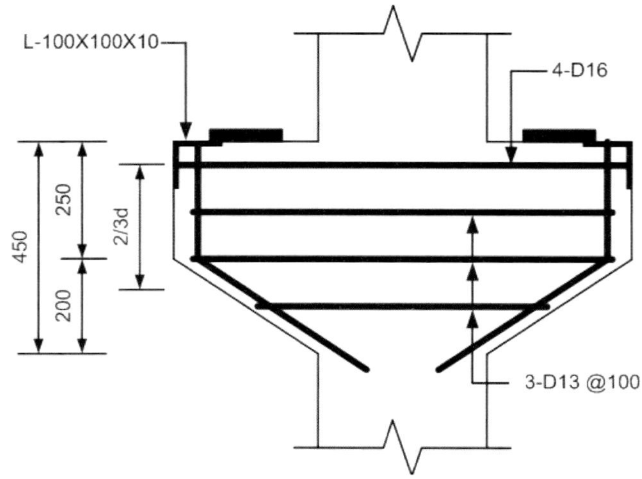

그림 6.2.8 스트럿-타이 모델 2에 대한 철근배근 상세

6.2.7 ACI 318 Shear Friction 설계

1) 설계하중

$$V_u = 275\text{kN}$$

$$N_u = 65\text{kN}$$

$$M_u = 275(150) + 65(450 - 400) = 44{,}500\text{kN} - \text{mm}$$

2) Limitation Check

극한 전단력은 $\phi(0.2f_{ck})bd$ 및 $\phi(5.5)bd$보다 작아야 한다.

$$V_u < \phi(0.2f_{ck})bd = 0.75(0.2 \times 28) \times 350 \times 400 = 588{,}000\text{N}$$

$$V_u < \phi(5.5)bd = 0.75(5.5) \times 350 \times 400 = 677{,}500\text{N}$$

3) Shear Friction 철근

$$A_{vf} = \frac{V_u}{\phi f_y \mu} = \frac{275{,}000}{0.75 \times 400 \times (1.4 \times 1.0)} = 655\text{mm}^2$$

4) 인장철근

$$A_n = \frac{N_u}{\phi f_y} = \frac{65{,}000}{0.75 \times 400} = 217\text{mm}^2$$

5) 휨 보강철근

$$A_f = \frac{M_u}{\phi f_y(0.85d)} = \frac{44,500,000}{0.75 \times 400 \times (0.85 \times 400)} = 464\text{mm}^2$$

6) 철근의 배치

표 6.2.7 주철근

	$A_s(\text{mm}^2)$	주 철근(mm^2)	폐쇄스터럽	
			$A_h(\text{mm}^2)$	위치(mm)
1	$A_s \geq \frac{2}{3}A_{vf} + A_n = 654$	$A_s = 654$	$A_h = \frac{1}{3}A_{vf} = 218$	$\frac{2}{3}d = 267$
2	$A_s \geq A_f + A_n = 653$	$A_s = 681$	$A_h = \frac{1}{2}A_f = 232$	$\frac{2}{3}d = 267$

코벨의 철근은 $A_s = 681\text{mm}^2$ 및 $A_h = 232\text{mm}^2$로 선택한다.

7) 최소 철근량의 배근

$$\rho_{\min} = 0.04\frac{f_{ck}}{fy} = 0.04\frac{28}{400} = 0.0028$$

$$\rho = \frac{A_s}{bd} = \frac{681}{350 \times 400} = 0.0049 > \rho_{\min} = 0.0028$$

4-D16을 선택하면 $A_s = 4(199) = 796\text{mm}^2$이며 철근의 단부는 ㄱ형강(L-100×100×10)을 용접한다.

$$A_{h-\min} = 0.5(A_s - A_n) = 0.5(796 - 232) = 282\text{mm}^2$$

$$A_h = 232 < A_{h-\min} = 282 \Rightarrow A_h = 282\text{mm}^2$$

3-D10을 선택하면 $A_h = 3(2)(71) = 426\text{mm}^2$이며 폐쇄스터럽의 간격은 255/3=85mm로 한다. 배근 상세는 그림 6.10.1의 스트럿-타이 모델 1과 같다.

스트럿-타이 모델 1과 ACI 318 Shear Friction을 이용한 설계법은 같은 설계결과를 보였으며, 스트럿-타이 모델 2를 이용한 설계법은 스트럿-타이 모델 1과 같은 주철근량이 산정되었지만 폐쇄스터럽 철근량이 증가하였다.

예제 7 : 교각 코핑부의 설계

7.1 T형 교각 코핑부

교각은 교대와 함께 대표적인 교량의 하부구조물로서 상부구조의 수직 및 수평하중을 하부로 전달하는 역할을 한다. 교각 코핑부(Pier Coping)는 교각의 지지기둥에서 돌출된 캔틸레버 부분으로, 작용하중과 기하학적 불연속부에 의해 구조물의 전 영역이 D영역에 해당한다. 교각 코핑부는 스트럿-타이 모델을 이용한 설계가 이루어지는 대표적인 구조물이며, 일반적으로 깊은보와 내민받침의 전단특성을 동시에 가진다.

2,500mm×1,100mm의 직사각형 교각과 프리스트레스트 보를 지지하기 위해 5개의 지압판을 갖는 T형 교각구조물의 코핑부를 스트럿-타이 모델을 이용하여 설계하였다. 그림 7.1.1은 설계대상 구조물의 기하학적 형상과 하중조건을 보여주고 있다. 지압판은 500mm ×1,000mm 크기의 콘크리트 지압영역에 의해 지지되는 네오플렌 판으로 구성되어 있다. 지압판에 작용하는 설계하중은 교각 코핑부의 자중을 포함한 계수하중이다.

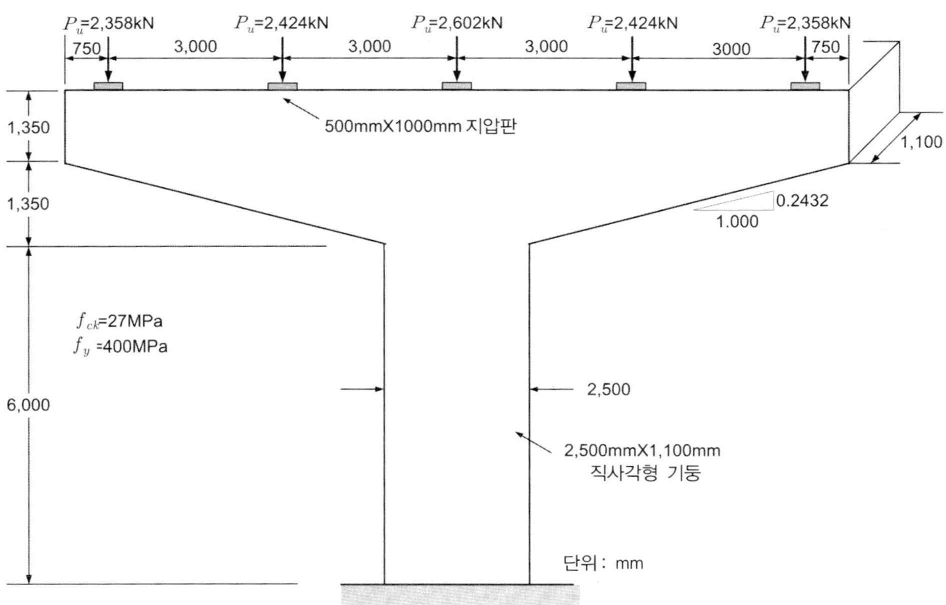

그림 7.1.1 T형 교각의 기하학적 형상 및 설계하중

콘크리트의 설계기준압축강도 f_{ck}는 27MPa이고 철근의 설계기준 항복강도는 400MPa이다. T형 교각의 코핑부는 대칭의 기하학적 형상과 설계하중을 가지므로 중앙의 지압판을 기준으로 좌측 설계대상 영역에 대해서만 설계를 수행하였다.

7.1.1 스트럿-타이 모델의 선정

T형 교각의 코핑부 설계를 위하여 그림 7.1.2(a)의 압축주응력 흐름, 지압판의 위치, 피복두께, 그리고 철근의 배치형태 등을 고려하여 그림 7.1.2(b) 및 (c)과 같은 두 종류의 스트럿-타이 모델을 선정하였다. 그림 7.1.2(b)의 정정 스트럿-타이 모델에서는 중앙부 3개의 지압판의 하중을 지압판과 기둥을 직접 잇는 경사 스트럿을 통해 전달시켰으며, 설계대상 영역의 단부 지압판의 작용하중은 교각의 중앙부에서 두 배의 설계영역의 깊이(2h)에 위치하므로 2개의 수직 타이와 2개의 경사 스트럿을 통해 기둥으로 전달시켰다. 그림 7.1.2(c)의 부정정 스트럿-타이 모델에서는 최외각 4개 지압판의 하중을 FIB(2010) 설계기준의 개념에 따라 아치 및 트러스 메커니즘을 조합한 복합 수직 트러스 메커니즘의 형태로 기둥으로 전달시켰다. 교각 코핑부의 상단부 타이의 위치는 철근의 배치형태(2단 배근)를 고려하여 설계영역 상단부에서 150mm 떨어진 지점으로 결정하였으며, 하단부 스트럿의 위치는 이 스트럿의 설계단면력을 전달할 수 있는 적절한 영역을 확보하기 위해 하단에서 200mm 떨어진 곳으로 결정하였다.

설계하중은 설계대상 영역에 대해 대칭으로 작용하므로 교각에는 휨모멘트 없이 축력만이 작용한다. 교각의 축력은 3개의 스트럿을 통해 기초로 전달시켰다. 교각 중앙에 배치된 스트럿은 중앙 지압판의 하중인 2,602kN을 부담하며, 교각 좌우측에 배치된 스트럿은 각각 4,782kN을 부담한다. 이들 스트럿의 위치는 각 스트럿이 전달하는 설계단면력에 비례하여 최대 유효폭을 가지도록 결정하였으며, 이들 스트럿의 최대 유효폭의 합은 교각의 폭과 동일하다.

7.1.2 스트럿과 타이의 설계단면력 산정

정정 스트럿-타이 모델의 스트럿과 타이의 설계단면력은 절점의 힘 평형조건을 이용하여 결정하였으며, 부정정 스트럿-타이 모델의 스트럿과 타이의 설계단면력은 각 스트럿 및 타이의 축 강성 값을 가정한 후 가정한 축 강성 값에 근접한 값이 얻어질 때까지 반복적인 수치해석을 통해 구하였다. 스트럿과 타이의 설계단면력은 그림 7.1.3에 도시한 것과 같다.

7.1.3 스트럿과 절점영역의 강도 검토

스트럿-타이 모델의 강도 검토는 스트럿-타이 모델의 구성요소(스트럿, 타이, 절점영역)들이 설계단면력을 전달하는 데 소요되는 충분한 강도를 보유하고 있는지 여부를 확인하는 것이다.

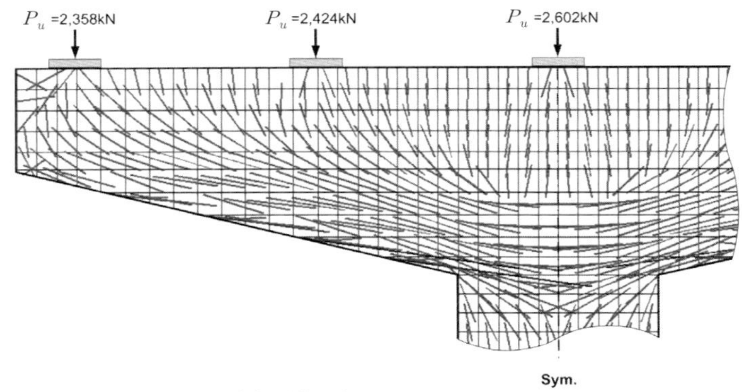

(a) 압축주응력 흐름

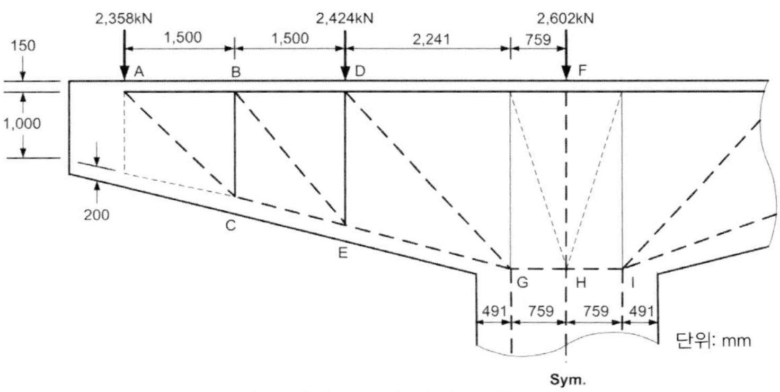

(b) 정정 스트럿-타이 모델

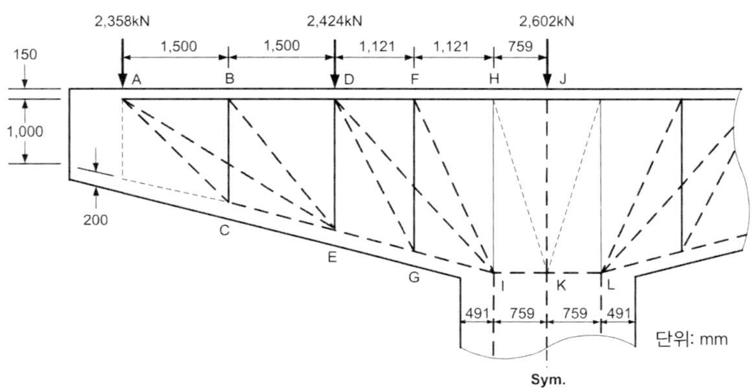

(c) 부정정 스트럿-타이 모델

그림 7.1.2 T형 교각 코핑부의 스트럿-타이 모델

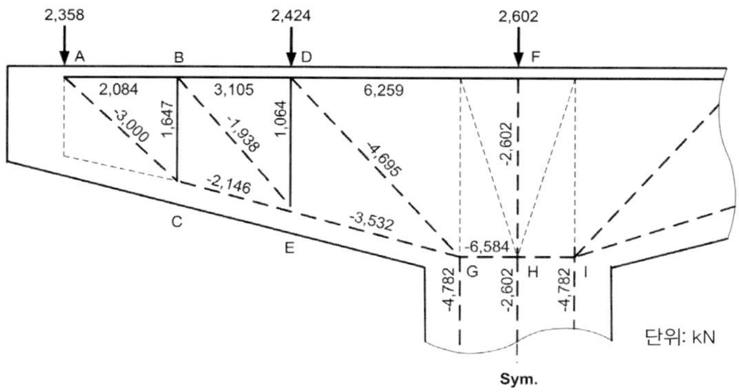

(a) 정정 스트럿-타이 모델

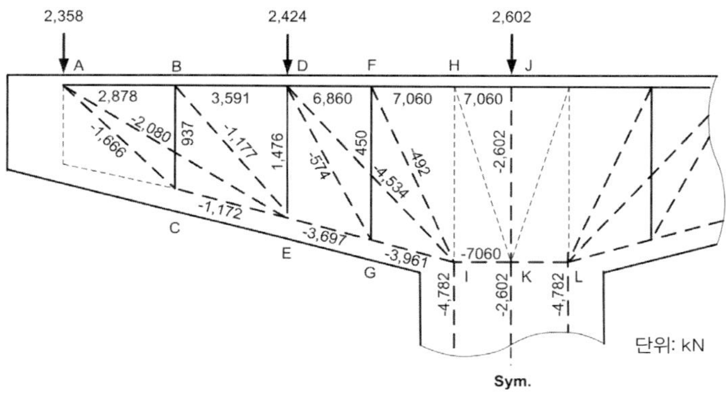

(b) 부정정 스트럿-타이 모델

그림 7.1.3 스트럿과 타이의 설계단면력

일반적으로 스트럿과 절점영역의 강도는 설계대상 구조 부재 또는 D영역의 두께가 일정할 경우 스트럿과 절점영역의 최대 단면폭을 이들의 필요단면폭과 비교하여 검토한다. 그러나 이 예제의 경우 일부 스트럿 및 절점영역의 최대 단면폭을 설계자의 주관적인 가정 없이는 합리적으로 결정할 수 없다. 이러한 경우 스트럿과 절점영역의 강도 검토를 위하여 1) 스트럿의 유효강도와 스트럿이 만나는 절점영역의 유효강도를 비교하여 그중 작은 값을 스트럿의 유효강도로 취하고, 2) 이를 이용하여 결정한 스트럿의 필요단면폭, 하중판 및 지지판의 크기, 그리고 철근배근 형태 및 피복두께를 고려하여 결정한 타이의 유효폭 등을 이용하여 스트럿-타이 모델을 차원화시킨 후, 3) 스트럿-타이 모델의 기하학적 적합조건의 만족 여부를 검토한다. 여기서, 스트럿-타이 모델의 기하학적 적합조건을 검토하는 것은 차원화시킨 스트럿-타이 모델이 설계대상 구조물의 기하학적 형상조건을 만족시키는지, 그리고 두 개의 평행한 또는 평행에 가까운 스트럿의 필요단면적이 중첩되는지 등을 검토하는 것을 말한다.

스트럿의 필요단면폭 w_{req}은 스트럿의 설계단면력 F_u을 스트럿의 강도감소계수 ϕ, 스트럿의 유효강도 $0.85\beta_{s,\mathrm{mod}}f_{ck}$, 그리고 스트럿의 두께 b로 나누어 계산하였다. 여기서, $\beta_{s,\mathrm{mod}}$는 스트럿의 유효강도계수 β_s와 절점의 유효강도계수 β_n 중 작은 값이다.

$$w_{req} = \frac{F_u}{\phi(0.85)\beta_{s,\mathrm{mod}}f_{ck}b} \qquad \text{(구조기준 부록 I.5.1과 I.5.2)}$$

한 예로, 위 식을 이용하여 정정 스트럿-타이 모델의 스트럿 AC의 필요단면폭을 계산하면 다음과 같다.

$$w_{req} = \frac{F_u}{\phi(0.85)\beta_{s,\mathrm{mod}}f_{ck}b} = \frac{3{,}000\times10^3}{0.75\times0.85\times0.75\times27\times1100} = 211\,\mathrm{mm}$$

여기서, $\beta_{s,\mathrm{mod}}$로는 스트럿 AC의 유효압축강도계수 0.75 (구조기준 부록 I.3.3(2)의 최소 철근량 규정을 만족하는 것으로 가정함), CCT절점영역 A의 유효압축강도계수 0.80, 그리고 CCT절점영역 C의 유효압축강도계수 0.80 중에서 제일 작은 값인 0.75로 취하였다. 표 7.1.1은 스트럿의 필요단면폭을 보여주고 있다. 그림 7.1.4는 표 7.1.1의 필요단면폭을 이용하여 차원화시킨 스트럿-타이 모델을 보인 것으로, 두 스트럿-타이 모델은 스트럿-타이 모델의 기하학적 적합조건을 만족시킨다는 것을 알 수 있다.

그림 7.1.4(a)의 절점영역 D에서 타이 DF의 단면력에 대한 절점영역 수직경계면의 필요단면폭은 그림 7.1.5(a)와 같이 교각 코핑부의 상연단을 벗어난다. 따라서 구조기준의 절점영역의 강도조건을 만족시키기 위해서는 절점 D, 타이 DB, 타이 DF의 수직좌표를 아래로 이동시켜야 한다. 그러나 타이 DF의 단면력 저항에 필요한 철근을 타이 DB 방향으로 연장시켜서 절점영역 D에 정착시키지 않는다면 그림 7.1.5(b)와 같이 절점영역 D에서의 강도조건을 만족시킬 수 있다. 이와 같은 방법으로 절점영역 B, F, J의 강도조건을 검토하였다.

표 7.1.1 스트럿의 필요단면폭

(a) 정정 스트럿-타이 모델

스트럿	요소 종류	β_s or β_n	$\beta_{s,\text{mod}}$	$\phi 0.85\beta_{s,\text{mod}} f_{ck}$	F_u(kN)	w_{req}(mm)
AC	스트럿 AC NZ A-CCT NZ C-CCT	0.75 0.80 0.80	0.75	12.91	3,000	211
BE	스트럿 BE NZ B-CTT NZ E-CCT	0.75 0.60 0.80	0.60	10.33	1,938	171
CE	스트럿 CE NZ C-CCT NZ E-CCT	1.00 0.80 0.80	0.80	13.77	2,146	142
DG	스트럿 DG NZ D-CTT NZ G-CCC	0.75 0.60 1.00	0.60	10.33	4,695	413
EG	스트럿 EG NZ E-CCT NZ G-CCC	1.00 0.80 1.00	0.80	13.77	3,532	233
FH	스트럿 FH NZ F-CTT NZ H-CCC	1.00 0.60 1.00	0.60	10.33	2,602	229
GH	스트럿 GH NZ G-CCC NZ H-CCC	1.00 1.00 1.00	1.00	17.21	6,584	348

* NZ=절점영역

(b) 부정정 스트럿-타이 모델

스트럿	요소 종류	β_s or β_n	$\beta_{s,\text{mod}}$	$\phi 0.85\beta_{s,\text{mod}} f_{ck}$	F_u(kN)	w_{req}(mm)
AC	스트럿 AC NZ A-CCT NZ C-CCT	0.75 0.80 0.80	0.75	12.91	1,666	117
AE	스트럿 AE NZ A-CCT NZ E-CCT	0.75 0.80 0.80	0.75	12.91	2,080	146
BE	스트럿 BE NZ B-CTT NZ E-CCT	0.75 0.60 0.80	0.60	10.33	1,177	78

스트럿	요소 종류	β_s or β_n	$\beta_{s,\text{mod}}$	$\phi 0.85 \beta_{s,\text{mod}} f_{ck}$	F_u(kN)	w_{req}(mm)
	스트럿 CE	1.00				
CE	NZ C-CCT	0.80	0.80	13.77	1,172	77
	NZ E-CCT	0.80				
	스트럿 DG	0.75				
DG	NZ D-CTT	0.60	0.60	10.33	574	51
	NZ G-CCT	0.80				
	스트럿 DI	0.75				
DI	NZ D-CTT	0.60	0.60	10.33	4,534	399
	NZ I-CCC	1.00				
	스트럿 EG	1.00				
EG	NZ E-CCT	0.80	0.80	13.77	3,697	244
	NZ G-CCT	0.80				
	스트럿 FI	0.75				
FI	NZ F-CTT	0.60	0.60	10.33	492	32
	NZ I-CCC	1.00				
	스트럿 GI	1.00				
GI	NZ G-CCT	0.80	0.80	13.77	3,961	262
	NZ I-CCC	1.00				
	스트럿 IK	1.00				
IK	NZ I-CCC	1.00	1.00	17.21	7,060	373
	NZ K-CCC	1.00				
	스트럿 JK	1.00				
JK	NZ J-CTT	0.60	0.60	10.33	2,602	229
	NZ K-CCC	1.00				

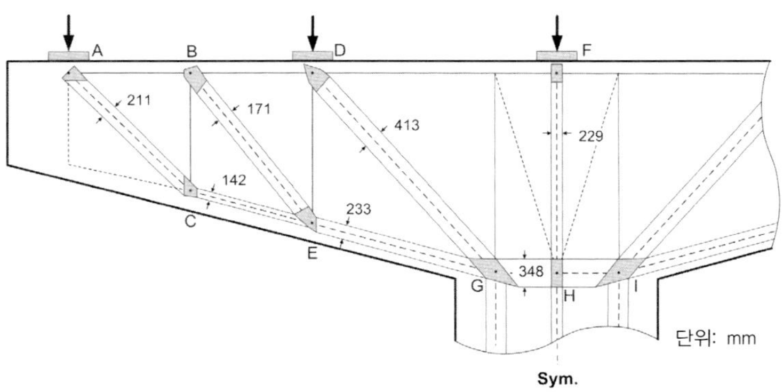

(a) 정정 스트럿-타이 모델

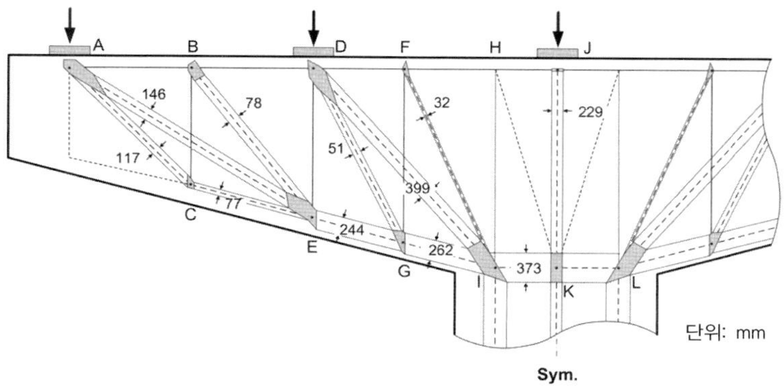

(b) 부정정 스트럿-타이 모델

그림 7.1.4 스트럿의 필요단면폭

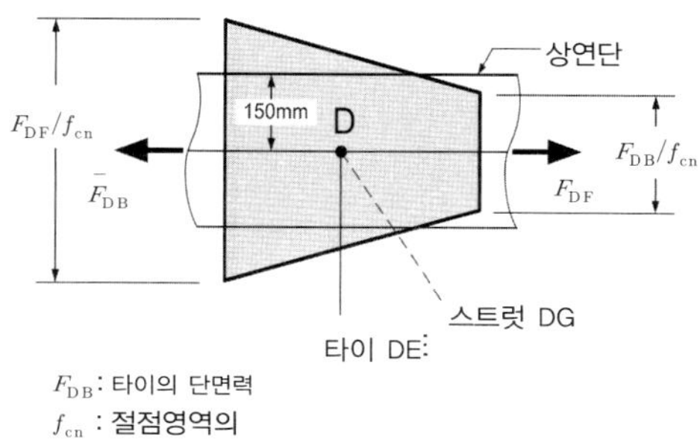

(a) 불만족

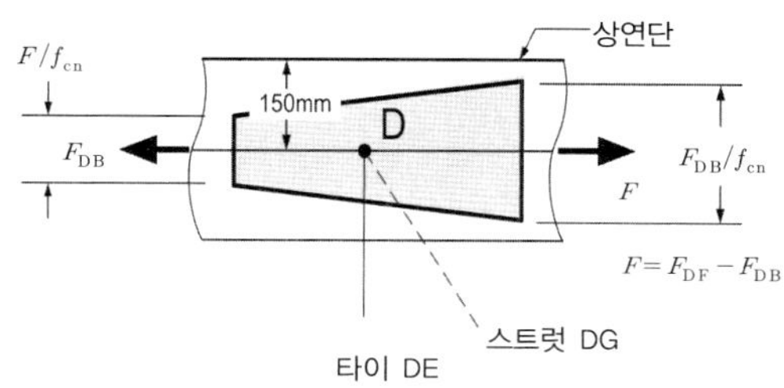

(b) 만족

그림 7.1.5 절점영역 D의 강도 검토

7.1.4 철근의 배치(정정 스트럿-타이 모델에 대해서)

1) 상부 철근의 결정

T형 교각의 코핑부 상부에는 타이 AB, BD, DF가 위치하고 있다. 각 타이의 필요철근량을 계산하면 다음과 같다.

$$\text{타이 AB : } A_{st}=\frac{F_u}{\phi f_y}=\frac{2{,}084\times10^3}{0.85\times400}=6{,}129\text{mm}^2$$

$$\text{타이 BD : } A_{st}=\frac{F_u}{\phi f_y}=\frac{3{,}105\times10^3}{0.85\times400}=9{,}132\text{mm}^2$$

$$\text{타이 DF : } A_{st} = \frac{F_u}{\phi f_y} = \frac{6,259 \times 10^3}{0.85 \times 400} = 18,409\text{mm}^2$$

시공의 효율성을 고려하여 모든 타이의 위치에 타이 DF 위치에 배치될 필요철근량($A_{st} = 1,8409\text{mm}^2$)을 만족하도록 20-D35($A_{st} = 19,132\text{mm}^2 > 18,409\text{mm}^2$)의 철근을 배치하였다.

2) 전단철근의 결정

전단력을 전달하기 위해 타이 BC와 DE 위치에는 각각 1,647kN과 1,064kN의 설계단면력을 전달하는 데 필요한 철근을 이들 타이의 유효폭 내에 분포시켜야 한다. D16의 이중 폐쇄스터럽을 사용한다면 이들 타이의 유효폭 내에 필요한 스터럽의 수(n)는 다음과 같다.

$$\text{타이 BC : } n = \frac{F_u}{\phi A_{st} f_y} = \frac{1,647 \times 10^3}{0.85 \times 4 \times 198.7 \times 400} = 6.09 \fallingdotseq 6$$

$$\text{타이 DE : } n = \frac{F_u}{\phi A_{st} f_y} = \frac{1,064 \times 10^3}{0.85 \times 4 \times 198.7 \times 400} = 3.9 \fallingdotseq 4$$

결정한 스터럽의 수를 이용하여 타이의 유효폭 1,500mm 내에서의 배치간격 s를 구하면 다음과 같다.

$$\text{타이 BC : } \frac{1,500}{6} = 250\text{mm}$$

$$\text{타이 DE : } \frac{1,500}{4} = 375\text{mm}$$

따라서 타이 BC의 유효폭 내에서는 D16의 이중 폐쇄스터럽을 200mm 간격으로 배치하였으며, 타이 DE의 유효폭 내에서는 D16의 이중 폐쇄스터럽을 300mm 간격으로 배치하였다.

7.1.5 균열제어를 위한 최소 철근량의 배치 및 철근정착

1) 최소 철근량의 배치

스트럿 AC, BE, DG, 그리고 FH의 강도를 검토할 때 스트럿의 유효강도계수 β_s를 0.75로 결정하였으므로, 구조기준 부록 I.3.3(2)의 식 (I.3.3)을 만족하도록 최소 철근량을 배치하여야 한다.

$$\Sigma \frac{A_{si}}{bs_i}\sin^2\gamma_i \geq 0.003 \qquad \text{(구조기준 부록 I.3.3)}$$

여기서, A_{si}는 콘크리트 스트럿의 중심선과 이루는 각 γ_i로 배치된 철근의 전체면적이다. 스트럿 AC, BF, DG, FH를 가로지르는 최소 철근량은 수직방향으로 D16의 이중 폐쇄스터럽을 타이 BC와 DE의 배치영역을 제외한 영역에 걸쳐 400mm 간격으로 배치하고, 수평방향으로 4-D19 철근을 전 영역에 걸쳐 200mm 간격으로 배치하는 것으로 가정하여 각 스트럿에 대해 최소 철근량 설계지침 만족 여부를 검토하였다.

$$\text{스트럿 AC : } \Sigma \frac{A_{si}}{bs_i}\sin^2\gamma_i = \frac{286.5\times 4}{1,100\times 200}\sin^2 46.0 + \frac{198.6\times 4}{1,100\times 400}\sin^2 44.0$$

$$= 0.0036 \geq 0.003$$

$$\text{스트럿 BE : } \Sigma \frac{A_{si}}{bs_i}\sin^2\gamma_i = \frac{286.5\times 4}{1,100\times 200}\sin^2 58.2 + \frac{198.6\times 4}{1,100\times 200}\sin^2 31.8$$

$$= 0.0048 \geq 0.003$$

$$\text{스트럿 DG : } \Sigma \frac{A_{si}}{bs_i}\sin^2\gamma_i = \frac{286.5\times 4}{1,100\times 200}\sin^2 47.8 + \frac{198.6\times 4}{1,100\times 300}\sin^2 42.2$$

$$= 0.0039 \geq 0.003$$

$$\text{스트럿 FH : } \Sigma \frac{A_{si}}{bs_i}\sin^2\gamma_i = \frac{286.5\times 4}{1,100\times 200}\sin^2 90.0$$

$$= 0.0052 \geq 0.003$$

모든 스트럿에 대해 최소 철근량 규정을 만족하므로 수직방향은 D16의 이중 폐쇄스터럽을 400mm 간격으로, 수평방향은 4-D19 철근을 200mm 간격으로 배치하는 것은 적합하다.

2) 철근의 정착

콘크리트 구조기준 부록 I.4.3절에서는 타이는 기계적 장치, 포스트텐션 정착장치, 표준갈고리, 또는 철근의 연장에 의해 정착되어야 한다고 규정하고 있다. 타이 AC의 정착을 위해 90° 표준갈고리를 사용하면 이 타이의 정착길이 l_{dh}는 콘크리트 구조기준 8.2.5절에 따라 다음과 같이 구할 수 있다.

$$l_{dh} = \frac{100\,d_b}{\sqrt{f_{ck}}} \times \text{보정계수} = \frac{100 \times 34.9}{\sqrt{27}} \times 0.7 \times \frac{6,129}{9,566} \simeq 301\text{mm}$$

타이 AB를 설계영역의 단부까지 연장하여 표준갈고리를 이용하여 정착시키면 유용한 정착길이는 1,075mm(=750+250+150/tan46° −70(피복두께))이다. 따라서 필요한 정착 길이보다 배치된 철근의 정착길이가 크므로 타이 AB는 정착에 관한 조건을 만족한다.

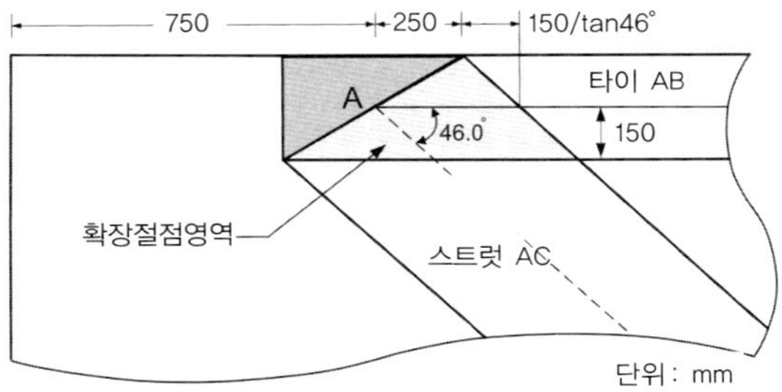

그림 7.1.6 타이 AB의 정착길이

7.1.6 배근상세

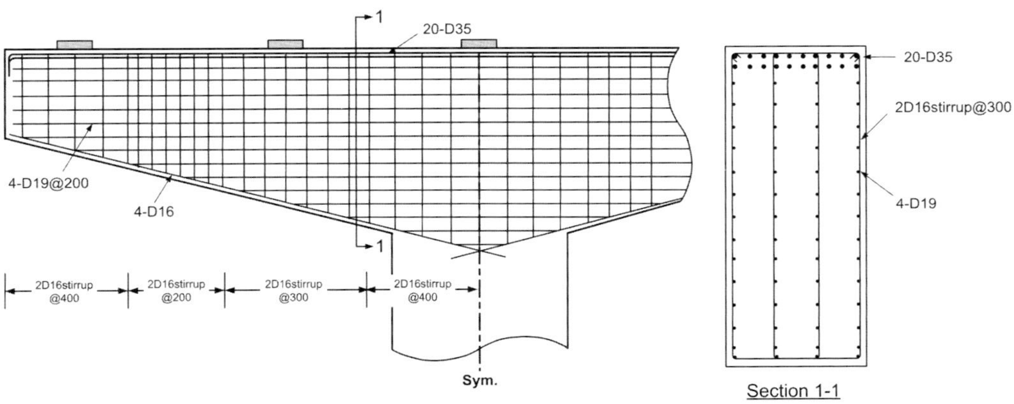

그림 7.1.7 T형 교각의 코핑부 배근 상세

7.2 π형 교각 코핑부

800mm×1,000mm의 직사각형 교각과 프리스트레스트 보를 지지하기 위해 5개의 500mm ×750mm의 지압판을 갖는 π형 교각의 코핑부를 스트럿-타이 모델을 이용하여 설계하였

다. 그림 7.2.1은 설계대상 구조물의 기하학적 형상과 하중조건을 보여주고 있다. 지압판에 작용하는 설계하중은 차량하중, 고정하중, 그리고 교각 코핑부의 자중 등을 포함하는 계수하중이다. 콘크리트 구조기준압축강도 f_{ck}는 27MPa이고 철근의 구조기준 항복강도는 400MPa이다. 설계대상 영역인 π형 교각은 대칭의 기하학적 형상과 설계하중을 가지므로 중앙의 지압판을 기준으로 좌측 설계대상 영역에 대해서만 설계를 수행하였다.

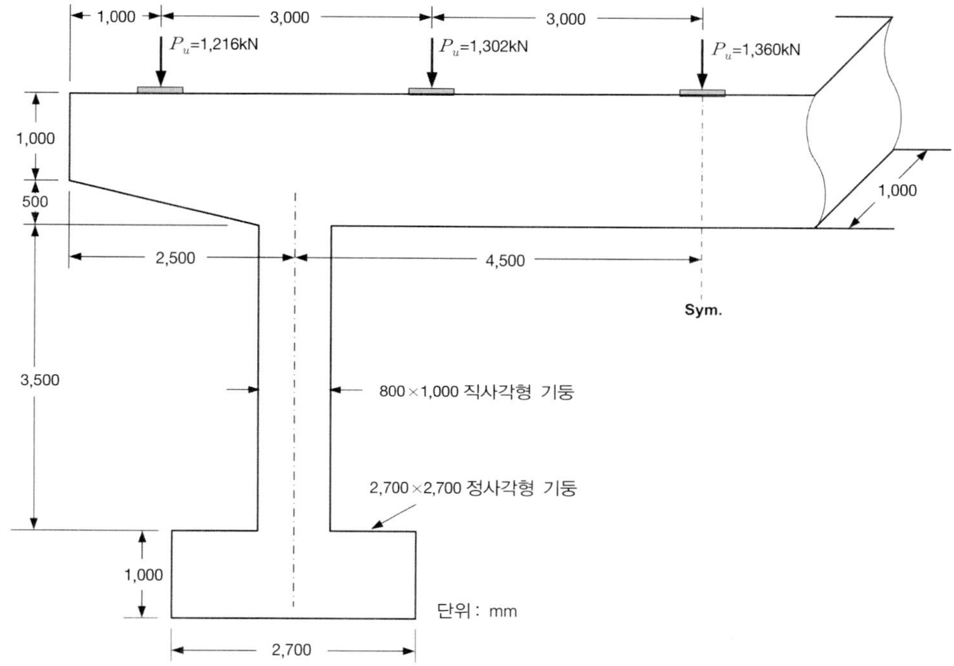

그림 7.2.1 π형 교각의 기하학적 형상 및 하중조건

7.2.1 스트럿-타이 모델의 선정

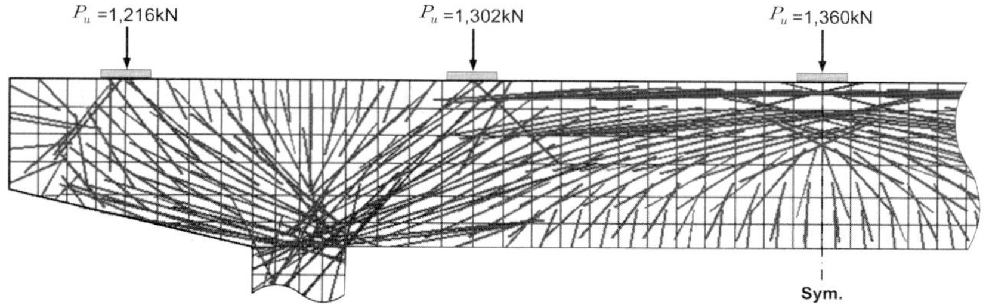

(a) 압축주응력 흐름

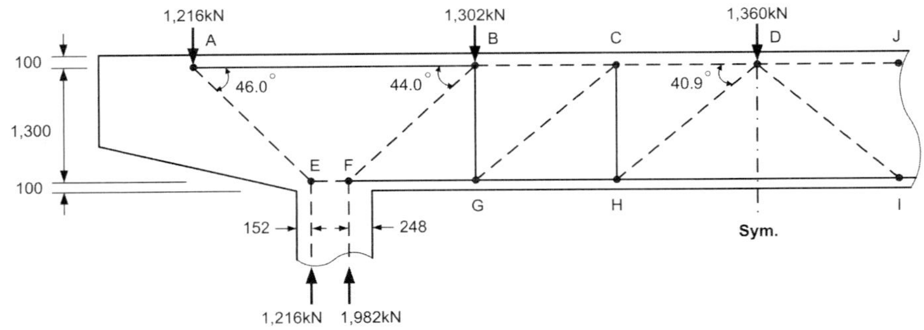

(b) 정정 스트럿-타이 모델

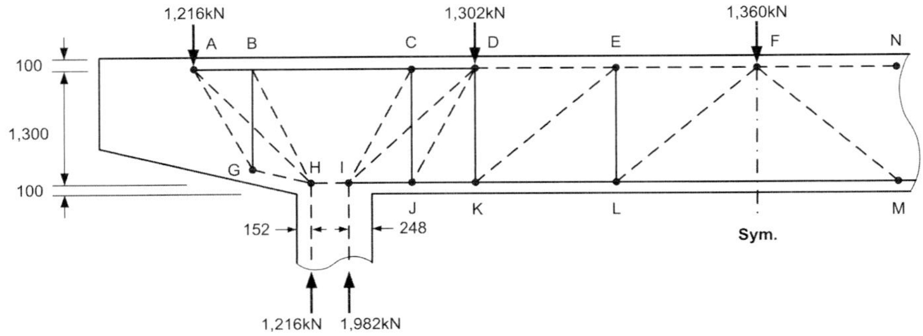

(c) 부정정 스트럿-타이 모델

그림 7.2.2 π형 교각 코핑부의 스트럿-타이 모델

π형 교각의 코핑부의 설계를 위하여 그림 7.2.2(a)의 압축주응력 흐름, 지압판의 위치, 피복두께, 그리고 철근의 배치형태 등을 고려하여 그림 7.2.2(b) 및 (c)과 같은 두 종류의 스트럿-타이 모델을 선정하였다. 교각 코핑부의 상단부 타이의 위치는 철근의 배치형태(2단 배근)를 고려하여 설계영역 상단부에서 100mm 떨어진 지점으로 결정하였다. 각 모델에서 기둥과 만나는 부분은 하나의 절점으로 나타낼 수 있지만, 기둥과 접하는 지지점을 좀 더 정확히 표현하기 위하여 두 개의 절점으로 나타내었다. 이들 두 개의 절점에 연결된 기둥의 두 스트럿의 위치는 각 스트럿이 전달하는 설계단면력에 비례하여 최대 유효폭을 가지도록 결정하였으며, 이들 스트럿의 최대 유효폭의 합은 교각의 폭과 동일하다. 두 스트럿의 정확한 위치는 교각 코핑부와 지지기둥 접합면에서의 축력과 모멘트에 의한 반력에 따라 결정해야 하나, 이 예제에서는 설계의 편의를 위하여 지지기둥에 작용하는 모멘트에 의한 영향은 무시하였다.

7.2.2 스트럿과 타이의 설계단면력 산정

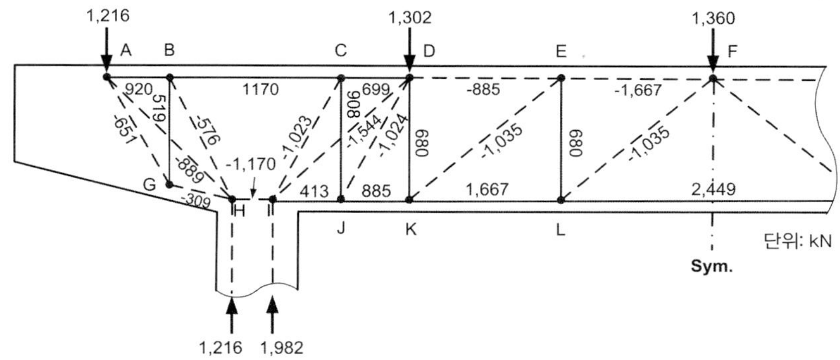

(a) 정정 스트럿-타이 모델

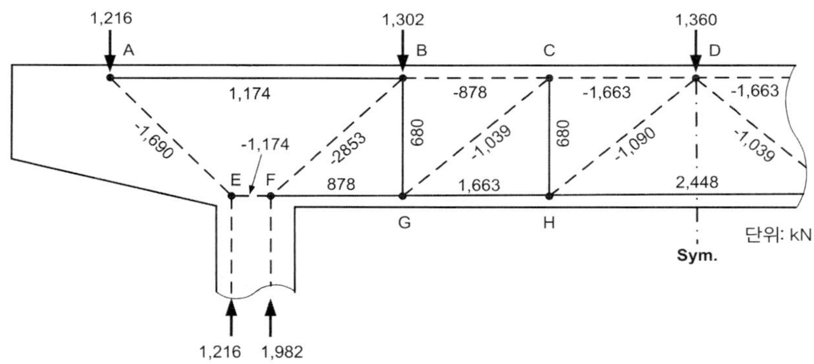

(b) 부정정 스트럿-타이 모델

그림 7.2.3 스트럿-타이 모델의 스트럿과 타이의 설계단면력

정정 스트럿-타이 모델의 스트럿과 타이의 설계단면력은 절점의 힘 평형조건을 이용하여 결정하였으며, 부정정 스트럿-타이 모델의 스트럿과 타이의 설계단면력은 각 스트럿 및 타이의 축강성 값을 가정한 후 가정한 축강성 값에 근접한 값이 얻어질 때까지 반복적인 수치해석을 통해 구하였다. 스트럿과 타이의 설계단면력은 그림 7.2.3에 도시한 것과 같다.

7.2.3 스트럿과 절점영역의 강도 검토

스트럿-타이 모델의 강도 검토는 스트럿-타이 모델의 구성요소(스트럿, 타이, 절점영역)들이 설계단면력을 전달하는 데 소요되는 충분한 강도를 보유하고 있는지 여부를 확인하는 것이다. 정정 스트럿-타이 모델의 경우 스트럿과 절점영역의 강도는 스트럿과 절점영역의 최대 단면적을 이들의 필요단면적과 비교하는 방법으로 검토하였으며, 부정정 스트럿-타이 모델의 경우 스트럿-타이 모델의 기하학적 적합조건의 만족 여부를 검토하는 방법으로 검토하였다.

7.2.3.1 정정 스트럿-타이 모델에 대하여

1) 스트럿과 절점영역의 최대 단면폭 결정

정정 스트럿-타이 모델의 경우 그림 4와 같이 설계대상 영역의 기하학적 형상과 지압판의 크기를 이용하여 절점영역 각 경계면의 최대 단면폭을 결정하였다. 스트럿의 최대 단면폭은 그림 7.2.4와 같이 결정된 절점영역 경계면의 폭을 근거로 하여 스트럿 양단부 절점영역 경계면의 폭 중 작은 값으로 정의하였다.

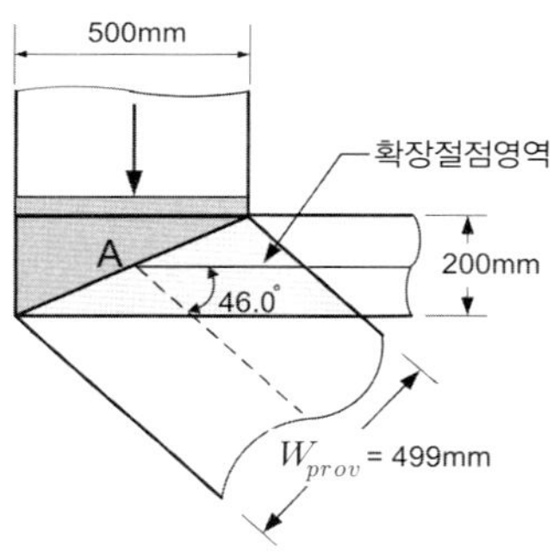

하중판의 폭: 500mm
(하중판의 크기)
타이 AB 경계면의 폭 : 200mm
(=피복두께×2)
스트럿 AE 경계면의 폭 : 499mm
($=500\sin 46.0+200\cos 46.0$)

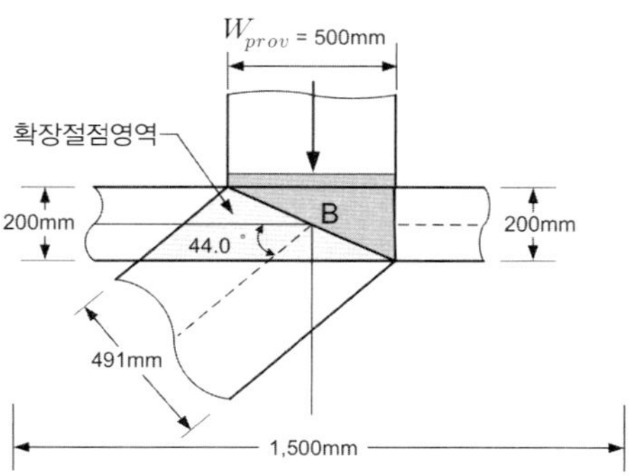

하중판의 폭 : 500mm
(하중판의 크기)
타이 AB 경계면의 폭 : 200mm
(=피복두께×2)
스트럿 BC 경계면의 폭 : 200mm
(=피복두께×2)
스트럿 BF 경계면의 폭 : 491mm
($=500\sin 44.0+200\cos 44.0$)
타이 BG 경계면의 폭 : 1,500mm
(수직 타이의 최대 유효폭)

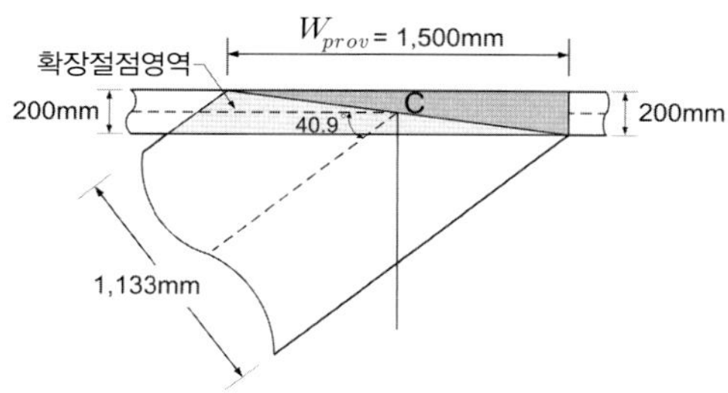

스트럿 BC 경계면의 폭 : 200mm
(=피복두께×2)
스트럿 CD 경계면의 폭 : 200mm
(=피복두께×2)
스트럿 CG 경계면의 폭 : 1,133mm
($=1,500\sin 40.9+200\cos 40.9$)
타이 CH 경계면의 폭 : 1,500mm
(수직 타이의 최대 유효폭)

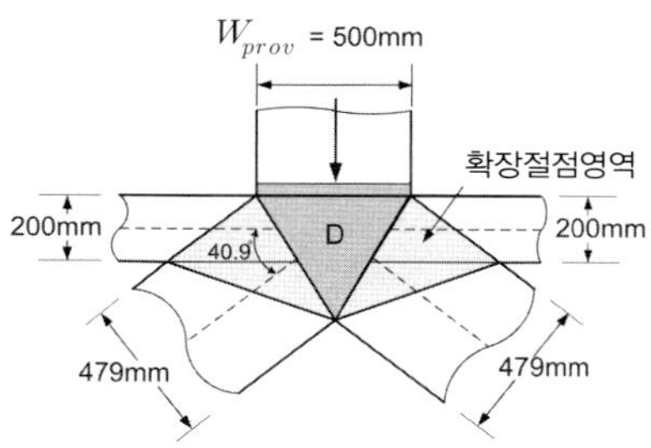

하중판의 폭: 500mm
(하중판의 크기)
스트럿 DC 경계면의 폭 : 200mm
(=피복두께×2)
스트럿 DH 경계면의 폭 : 479mm
($=500\sin 40.9+200\cos 40.9$)
스트럿 DI 경계면의 폭 : 479mm
($=500\sin 40.9+200\cos 40.9$)
스트럿 DJ 경계면의 폭 : 200mm
(=피복두께×2)

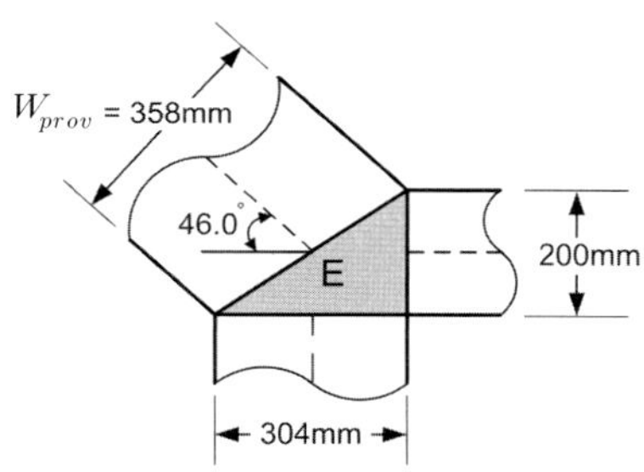

스트럿 AE 경계면의 폭 : 358mm
($=304\sin 46.0+200\cos 46.0$)
스트럿 EF 경계면의 폭 : 200mm
(=피복두께×2)
교각 경계면의 폭 : 304mm

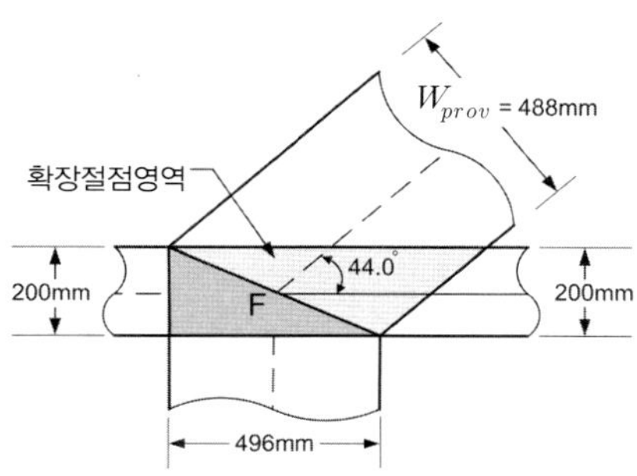

스트럿 AE 경계면의 폭 : 488mm
($=496\sin 44.0+200\cos 44.0$)
스트럿 EF 경계면의 폭 : 200mm
(=피복두께×2)
타이 FG 경계면의 폭 : 200mm
(=피복두께×2)
교각 경계면의 폭 : 496mm

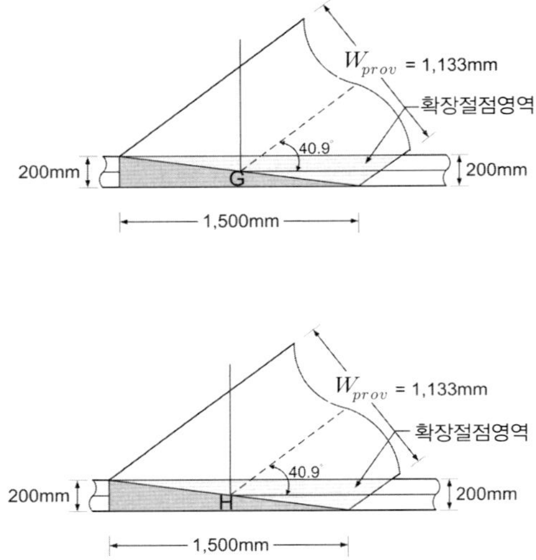

타이 BG 경계면의 폭 : 1,500mm
(수직 타이의 최대 유효폭)
스트럿 CG 경계면의 폭 : 1,133mm
$(=1,500\sin 40.9+200\cos 40.9)$
타이 FG 경계면의 폭 : 200mm
(=피복두께×2)
타이 GH 경계면의 폭 : 200mm
(=피복두께×2)

타이 CH 경계면의 폭: 1,500mm
(수직 타이의 최대유효폭)
스트럿 DH 경계면의 폭: 1,133mm
$(=1,500\sin 40.9+200\cos 40.9)$
타이 GH 경계면의 폭: 200mm
(=피복두께×2)
타이 HI 경계면의 폭: 200mm
(=피복두께×2)

그림 7.2.4 절점영역 수직경계면의 최대 단면폭

2) 스트럿의 강도 검토

스트럿의 강도 검토를 위한 필요단면폭 w_{req}은 스트럿의 설계단면력 F_u를 스트럿의 유효압축강도 $0.85\beta_s f_{ck}$, 스트럿의 강도감소계수 ϕ, 그리고 스트럿의 두께 b 등으로 나누어 계산하였다.

$$w_{req}=\frac{F_u}{\phi(0.85)\beta_s f_{ck} b} \qquad \text{(구조기준 부록 I.5.1과 I.5.2)}$$

위 식을 이용하여 정정 스트럿-타이 모델의 스트럿 AE의 필요단면폭을 계산하면 다음과 같다.

$$w_{req}=\frac{F_u}{\phi(0.85)\beta_s f_{ck} b}=\frac{1,690\times 10^3}{0.75\times 0.85\times 0.75\times 27\times 1000}=131\text{mm}$$

여기서, 스트럿 AE의 유효압축강도계수 β_s는 구조기준 부록 I.3.3(2)의 최소 철근량 규정을 만족하는 것으로 가정하여 0.75로 결정하였다. 표 7.2.1은 정정 스트럿-타이 모델의 각 스트럿의 강도 검토 결과를 보여주고 있다. 스트럿의 강도 검토 결과, 각 스트럿의 필요단면폭이 최대 단면폭을 초과하지 않는 것을 표 7.2.1 및 그림 7.2.5로부터 확인할 수 있다. 이는 스트럿이 설계하중을 전달함에 있어 충분한 압축강도를 확보하고 있음을 나타내는 것이다.

3) 절점영역의 강도 검토

절점영역의 강도 검토를 위한 절점영역 경계면의 필요단면폭은 각 절점영역 경계면에 작용하는 설계단면력 F_u를 절점영역의 유효강도 $0.85\beta_n f_{ck}$, 절점영역의 강도감소계수 ϕ, 그리고 절점영역이 두께 b 등으로 나누어 계산하였다.

표 7.2.1 스트럿의 강도 검토

스트럿	β_s	$\phi 0.85\beta_s f_{ck}$	F_u(kN)	w_{req}(mm)	w_{prov}(mm)	안전 여부
AE	0.75	12.91	1,690	131	358	만족
BC	1.00	17.21	878	51	200	만족
BF	0.75	12.91	2,853	221	488	만족
CD	1.00	17.21	1,663	97	200	만족
CG	0.75	12.91	1,039	80	1,133	만족
DH	0.75	12.91	1,039	80	479	만족
EF	1.00	17.21	1,174	68	200	만족

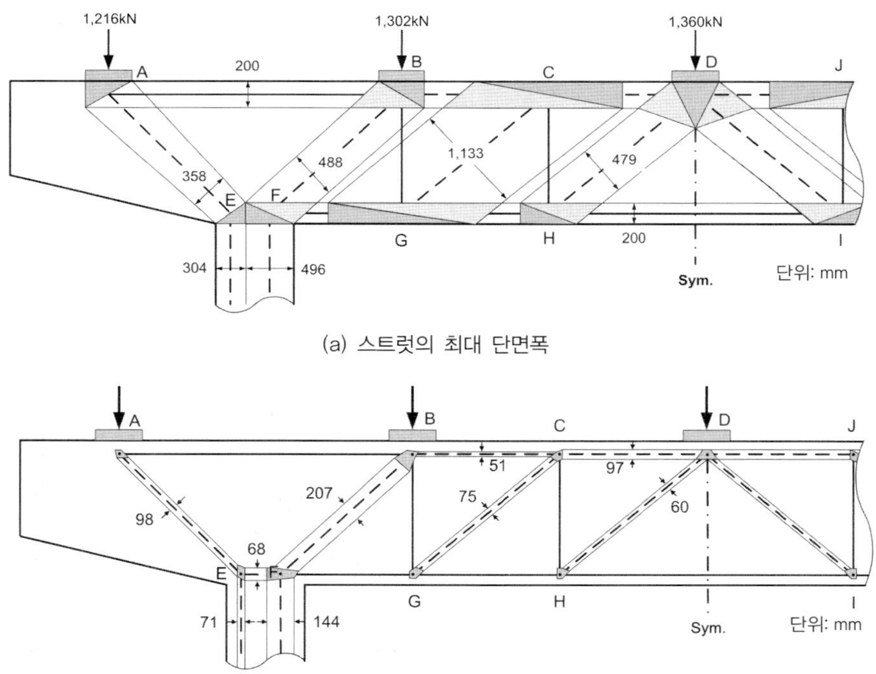

(a) 스트럿의 최대 단면폭

(b) 스트럿의 필요단면폭

그림 7.2.5 스트럿의 최대 단면폭과 필요단면폭

$$w_{req} = \frac{F_u}{\phi(0.85)\beta_n f_{ck} b}$$ (구조기준 부록 I.5.1과 I.5.2)

위 식을 이용하여 정정 스트럿-타이 모델의 절점영역 A를 구성하는 절점영역 수직경계면의 필요단면폭을 계산하면 다음과 같다.

하중점 경계면 : $w_{req} = \dfrac{1,216 \times 10^3}{0.75 \times 0.85 \times 0.8 \times 27 \times 1,000} = 88\text{mm}$

스트럿 AE 경계면 : $w_{req} = \dfrac{1,690 \times 10^3}{0.75 \times 0.85 \times 0.8 \times 27 \times 1,000} = 123\text{mm}$

타이 AB 경계면 : $w_{req} = \dfrac{1,174 \times 10^3}{0.75 \times 0.85 \times 0.8 \times 27 \times 1,000} = 85\text{mm}$

여기서, 절점영역 A는 CCT절점영역에 해당하므로 이 절점영역의 유효압축강도계수 β_n을 0.80으로 결정하였다. 표 7.2.2는 정정 스트럿-타이 모델의 각 절점영역의 강도 검토 결과를 보여주고 있다. 각 절점영역 수직경계면의 필요단면폭이 최대 단면폭을 초과하지 않으므로, 각 절점영역은 스트럿 및 타이의 설계단면력을 다른 스트럿 또는 타이로 전달할 수 있는 충분한 강도를 확보하고 있다.

그림 7.2.5의 절점영역 H에서 타이 HI의 단면력에 대한 절점영역 수직경계면의 필요단면폭은 그림 7.2.66(a)와 같이 교각 코핑부의 상연단을 벗어난다. 따라서 구조기준의 절점영역의 강도조건을 만족시키기 위해서는 절점 H, 타이 GH, 타이 HI의 수직좌표를 아래로 이동시켜야 한다. 그러나 타이 HI의 단면력 저항에 필요한 철근을 타이 GH 방향으로 연장시켜서 절점영역 H에 정착시키지 않는다면 그림 7.2.6(b)와 같이 절점영역 H에서의 강도조건을 만족시킬 수 있다. 이와 같은 방법으로 그림 7.2.7의 부정정 스트럿-타이 모델의 절점영역 L의 강도조건을 검토하였다.

7.2.3.2 부정정 스트럿-타이 모델에 대하여

이 설계예제의 부정정 스트럿-타이 모델의 경우, 스트럿과 절점영역의 강도 검토에 필요한 스트럿 및 절점영역의 최대 단면폭은 설계자의 주관적인 가정 없이는 결정할 수 없다. 따라서 여기서는 각 스트럿의 필요단면적을 결정하여 부정정 스트럿-타이 모델을 차원화시킨 후 스트럿-타이 모델의 기하학적 적합조건의 만족 여부를 검토하는 방법을 이용하여 스트럿과 절점영역의 강도를 검토하였다. 이러한 스트럿과 절점영역의 강도 검토 방법은 한 번의 강도 검토절차를 통해 스트럿-타이 모델 구조기준에서 제시하고 있는 각 스트럿과 절점영역의 유효강도 규정을 동시에 만족시킬 수 있는 장점을 가지고 있다. 표

표 7.2.2 절점영역의 강도 검토

절점번호	경계면 요소	β_n	$\phi 0.85\beta_n f_{ck}$	F_u(kN)	w_{req}(mm)	w_{prov}(mm)	안전 여부
A	하중점	0.80	13.77	1,216	88	500	만족
	타이 AB			1,174	85	200	만족
	스트럿 AE			1,690	123	499	만족
B	하중점	0.60	10.33	1,300	126	500	만족
	타이 BA			1,174	114	200	만족
	스트럿 BC			878	85	200	만족
	스트럿 BF			2,853	276	491	만족
	타이 BG			680	66	500	만족
C	스트럿 CB	0.80	13.77	878	64	200	만족
	스트럿 CD			1,663	121	200	만족
	스트럿 CG			1,039	75	1,133	만족
	타이 CH			680	49	1,500	만족
D	하중점	1.00	17.21	1,360	79	500	만족
	스트럿 DC			1,663	97	200	만족
	스트럿 DH			1,039	60	479	만족
	스트럿 DI			1,039	60	479	만족
	스트럿 DJ			1,663	97	200	만족
E	스트럿 EA	1.00	17.21	1,690	98	358	만족
	스트럿 EF			1,174	68	200	만족
	지지점			1,216	71	304	만족
F	스트럿 FB	0.80	13.77	2,853	207	488	만족
	스트럿 FE			1,174	85	200	만족
	타이 FG			878	64	200	만족
	지지점			1,982	144	496	만족
G	타이 GB	0.60	10.33	680	66	1,500	만족
	스트럿 GC			1,039	101	1,133	만족
	타이G F			878	85	200	만족
	타이 GH			1,663	161	200	만족
H	타이 HC	0.60	10.33	680	66	1,500	만족
	스트럿 HD			1,090	106	1,133	만족
	타이 HG			1,663	161	200	만족
	타이 HI			785*	76	200	만족

* : 타이 HI의 단면력에서 타이 HG의 단면력을 뺀 값으로, 타이 HI의 단면력 저항에 필요한 철근을 절점영역에 정착시키지 않을 경우에 해당함 ; w_{prov} : 그림 7.2.5(a) 참조

7.2.3은 부정정 스트럿-타이 모델의 각 스트럿의 필요단면폭을 나타낸 것이며, 그림 7.2.7은 산정한 필요단면폭을 이용하여 차원화시킨 부정정 스트럿-타이 모델을 보인 것이다. 이 그림으로부터 교각 코핑부의 부정정 스트럿-타이 모델은 스트럿-타이 모델의 기하학적 적합조건을 만족시킴을 알 수 있다.

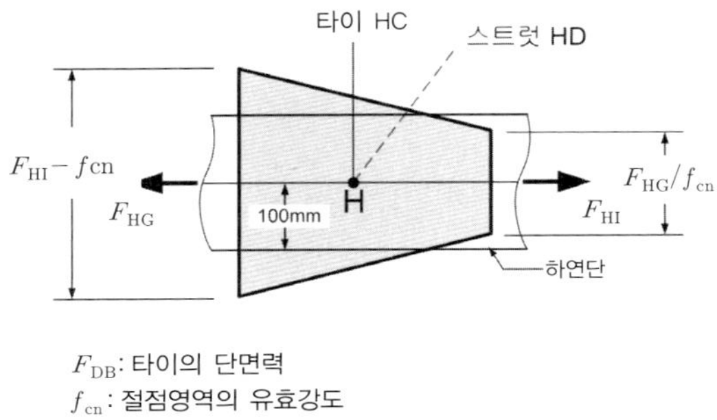

(a) 불만족

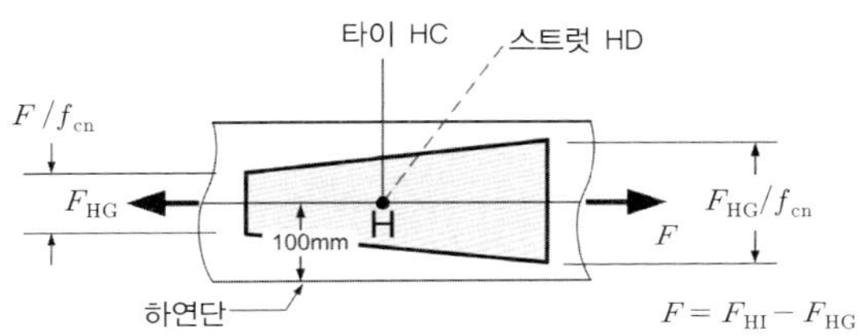

(b) 만족

그림 7.2.6 절점영역 H의 강도 검토

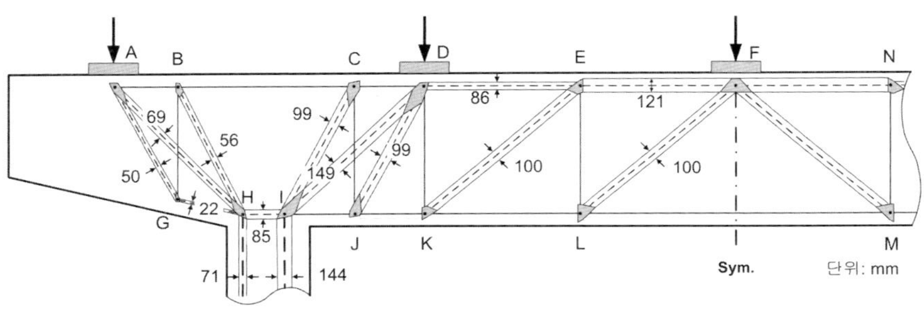

그림 7.2.7 부정정 스트럿-타이 모델의 스트럿의 필요단면적

표 7.2.3 부정정 스트럿-타이 모델의 스트럿의 필요단면폭

스트럿	요소 종류	β_s or β_n	$\beta_{s,\mathrm{mod}}$	$\phi 0.85\beta_s f_{ck}$	F_u(kN)	w_{req}(mm)
AG	스트럿 AG	0.75	0.75	12.91	651	50
	NZ A-CCT	0.80				
	NZ G-CCT	0.80				
AH	스트럿 AH	0.75	0.75	12.91	889	69
	NZ A-CCT	0.80				
	NZ H-CCC	1.00				
BH	스트럿 BH	0.75	0.60	10.33	576	56
	NZ B-CTT	0.60				
	NZ H-CCC	1.00				
CI	스트럿 CI	0.75	0.60	10.33	1,023	99
	NZ C-CTT	0.60				
	NZ I-CCT	0.80				
DE	스트럿 DE	1.00	0.60	10.33	885	86
	NZ D-CTT	0.60				
	NZ E-CCT	0.80				
DI	스트럿 DI	0.75	0.60	10.33	1,544	149
	NZ D-CTT	0.60				
	NZ I-CCT	0.80				
DJ	스트럿 DJ	0.75	0.60	10.33	1,024	99
	NZ D-CTT	0.60				
	NZ J-CTT	0.60				
EF	스트럿 EF	1.00	0.80	13.77	1,667	121
	NZ E-CCT	0.80				
	NZ F-CCC	1.00				
EK	스트럿 EK	0.75	0.60	10.33	1,035	100
	NZ E-CCT	0.80				
	NZ K-CTT	0.60				
FL	스트럿 FL	0.75	0.60	10.33	1,035	100
	NZ F-CCC	1.00				
	NZ L-CTT	0.60				
GH	스트럿 GH	1.00	0.80	13.77	309	22
	NZ G-CCT	0.80				
	NZ H-CCC	1.00				
HI	스트럿 HI	1.00	0.80	13.77	1,170	85
	NZ H-CCC	1.00				
	NZ I-CCT	0.80				

*NZ=절점영역

7.2.4 철근의 배치 (정정 스트럿-타이 모델에 대하여)

1) 상부 철근의 결정

π형 교각의 코핑부 상부에 위치한 타이 AB의 필요철근량 A_{st}을 계산하면 다음과 같다.

$$\text{AB 타이 : } A_{st}=\frac{F_u}{\phi f_y}=\frac{1174\times10^3}{0.85\times400}=3{,}453\text{mm}^2$$

타이 AB의 필요철근량을 만족하도록 8-D25($A_{st}=4{,}054\text{mm}^2$)의 철근을 타이 AB의 위치에 2단으로 배치하였다.

2) 하부 철근의 결정

교각 코핑부 중앙 하부에는 타이 FG, GH, HI가 위치하고 있다. 각 타이의 필요철근량을 산정하면 다음과 같다.

$$\text{타이 FG : } A_{st}=\frac{F_u}{\phi f_y}=\frac{878\times10^3}{0.85\times400}=2{,}582\text{mm}^2$$

$$\text{타이 GH : } A_{st}=\frac{F_u}{\phi f_y}=\frac{1663\times10^3}{0.85\times400}=4{,}891\text{mm}^2$$

$$\text{타이 HI : } A_{st}=\frac{F_u}{\phi f_y}=\frac{2448\times10^3}{0.85\times400}=7{,}200\text{mm}^2$$

시공의 효율성을 위하여 타이 HI의 위치에 필요한 12-D29($A_{st}=7{,}709\text{mm}^2$)의 철근을 타이 FG 및 GH의 위치에 동일하게 배치하였다.

3) 전단철근의 결정

전단력을 전달하기 위해 타이 BG와 CH 위치에는 680kN의 설계단면력을 전달하는 데 필요한 철근을 이들 타이의 유효폭 내에 배치하여야 한다. D16의 이중 폐쇄스터럽을 사용한다면 이들 타이의 유효폭 내에 필요한 스터럽의 수(n)는 다음과 같다.

$$\text{타이 BG, CH : } n=\frac{F_u}{\phi A_{st} f_y}=\frac{680\times10^3}{0.85\times4\times198.7\times400}=2.52\fallingdotseq3$$

결정한 스터럽의 수를 이용하여 타이 BG와 CH의 유효폭 1,500mm 내에서의 배치간격 s를 구하면 다음과 같다.

타이 BG, CH : $s \le \dfrac{1,500}{3} = 500\,\mathrm{mm}$

따라서 D16의 이중 폐쇄스터럽을 300mm 간격으로 배치하였다.

7.2.5 균열제어를 위한 최소 철근량의 배치 및 철근정착

1) 최소 철근량의 배치

스트럿 AE, BF, CG, 그리고 DH의 강도 검토 시 스트럿의 유효강도계수 β_s를 0.75로 결정하였으므로, 구조기준 부록 I.3.3(2)의 식 (3.3)을 만족하도록 최소철근량을 배치하여야 한다.

$$\Sigma \frac{A_{si}}{bs_i} sin^2 \gamma_i \ge 0.003 \qquad \text{(구조기준 부록 I.3.3)}$$

여기서, A_{si}는 콘크리트 스트럿의 중심선과 이루는 각 γ_i로 배치된 철근의 전체면적이다. 스트럿 BF, CG, BH의 위치에 D16의 이중 폐쇄스터럽을 300mm 간격으로 수직으로 배치하고 4-D19의 철근을 300mm 간격으로 수평으로 배치하여 각 스트럿의 최소 철근량에 대한 구조기준의 만족 여부를 검토하였다.

스트럿 AE와 BF : $\Sigma \dfrac{A_{si}}{bs_i} \sin^2 \gamma_i = \dfrac{286.5 \times 4}{1,000 \times 300} \sin^2 46.0 + \dfrac{198.6 \times 4}{1,000 \times 300} \sin^2 44.0$

$$= 0.0033 \ge 0.003$$

스트럿 CG와 DH : $\Sigma \dfrac{A_{si}}{bs_i} \sin^2 \gamma_i = \dfrac{286.5 \times 4}{1,000 \times 300} \sin^2 40.9 + \dfrac{198.6 \times 4}{1,000 \times 300} \sin^2 48.1$

$$= 0.0031 \ge 0.003$$

모든 스트럿에 대한 최소 철근량 규정을 만족하므로 수직방향은 D16의 이중 폐쇄스터럽을 300mm 간격으로, 수평방향은 4-D19 철근을 300mm 간격으로 배치하는 것은 적합하다.

2) 철근의 정착

콘크리트 구조기준 부록 I.4.3절에서는 타이는 기계적 장치, 포스트텐션 정착장치, 표준갈고리, 또는 철근의 연장에 의해 정착되어야 한다고 규정하고 있다. 타이 AB의 정착을 위해 90° 표준갈고리를 사용하면 이 타이의 정착길이 l_{dh}는 콘크리트 구조기준 8.2.5절에 따라 다음과 같이 구할 수 있다.

$$l_{dh} = \frac{100\,d_b}{\sqrt{f_{ck}}} \times 보정계수 = \frac{100 \times 25.4}{\sqrt{27}} \times 0.7 \times \frac{3,261}{4,054} = 275\,\mathrm{mm}$$

타이 AB를 설계영역의 단부까지 연장하여 표준갈고리를 이용하여 정착시키면 유용한 정착길이는 그림 7.2.7(a)와 같이 527mm(=500+150/tan46° −70(피복두께))이다. 따라서 필요한 정착길이보다 배근된 정착길이가 크므로 타이 AB는 정착에 관한 조건을 만족한다.

타이 FG를 철근의 연장에 의해 정착시키면 이 타이의 정착길이는 콘크리트 구조기준의 8.2.2절에 따라 다음과 같이 계산할 수 있다.

$$l_d = \frac{0.6\,d_b f_y}{\sqrt{f_{ck}}} \times 보정계수 = \frac{0.6 \times 28.6 \times 400}{\sqrt{27}} \times 1.0 \times 1.0 \times 1.0 = 1,321\,\mathrm{mm}$$

타이 FG를 단부까지 연장하여 정착시키면 유용한 정착길이는 그림 7.2.6(b)와 같이 2,993mm(=확장절점영역과 타이의 교차점에서 설계영역 단부까지의 거리−콘크리트 덮개=100/tan44° +800+2159−70)가 된다. 따라서 필요한 정착길이보다 배근된 정착길이가 크므로 FG 타이는 정착에 관한 조건을 만족한다.

타이 GH는 6−D29 철근은 타이 FG로 연장되므로 정착이 필요하지 않으나 상단의 6−D29 철근은 절점 G에서 정착시켜야 한다. 타이 GH의 필요정착길이는 타이 FG와 동일하므로 상단의 6−D29 철근을 지지기둥의 중앙부까지 연장하여 정착한다.

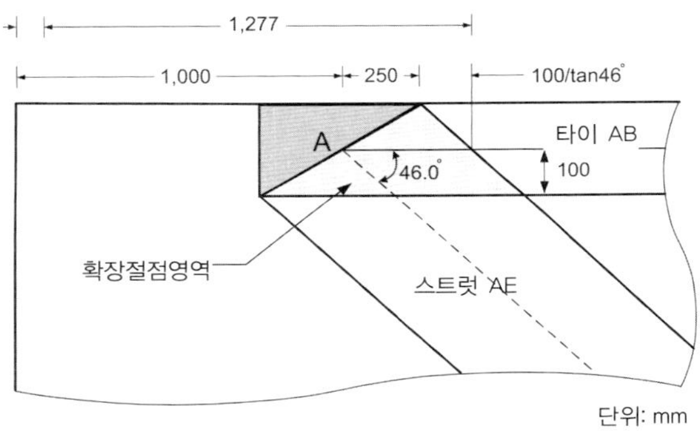

(a) 타이 AB의 정착길이

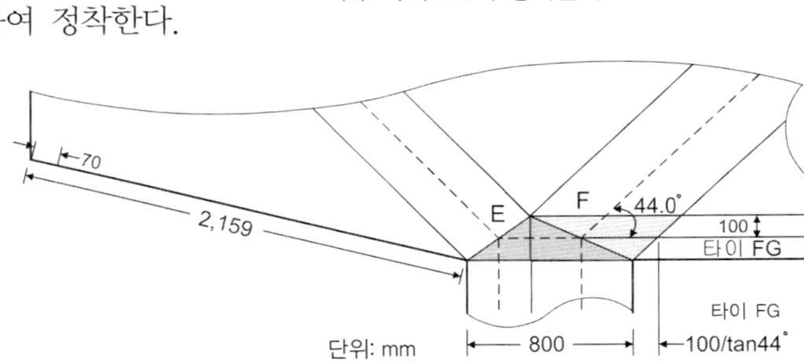

(b) 타이 FG의 정착길이

그림 7.2.8 상하부 타이의 정착길이

7.2.6 배근상세

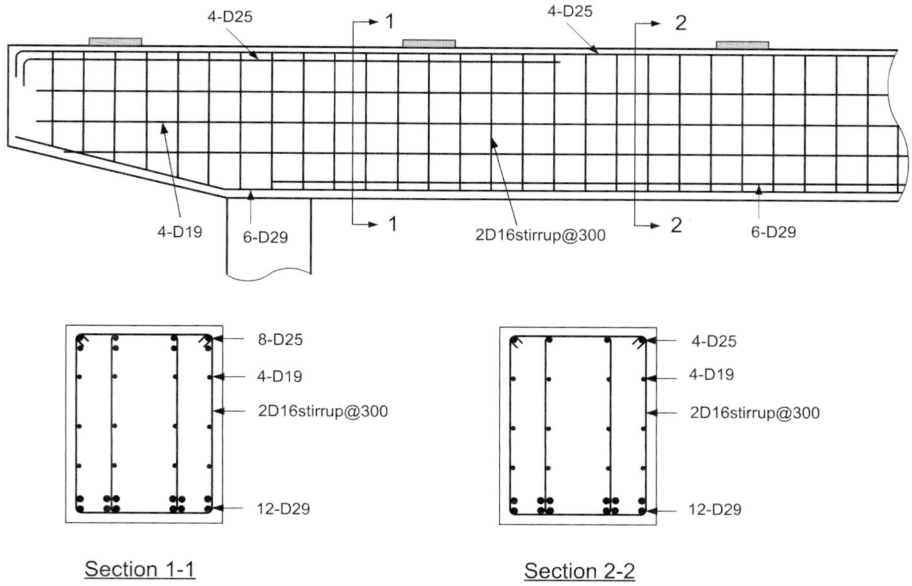

그림 7.2.9 π형 교각 코핑부의 배근 상세

예제 8 : 구조벽체의 설계

구조벽체는 자중과 활하중과 같은 중력하중과 풍력이나 지진력에 의한 수평하중을 지지하는 구조체이다. 구조벽체는 건물의 코어부분에 적용되거나 주거용 공동주택의 벽체에 적용되는 경우가 많다. 구조벽체는 개구부를 포함한 구조물의 형상에 따라서 응력교란구역이 존재하며, 이러한 구조벽체에 스트럿–타이 모델을 적용하여 설계할 수 있다.

벽체의 일반적인 크기 및 형상은 건물의 종류에 따라서 매우 다양하다. 즉 건물의 규모 및 평면상의 위치에 따라서 벽체의 폭 및 높이가 다양하며, 개구부가 있는 벽체와 없는 벽체, 개구부가 있는 경우에 개구부의 대칭 또는 비대칭 벽체로 구분된다. 또한 벽체의 수평길이와 수직길이 및 인접하는 구조 부재의 연결 상태에 따라서 휨거동 벽체 또는 전단거동 벽체로 구분할 수 있다.

이와 같이 벽체의 형상이 다양하기 때문에 어느 일반화된 벽체 모델을 대상으로 스트럿–타이 모델을 적용하기가 어렵다. 또한 개구부가 존재하는 벽체는 힘의 흐름이 복잡하여 정정 스트럿–타이 모델을 적용하여 설계할 경우에 계산된 철근의 양이 과대해지거나 과소하여 부적절한 설계의 위험성이 높다. 그러므로 벽체의 스트럿–타이 모델은 복잡하기는 하나 부정정 스트럿–타이 모델을 적용하는 것이 바람직하다. 부정정 스트럿–타이 모델을 적용할 경우에도 벽체의 형상이나 하중이 달라질 경우에 새로운 스트럿–타이 모델을 구상해야 하므로, 실무에서 벽체에 계산하기 쉬운 스트럿–타이 모델을 직접 적용하기는 다소 어려울 것으로 판단된다. 따라서 이 예제에서는 개구부가 비대칭으로 존재하는 경우의 두 가지 예제를 제시하였다. 제시된 예제에서는 벽체 설계를 위한 기본적인 스트럿–타이 모델과 설계법을 제시함을 목적으로 하고 있다.

스트럿–타이 모델 설계를 위해 선정한 철근콘크리트 구조 부재는 그림 8.1과 같이 비대칭의 개구부가 있는 10m×18m 크기의 벽체를 선정하였다. 벽체 개구부의 크기는 3m×4m이다. 실제 구조물에서 벽체의 크기는 매우 다양하여 어느 정형화된 크기 및 형태의 벽체 모델을 선정하는 것은 어렵다. 따라서 그림 8.1과 같이 다소 복잡한 비대칭형의 개구부가 있는 벽체를 선정하여 스트럿–타이 모델에 의한 설계를 실시하였다. 콘크리트 구조기준압축강도 f_{ck}는 27MPa이고, 철근의 항복강도 f_y는 400MPa이다.

8.1 일반 모델에 의한 계산

8.1.1 스트럿-타이 모델의 선정

개구부가 있는 벽체의 힘의 흐름은 하중의 위치 및 개구부의 형상에 따라서 복잡하다. 특히, 벽체의 스트럿-타이 모델 설계는 연직하중과 수평하중을 조합하는 방법에 의하여 이루어지기 때문에 하중 및 개구부의 형상에 따라서 별개의 스트럿-타이 모델을 구성하여야 한다. 1개의 벽체 설계를 위하여 하중에 따라 달라지는 5개의 스트럿-타이 모델이 필요하다.

① 하중조합 1 : 중력하중이 작용하는 경우
② 하중조합 2 : 좌측 횡하중이 작용하는 경우
③ 하중조합 3 : 우측 횡하중이 작용하는 경우
④ 하중조합 4 : 중력하중과 좌측 횡하중이 작용하는 경우
⑤ 하중조합 5 : 중력하중과 우측 횡하중이 작용하는 경우

각각의 모델은 주응력의 크기와 방향에 근거하여 설정해야 한다. 이 예제에서는 다양한 하중 및 개구부의 형상에 대하여도 적용이 가능한 부정정 스트럿-타이 모델을 사용하였다. 부정정 스트럿-타이 모델은 개구부를 중심으로 부재에 대한 내력을 계산하는 모델로써 하중의 흐름이 복잡한 구조물을 모델화하기에 편리한 방법이다. 정정 스트럿-타이 모델을 적용할 수 있으나 응력이 흐름이 복잡한 벽체에 대해서는 정정 스트럿-타이 모델에 의한 계산 결과가 실제의 철근을 과대 또는 과소 배근시킬 위험이 있다.

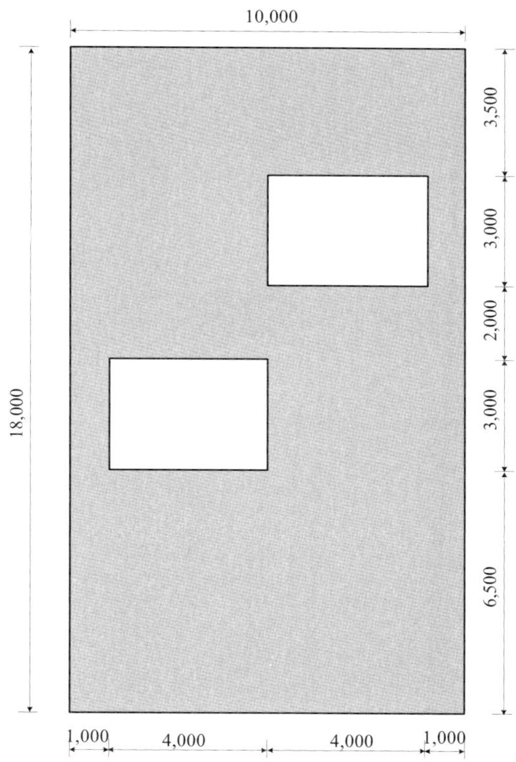

그림 8.1.1 벽체의 크기 및 형상(단위 : mm)

8.1.2 부재력 계산

1) 중력하중이 작용할 경우

벽체 상부에 각각 2,000kN의 중력하중이 작용할 경우의 스트럿-타이 모델의 부재력을 계산하였다. 중력하중이 작용할 때의 주압축응력의 크기와 방향은 그림 8.1.2(a)와 같이 개구부를 중심으로 크게 형성되는 것을 알 수 있다. 특히 두 개의 개구부가 겹치는 대각 위치에 큰 압축응력이 발생하였다. 스트럿-타이 모델은 이러한 응력의 흐름에 근거하여 그림 8.1.2(b)와 같이 설정하였다. 부정정 스트럿-타이 모델은 간단한 선형 유한요소 해석을 이용하여 부재력을 계산하였다. 계산된 부재력을 그림 8.1.2에 표시하였다.

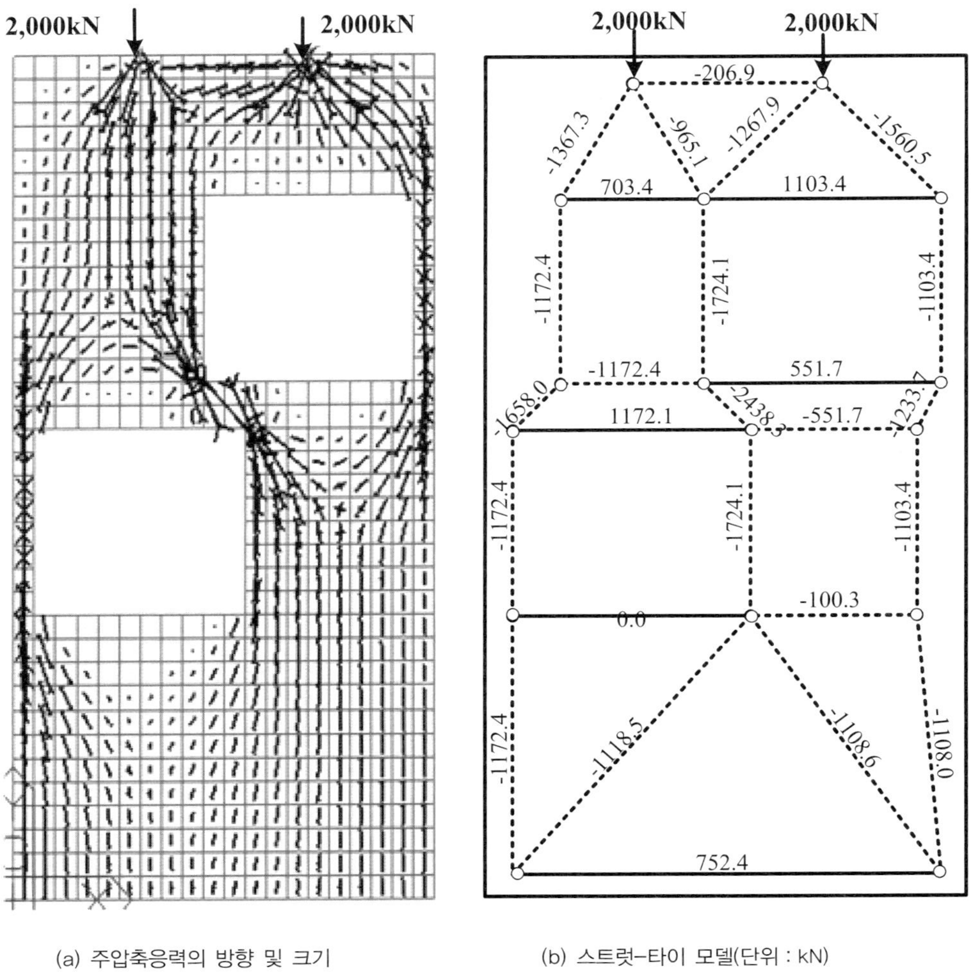

(a) 주압축응력의 방향 및 크기 (b) 스트럿-타이 모델(단위 : kN)

그림 8.1.2 중력하중이 작용할 경우의 주압축응력의 흐름 및 부재력(하중조합 1)

2) 좌측에서 우측방향으로 수평하중이 작용할 경우

벽체의 좌측의 2곳에서 우측방향으로 각각 800kN의 수평하중이 작용할 경우의 스트럿-타이 모델의 부재력을 계산하였다. 수평하중이 작용할 때의 주압축응력의 크기와 방향은 그림 8.1.3(a)와 같이 좌측에서 우측방향으로 크게 형성되며, 특히 두 개의 개구부가 겹치는 대각 위치와 우측의 하부에 큰 압축응력이 발생하였다. 또한 하중이 가력되는 좌측 벽체의 수평방향으로 큰 압축대가 형성되었다. 스트럿-타이 모델은 이러한 응력의 흐름에 근거하여 그림 8.1.3(b)와 같이 설정하였다. 그림 8.1.3(b)의 스트럿-타이 모델에서는 주압축응력의 방향과 크기와 유사하게 개구부 주변과 우측의 하부 스트럿에 하중이 크게 발생할 수 있도록 모델화하였다. 또한 벽체의 상부에서도 대각선 방향으로 콘크리트 스트럿을 형성하였다. 좌에서 우측방향으로 수평하중이 작용할 경우의 부재력을 계산하여 그림 8.1.3에 표시하였다.

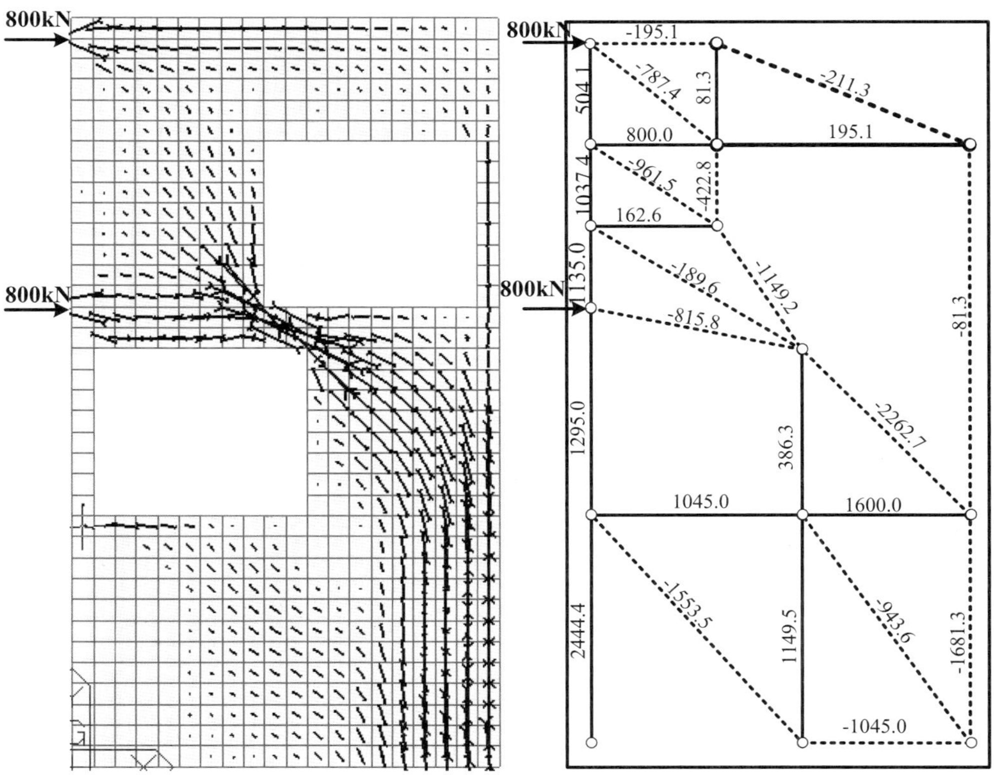

(a) 주압축응력의 방향 및 크기　　　　(b) 스트럿-타이 모델(단위 : kN)

그림 8.1.3　수평하중이 좌측에서 우측방향으로 작용할 경우의 주압축응력의 흐름 및 부재력(하중조합 2)

3) 우측에서 좌측방향으로 수평하중이 작용할 경우

벽체의 우측 2곳에서 좌측방향으로 각각 800kN의 수평하중이 작용할 경우의 주압축응력의 크기와 방향 및 스트럿-타이 모델의 부재력을 계산하였다. 수평하중이 우측에서 좌측방향으로 작용할 때의 주압측응력의 방향은 수평하중이 좌측에서 우측방향으로 작용할 때의 주압측응력의 방향과 반대방향으로 발생하였다. 즉 그림 8.1.4(a)와 같이 우측에서 좌측방향으로 크게 형성되며, 특히 두 개의 개구부가 겹치는 대각 위치와 좌측의 하부에 큰 압축응력이 발생하였다. 또한 하중이 가력되는 좌측 벽체에 큰 압축대가 형성되었다. 스트럿-타이 모델은 이러한 응력의 흐름에 근거하여 그림 8.1.4(b)와 같이 설정하였다. 그림 8.1.4(b)의 스트럿-타이 모델에서는 주압축응력의 방향과 크기와 유사하게 개구부 주변과 좌측의 하부 스트럿에 하중이 크게 발생할 수 있도록 모델화하였다. 또한 벽체의 상부에서도 대각선 방향으로 콘크리트 스트럿을 형성하였다. 우측에서 좌측방향으로 수평하중이 작용할 경우의 부재력을 계산하여 그림 8.1.4에 표시하였다.

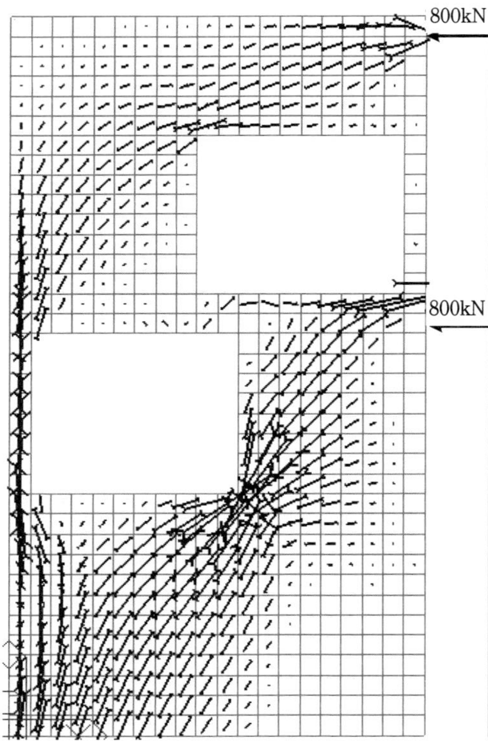

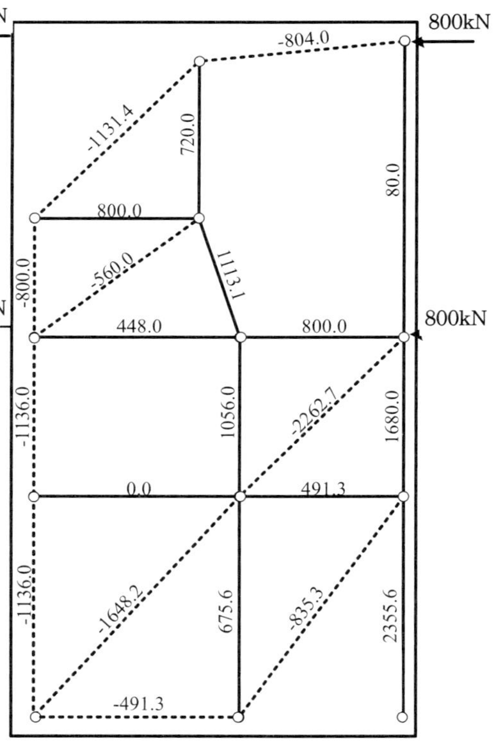

그림 8.1.4 수평하중이 우측에서 좌측방향으로 작용할 경우의 주압축응력의 흐름 및 부재력(하중조합 3)

4) 중력하중과 좌측에서 우측방향으로 수평하중이 작용할 경우

중력하중 2곳과 벽체의 좌측 2곳에서 우측방향으로 각각 800kN의 수평하중이 작용할 경우의 스트럿-타이 모델의 부재력을 계산하였다. 주압축응력의 크기와 방향은 그림 8.1.5(a)와 같이 중력하중에 의하여 벽체 상부에 압축대가 형성되었으며, 수평하중에 의하여 좌측에서 우측방향으로 압축대가 형성되었다. 특히 두 개의 개구부가 겹치는 대각 위치와 벽체의 우측면에 수직방향으로 큰 압축응력이 발생하였다. 스트럿-타이 모델은 이러한 응력의 흐름에 근거하여 그림 8.1.5(b)와 같이 설정하였다. 그림 8.1.5(b)의 스트럿-타이 모델에서는 주압축응력의 방향과 크기와 유사하게 개구부 주변과 우측의 하부 수직방향 스트럿에 하중이 크게 발생할 수 있도록 모델화하였다. 또한 벽체의 상부에서도 대각선 방향으로 콘크리트 스트럿을 형성하였다. 중력하중과 좌에서 우측방향으로 수평하중이 작용할 경우의 부재력을 계산하여 그림 8.1.5에 표시하였다.

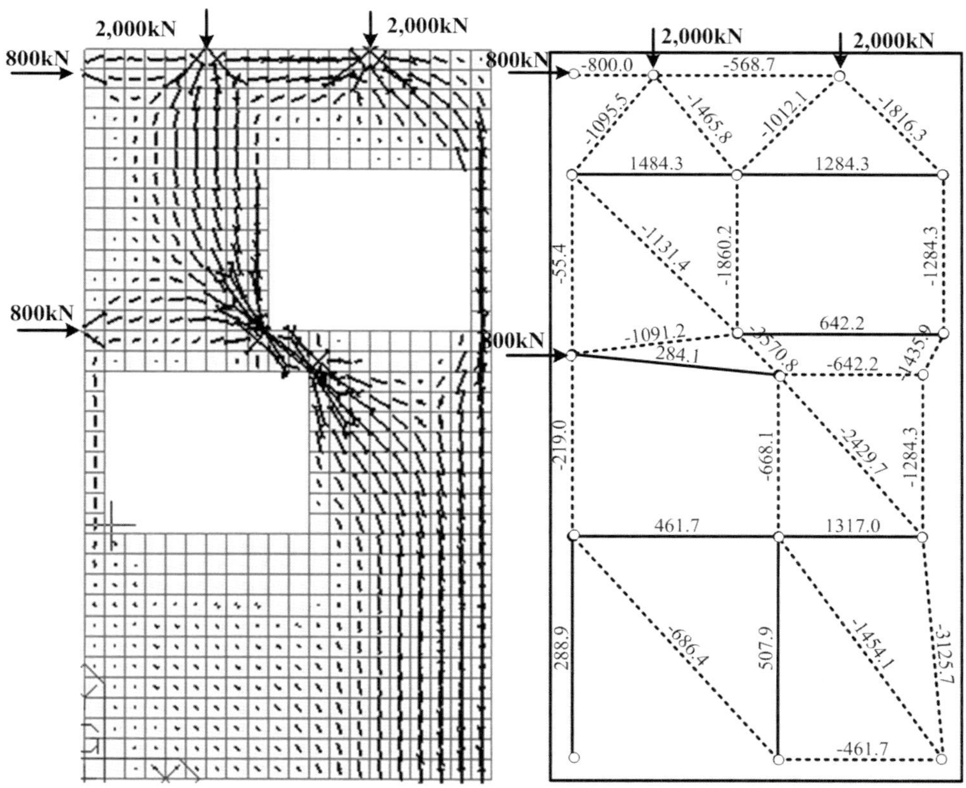

(a) 주압축응력의 방향 및 크기 (b) 스트럿-타이 모델(단위 : kN)

그림 8.1.5 중력하중과 수평하중이 좌측에서 우측방향으로 작용할 경우의 주압축응력의 흐름 및 부재력 (하중조합 4)

5) 중력하중과 우측에서 좌측방향으로 수평하중이 작용할 경우

중력하중 2곳과 벽체의 우측 2곳에서 좌측방향으로 각각 800kN의 수평하중이 작용할 경우의 벽체 주압축응력의 방향과 스트럿-타이 모델 및 부재력을 그림 8.1.6에 표시하였다. 주압축응력은 좌측에서 우측으로 하중이 작용하는 그림 8.1.5와 반대의 경향을 나타냈다. 즉 그림 8.1.6(a)와 같이 중력하중에 의하여 벽체 상부에 압축대가 형성되었으며, 수평하중에 의하여 우측에서 좌측방향으로 압축대가 형성되었다. 두 개의 개구부가 겹치는 대각 위치와 벽체의 좌측면에 수직방향으로 큰 압축응력이 발생하였다.

스트럿-타이 모델은 이러한 응력의 흐름에 근거하여 그림 8.1.6(b)와 같이 설정하였다. 그림 8.1.6(b)의 스트럿-타이 모델에서는 주압축응력의 방향과 크기와 유사하게 개구부 주변과 좌측의 하부 수직방향 스트럿에 하중이 크게 발생할 수 있도록 모델화하였다. 중력하중과 우측에서 좌측방향으로 수평하중이 작용할 경우의 부재력을 계산하여 그림 8.1.6에 표시하였다.

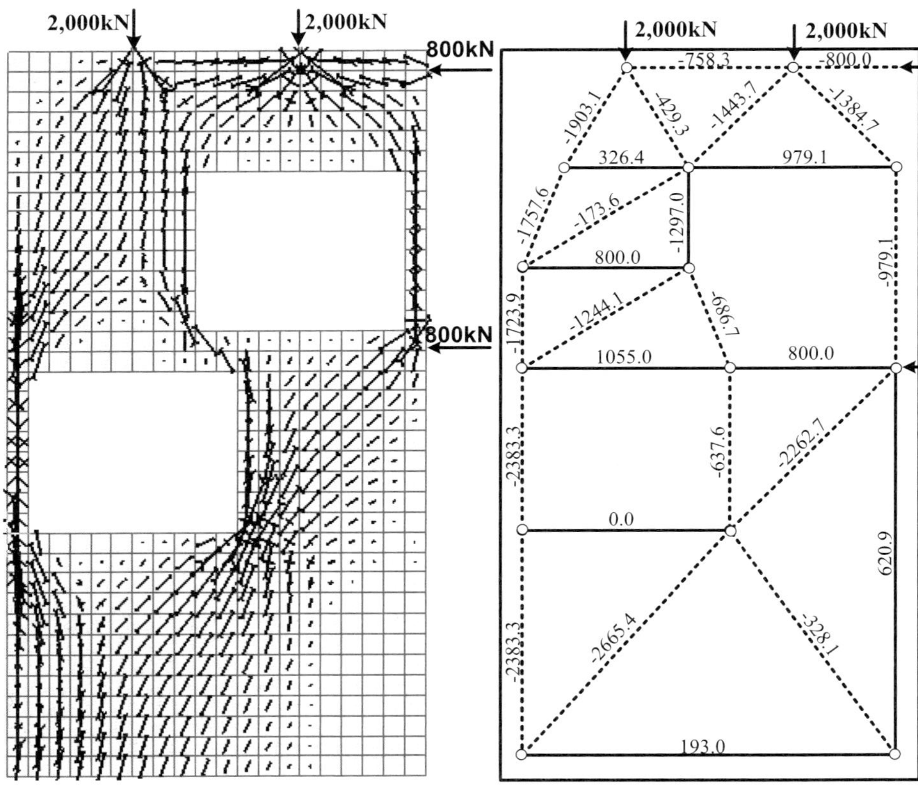

(a) 주압축응력의 방향 및 크기 (b) 스트럿-타이 모델(단위 : kN)

그림 8.1.6 중력하중과 수평하중이 좌측에서 우측방향으로 작용할 경우의 주압축응력의 흐름 및 부재력 (하중조합 5)

8.1.4 철근량의 계산

설계에서는 5개의 하중조합에 의하여 계산된 인장력 중에서 가장 큰 값을 택하고 철근량을 식 (8.1.1)에 의하여 계산하였다.

$$A_{s,req} = \frac{F_u}{\phi f_y} \tag{8.1.1}$$

표 8.1.1 5개의 하중조합에서 계산된 최대 계수부재력과 필요철근량

부재 번호	조합	F_u(kN)	$A_{s,req}$(mm^2)
1	–	–	–
2	–	–	–
3	2	504	1,482
4	3	720	2,118
5	3	80	235
6	4	1,484	4,365
7	4	1,284	3,776
8	2	1,037	3,050
9	3	1,113	3,274
10	3	2,355	6,926
11	3	800	2,353
12	2	1,135	3,338
13	3	1,113	3,274
14	1	1,172	3,447
15	1	1,172	3,447
16	5	800	2,353
17	3	1,295	3,809
18	3	1,056	3,106
19	2	1,680	4,941
20	2	1,045	3,074
21	2	1,600	4,706
22	3	2,444	7,188
23	2	1,150	3,382
24	2	2,356	6,929
25	1	752	2,212
26	1	752	2,212

여기서, $A_{s,req}$는 필요철근량, F_u는 계수부재력, ϕ는 강도감소계수, f_y는 철근의 설계기준항복강도이다. 강도감소계수를 0.85로 사용하고 철근의 구조기준항복강도 f_y를 400MPa로 하여 철근량을 계산하였다.

표 8.1.1에는 계산된 계수부재력 F_u과 필요철근량 $A_{s,req}$을 나타낸다. 또한 그림 8.1.7에는 각 부재에 대하여 5개의 하중조합에 의하여 계산된 인장력 중에서 가장 큰 계수인장력을 표시하였다.

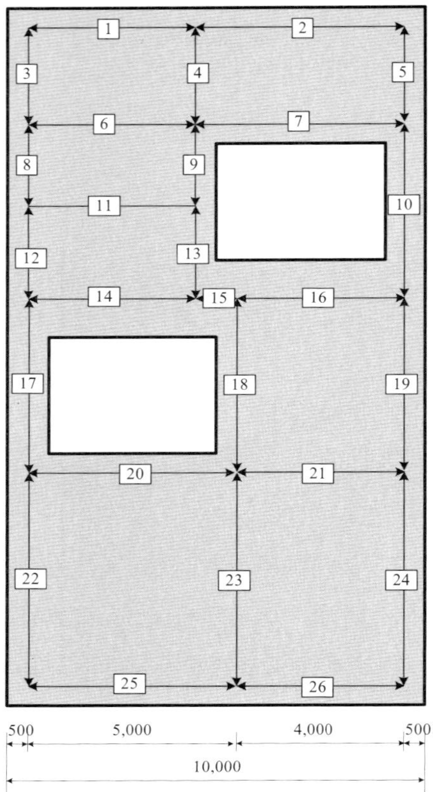

(a) 부재 번호

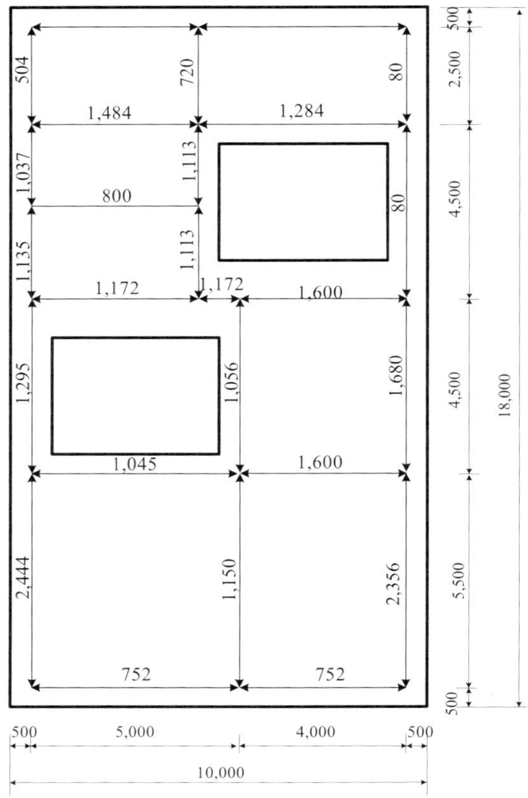

(b) 최대 계수부재력(단위 : kN)

그림 8.1.7 부재 번호와 5개의 하중조합에 의하여 계산된 최대 계수부재력

8.2 격자 모델에 의한 계산

8.2.1 스트럿-타이 모델의 선정

개구부가 있는 벽체의 힘의 흐름은 하중의 위치 및 개구부의 형상에 따라 복잡하다. 특히, 벽체의 스트럿-타이 모델 설계는 연직하중과 수평하중을 조합하는 방법에 의해 이루어지기 때문에 하중 및 개구부의 형상에 따라 별개의 스트럿-타이 모델을 구성해야 한다. 8.1절에서는 1개의 벽체 설계를 위하여 하중에 따라 달라지는 5개의 스트럿-타이 모델을 제시하였다. 그러나 이러한 방법은 스트럿-타이 모델 설정이 너무 복잡하여 일반 구조기술자가 개구부가 있는 벽체의 구조설계에 쉽게 적용하기가 어렵다.

8.2절에서는 다양한 하중 및 개구부의 형상에 대하여도 적용이 가능한 격자형 부정정 스트럿-타이 모델을 사용하였다(그림 8.2.1 참조). 부정정 스트럿-타이 모델은 개구부를

중심으로 일정한 크기의 격자로 부재를 절단하여 각각의 부재에 대한 내력을 계산하는 모델로써 하중의 흐름이 복잡한 구조물을 모델화하기에 편리한 방법이다.

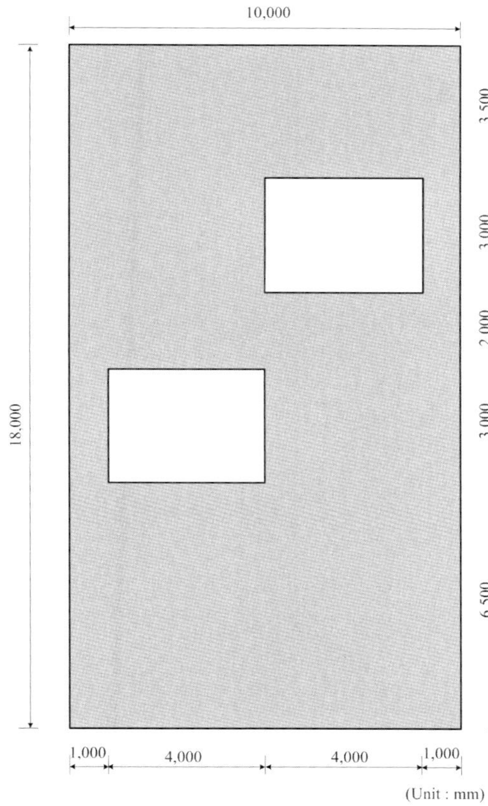

그림 8.2.1 벽체의 크기 및 형상

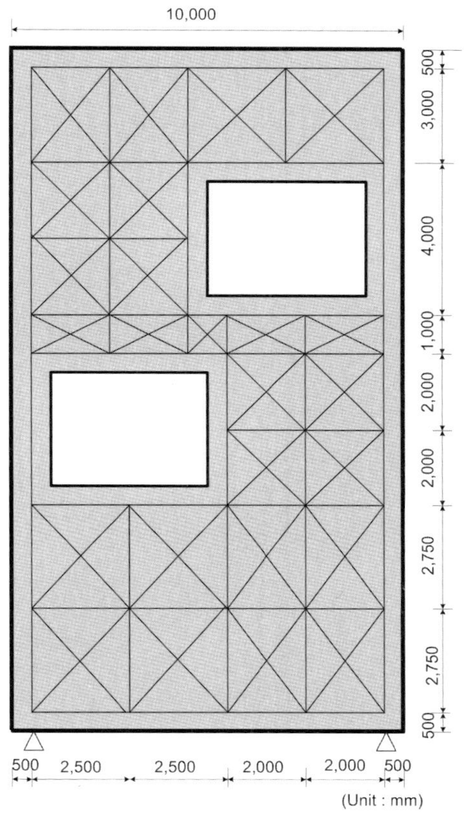

그림 8.2.2 벽체의 격자 모델

8.2.2 부재력 계산

1) 중력하중이 작용할 경우

벽체 상부에 각각 2,000kN의 중력하중이 작용할 경우의 격자 스트럿-타이 모델의 부재력을 계산하였다. 이 스트럿-타이 모델은 부정정 모델이므로 해석에서는 간단한 선형 유한요소 해석을 이용하여 부재력을 계산하였다. 계산된 부재력을 그림 8.2.3에 표시하였다.

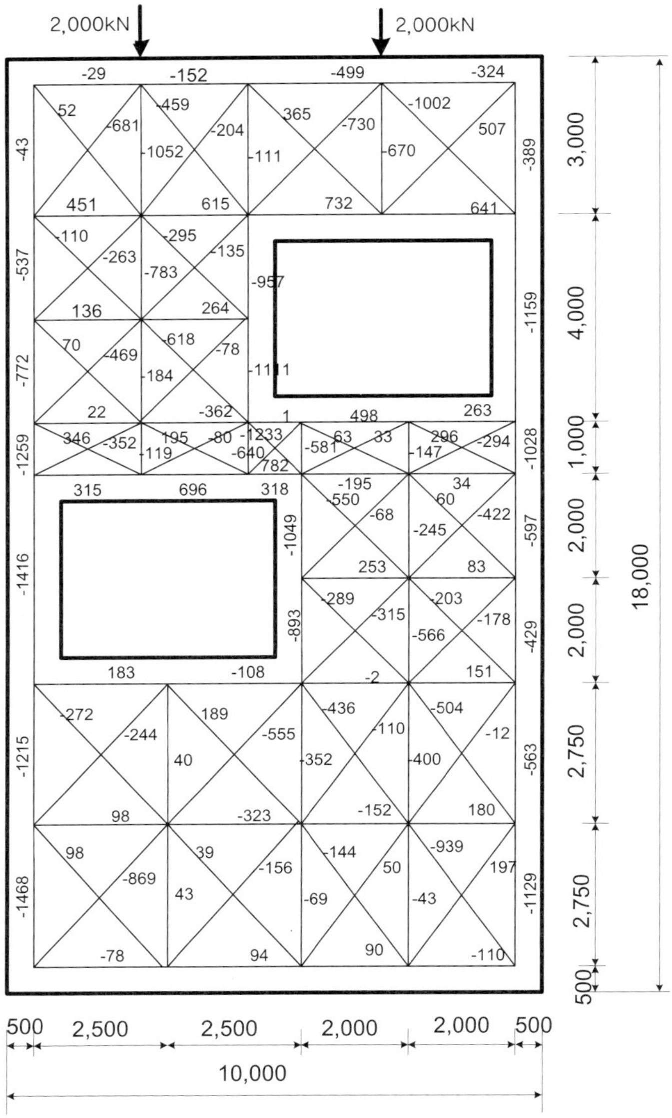

그림 8.2.3 중력하중이 작용할 경우의 부재력(하중조합 1)(단위 : kN)

2) 좌에서 우로 수평하중이 작용할 경우

벽체의 왼편에서 각각 800kN의 수평하중이 작용할 경우의 부재력을 계산하여 그림 8.2.4에 표시하였다. 수평하중이 작용할 경우에 수평방향 부재의 압축력이 크게 증대함을 알 수 있다.

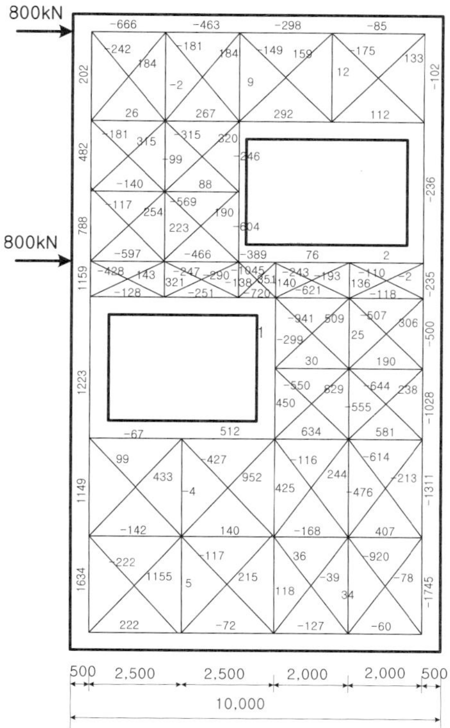

그림 8.2.4 좌에서 우로 수평하중이 작용할 경우의 부재력(하중조합 2)(단위 : kN)

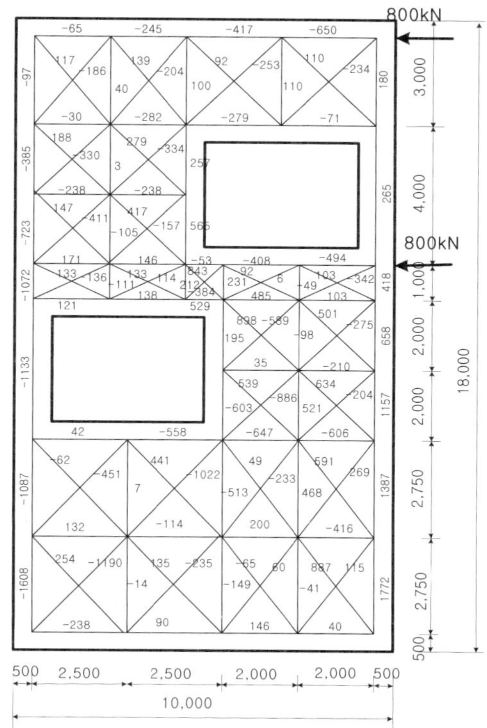

그림 8.2.5 우에서 좌로 수평하중이 작용할 경우의 부재력 (하중조합 3)(단위 : kN)

3) 우에서 좌로 수평하중이 작용할 경우

벽체의 오른편에서 각각 800kN의 수평하중이 작용할 경우의 부재력을 계산하여 그림 8.2.5에 표시하였다.

오른편의 수평하중이 작용할 경우에 오른편 수평방향 부재의 압축력이 크게 증대함을 알 수 있다.

4) 중력하중과 좌에서 우로 작용하는 수평하중이 동시에 작용할 경우

중력하중 및 벽체의 왼편에서 동시에 수평하중이 작용하는 경우의 부재력을 계산하여 그림 8.2.6에 표시하였다. 그림에서 중력하중과 수평하중이 동시에 작용할 경우에 일부 부재의 부재력이 크게 상승함을 알 수 있다.

5) 중력하중과 우에서 좌로 작용하는 수평하중이 동시에 작용할 경우

중력하중 및 벽체의 오른편에서 동시에 수평하중이 작용하는 경우의 부재력을 계산하여 그림 8.2.7에 표시하였다.

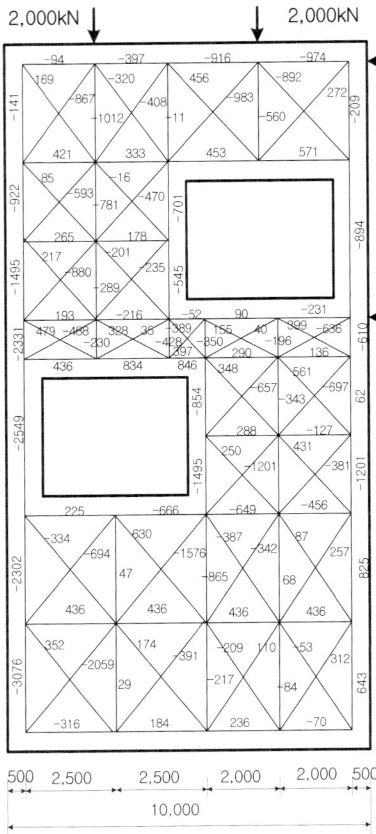

그림 8.2.6 중력하중과 좌에서 우로 수평하중이 작용할 경우의 부재력(하중조합 4) (단위 : kN)

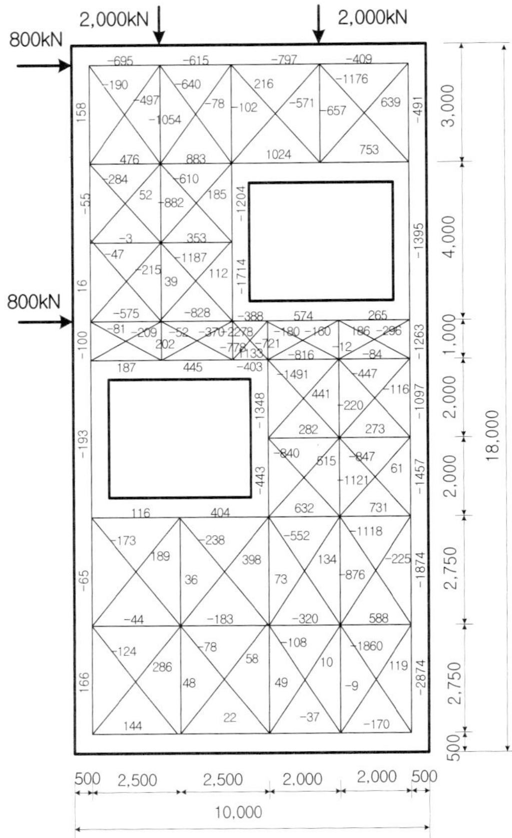

그림 8.2.7 중력하중과 우에서 좌로 수평하중이 작용할 경우의 부재력(하중조합 5) (단위 : kN)

8.2.3 철근량의 계산

설계에서는 5개의 하중조합에 의하여 계산된 인장력 중에서 가장 큰 값을 택하고 철근량을 계산하였다. 격자 모델의 인장력은 각 부재에 대하여 5개의 하중조합에서 최대 인장력을 선정한 후에 그림 8.2.8과 같이, 예를 들어 부재 3번의 인장력을 계산하기 위해서는 인접한 부재 1, 2, 4, 5가 인장력을 받을 경우에 이들 부재력의 수직분력의 합을 이용하여 계산하였다.

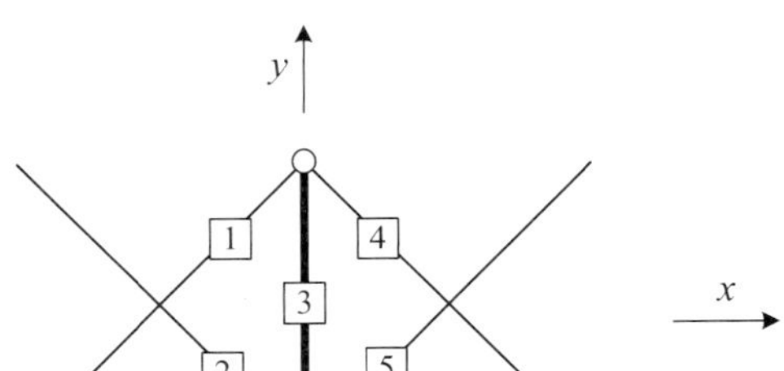

그림 8.2.8 최대 계수인장력의 계산

$$F_{u3} = F_{u3o} + \frac{1}{2}(F_{u1y} + F_{u2y} + F_{u4y} + F_{u5y}) \tag{8.2.1}$$

여기서 F_{u3} : 3번 부재의 전체 계수인장력, F_{u3o} : 3번 부재 자체의 계수인장력, F_{u1y}, F_{u2y}, F_{u4y}, F_{u5y} : 인장력을 받는 인접 부재 1번 부재, 2번 부재, 4번 부재, 5번 부재의 y축 방향 분력이며, 만일 이들 부재가 압축력을 받을 경우에는 포함시키지 않는다.

하중조합 1~5까지의 대각선 부재의 인장력은 수평과 수직분력으로 나누어 수직 또는 수평 부재력에 더하였다. 계산된 각 부재의 인장력을 그림 8.2.9에 표시하였다.

그림에서 계산된 철근량은 모델 1에 의한 스트럿-타이 모델에 의한 계산 결과와 유사하기는 하나, 경험적 설계법에 의해 계산된 철근량에 비하여 큰 값임을 알 수 있다. 이는 격자 모델과 같은 규격화된 모델 선정에 기인한 것으로, 격자 모델을 근거로 보다 실제 응력 흐름과 유사한 모델로 변화시킴으로써 계산된 철근량을 감소시킬 수 있다.

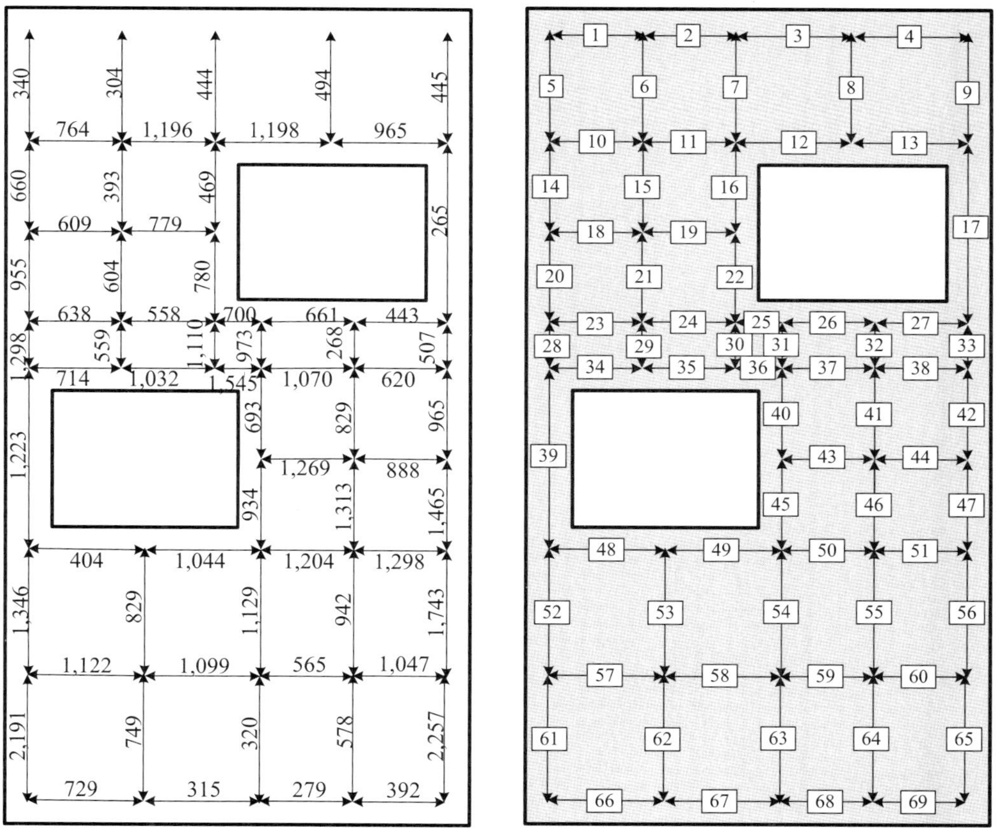

(a) 부재 번호　　　　(b) 최대 계수부재력(단위 : kN)

그림 8.2.9 부재 번호와 5개의 하중조합에 의하여 계산된 최대 계수부재력

표 8.2.1 5개의 하중조합에서 계산된 최대 계수부재력과 필요철근량

부재 번호	F_u(kN)	$A_{s,req}$(mm^2)	부재 번호	F_u(kN)	$A_{s,req}$(mm^2)
1	–	–	36	1,545	4,544
2	–	–	37	1,070	3,147
3	–	–	38	620	1,824
4	–	–	39	1,223	3,597
5	340	1,000	40	693	2,038
6	304	894	41	829	2,438
7	444	1,306	42	965	2,838
8	494	1,453	43	1,269	3,732
9	445	1,309	44	888	2,612
10	764	2,247	45	934	2,747
11	1,196	3,518	46	1,313	3,862
12	1,198	3,524	47	1,465	4,309
13	965	2,838	48	404	1,188
14	660	1,941	49	1,044	3,071
15	393	1,156	50	1,204	3,541
16	469	1,379	51	1,298	3,818
17	265	779	52	1,346	3,959
18	609	1,791	53	829	2,438
19	779	2,291	54	1,129	3,321
20	955	2,809	55	942	2,771
21	604	1,776	56	1,743	5,126
22	780	2,294	57	1,122	3,300
23	638	1,876	58	1,099	3,232
24	558	1,641	59	565	1,662
25	700	2,059	60	1,047	3,079
26	661	1,944	61	2,191	6,444
27	443	1,303	62	749	2,203
28	1,298	3,818	63	320	941
29	559	1,644	64	578	1,700
30	1,110	3,265	65	2,257	6,638
31	973	2,862	66	729	2,144
32	268	788	67	315	926
33	507	1,491	68	279	821
34	714	2,100	69	392	1,153
35	1,032	3,035			

8.2.4 절점영역의 강도 검토

다섯 개의 하중조합에 의해 구해지는 콘크리트 스트럿의 최대 값은 2,278kN이며, 이 값은 벽체의 두께를 고려할 때 콘크리트 스트럿에 의하여 충분히 저항할 수 있는 값이다.

또한 절점영역의 강도 검토에 대해서는 벽체의 스트럿-타이 모델이 매우 다양한 종류의 절점영역을 갖고 있기 때문에 모든 절점영역에 대한 검토는 상당한 노력이 필요하다.

예제 9 : 교각기초의 설계

9.1 말뚝지지 독립기초

스트럿-타이 모델 설계를 위해 선정한 구조물은 지름 2,800mm의 원형 기둥을 지지하고 있는 7,800×9,100×2,000mm 크기의 직사각형 독립기초이다. 그림 9.1.1은 설계대상 구조물의 기하학적 형상과 하중조건을 보여주고 있다. 설계하중은 기초의 자중을 포함한 계수하중이다. 콘크리트의 압축강도 f_{ck}는 27MPa, 철근의 항복강도는 400MPa이며, 말뚝의 강성은 각각 146,306N/mm이다. 그림 1과 같이 폭이 큰 독립기초와 같은 구조물은 3차원 모델링을 통한 구조해석 및 설계를 수행하여야 하나, 편의상 2차원의 설계를 수행하였다. 이때 기초의 폭은 9,100mm가 아니며 기둥하중에 의한 하중이 수직 대 수평비 1 : 2로 퍼진다고 가정하였을 때의 평균 폭 6,480mm로 간주하였다. 이 설계예제에서는 표 9.1.1의 기둥하중의 영향이 큰 하중조합 1과 모멘트의 영향이 큰 하중조합 2를 고려하여 교축방향과 교축직각방향 중 교축방향(P, V_y, M_x)에 대한 2차원 설계만을 수행하였다.

9.1.1 스트럿-타이 모델의 선정

독립기초의 설계를 위하여 그림 9.1.2(a) 및 (b)의 압축주응력 흐름, 피복두께, 그리고 철근의 배치형태 등을 고려하여 그림 9.1.2(c) 및 (d)와 같은 스트럿-타이 모델을 선정하였다. 하중조합 1 및 2의 두 경우에서 기초의 하부 타이의 위치는 철근의 1단 배치를 고려하여 설계영역 하단부에서 150mm 떨어진 곳으로 결정하였으며, 상부 스트럿의 위치는 설계단면력을 전달할 수 있는 적절한 콘크리트 스트럿 영역을 확보하기 위하여 상단부에서 100mm 떨어진 곳으로 결정하였다. 경계조건으로는 말뚝의 축강성을 고려하기 위한 수직 스프링과 말뚝기초의 수평변위를 방지하기 위한 큰 강성의 수평 스프링을 부여하였다.

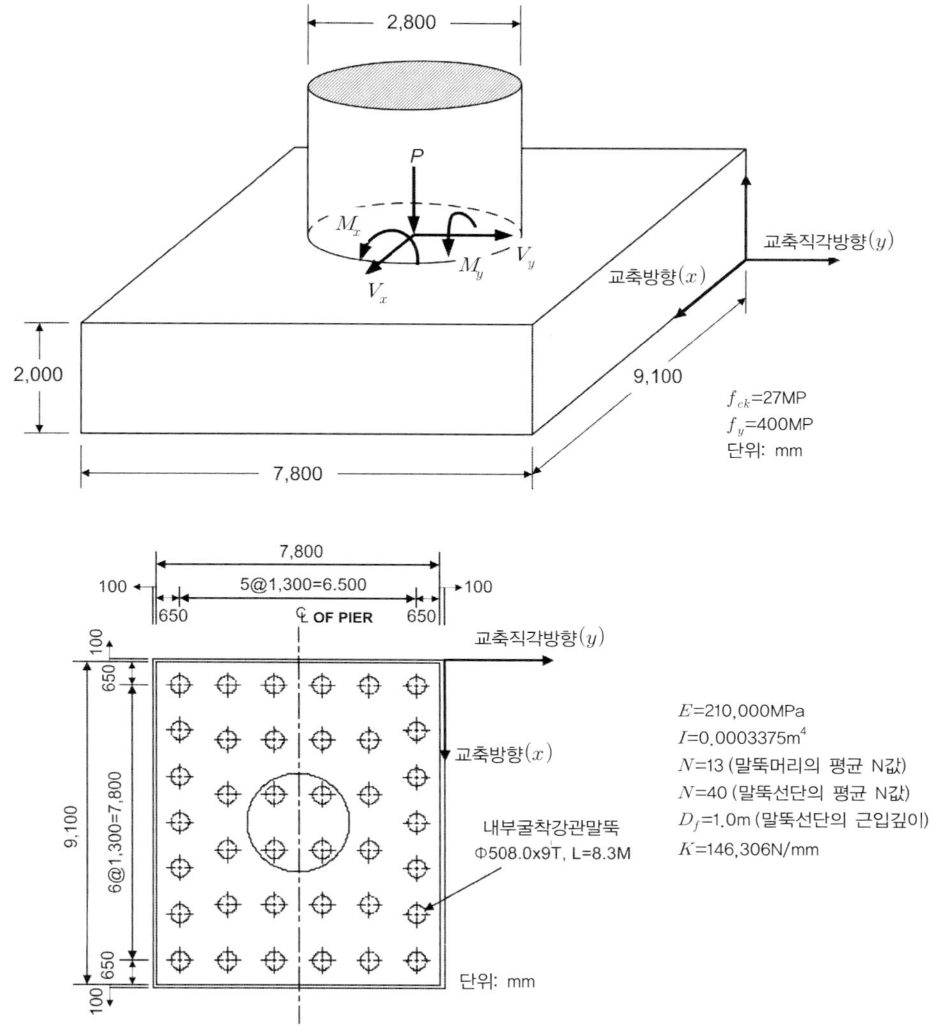

그림 9.1.1 독립기초의 기하학적 형상 및 설계하중

표 9.1.1 하중조합에 따른 계수하중

하중조합	하 중 조 건				
	P(kN)	V_y(kN)	M_x(kN·m)	V_x(kN)	M_y(kN·m)
하중조합1	27,339	–	197	–	1,550
하중조합2	16,211	1,345	28,725	1,734	42,440

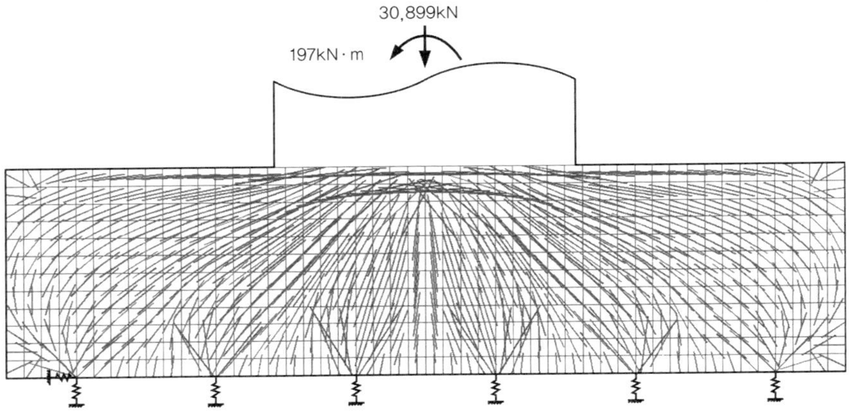

(a) 압축주응력 흐름(하중조합 1)

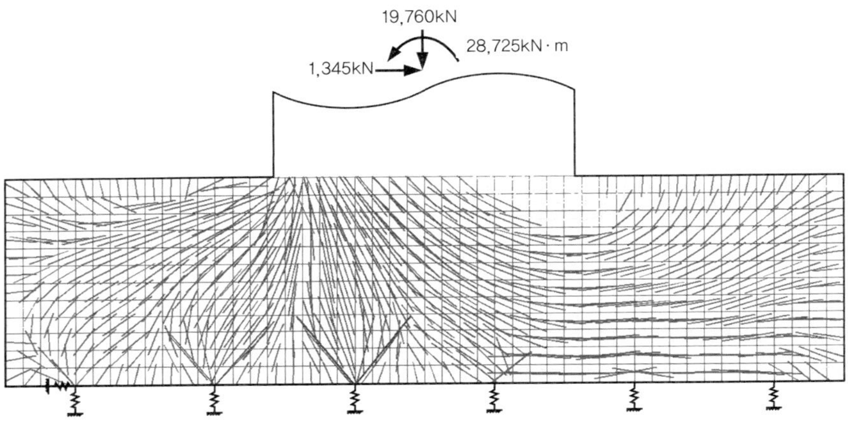

(b) 압축주응력 흐름(하중조합 2)

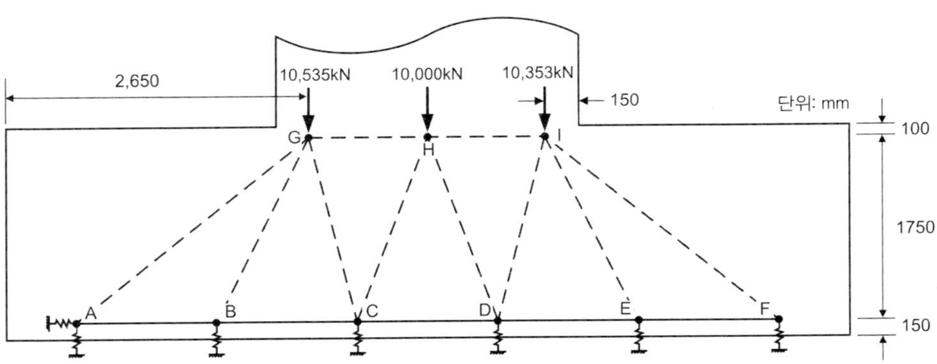

(c) 스트럿-타이 모델(하중조합 1)

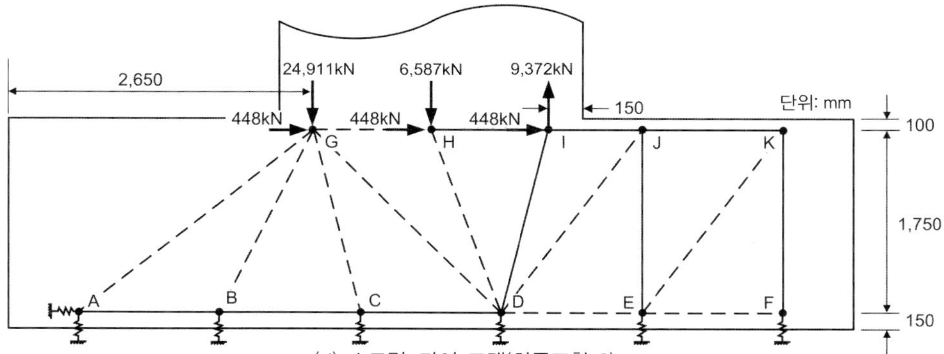

(d) 스트럿-타이 모델(하중조합 2)

그림 9.1.2 독립기초의 스트럿-타이 모델

9.1.2 스트럿과 타이의 설계단면력 산정

독립기초 스트럿-타이 모델의 스트럿과 타이의 설계단면력은 각 스트럿 및 타이의 축강성 값을 가정한 후 가정한 축강성 값에 근접한 값이 얻어질 때까지 반복적인 수치해석을 통하여 결정하였다. 스트럿과 타이의 설계단면력은 그림 9.1.3에 도시한 것과 같다.

9.1.3 스트럿과 절점영역의 강도 검토

스트럿-타이 모델의 강도 검토는 스트럿-타이 모델의 구성요소(스트럿, 타이, 절점영역)들이 설계단면력을 전달하는 데 소요되는 충분한 강도를 보유하고 있는지 여부를 확인하는 것이다. 일반적으로 스트럿과 절점영역의 강도는 설계대상 구조 부재 또는 D영역의 두께가 일정할 경우 스트럿과 절점영역의 최대 단면폭을 이들의 필요단면폭과 비교하여 검토한다. 그러나 이 예제의 경우 일부 스트럿 및 절점영역의 최대 단면폭을 결정하는 절차가 상대적으로 복잡하다. 이러한 경우 스트럿과 절점영역의 강도 검토를 위하여 1) 스트럿의 유효강도와 스트럿이 만나는 절점영역의 유효강도를 비교하여 그중 작은 값을 스트럿의 유효강도로 취하고, 2) 이를 이용하여 결정한 스트럿의 필요단면폭, 하중판 및 지지판의 크기, 그리고 철근배근 형태 및 피복두께를 고려하여 결정한 타이의 유효폭 등을 이용하여 스트럿-타이 모델을 차원화시킨 후, 3) 스트럿-타이 모델의 기하학적 적합조건의 만족 여부를 검토한다. 여기서, 스트럿-타이 모델의 기하학적 적합조건을 검토하는 것은 차원화시킨 스트럿-타이 모델이 설계대상 구조물의 기하학적 형상조건을 만족시키는지, 그리고 두 개의 평행한 또는 평행에 가까운 스트럿의 필요단면적이 중첩되는지 등을 검토하는 것을 말한다.

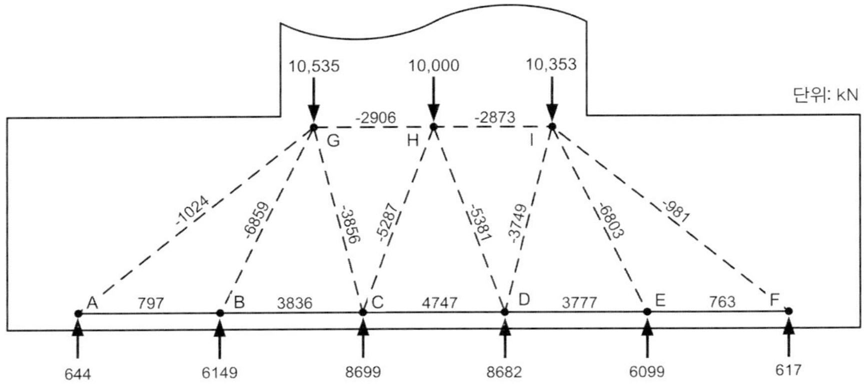

(a) 스트럿과 타이의 설계단면력(하중조합 1)

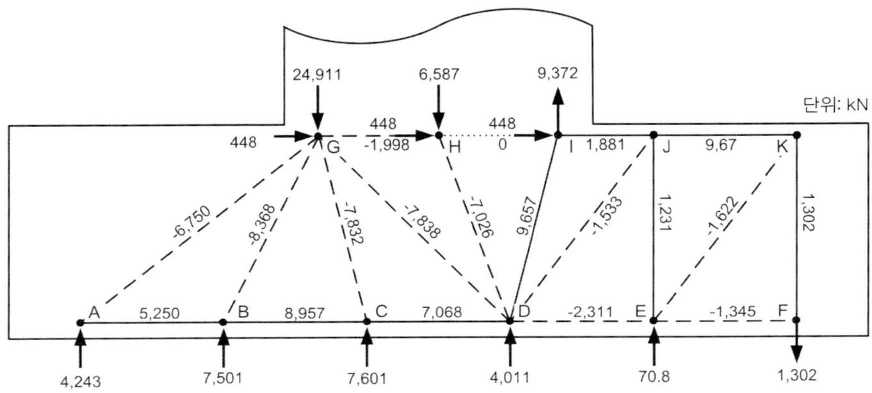

(b) 스트럿과 타이의 설계단면력(하중조합 2)

그림 9.1.3 스트럿과 타이의 설계단면력

스트럿의 필요단면폭 w_{req}은 스트럿의 설계단면력 F_u을 스트럿의 강도감소계수 ϕ, 스트럿의 유효강도 $0.85\beta_{s,\mathrm{mod}}f_{ck}$, 그리고 스트럿의 두께 b로 나누어 계산하였다. 여기서, $\beta_{s,\mathrm{mod}}$는 스트럿의 유효강도계수 β_s와 절점의 유효강도계수 β_n 중 작은 값이다.

$$w_{req} = \frac{F_u}{\phi(0.85)\beta_{s,\mathrm{mod}}f_{ck}b} \qquad \text{(구조기준 부록 I.5.1과 I.5.2)}$$

한 예로, 위 식을 이용하여 하중조합 1에 대한 스트럿-타이 모델에서 스트럿 BG의 필요단면폭을 계산하면 다음과 같다.

$$w_{req} = \frac{F_u}{\phi(0.85)\beta_{s,\mathrm{mod}}f_{ck}b} = \frac{6,859\times10^3}{0.75\times0.85\times0.6\times27\times6,480} = 102\mathrm{mm}$$

여기서, $\beta_{s,\mathrm{mod}}$로는 스트럿 BG의 유효압축강도계수 0.60 (구조기준 부록 I.3.3(2)의 최소 철근량 규정을 만족하지 않는 것으로 가정함), CTT절점영역 B의 유효압축강도계수 0.60, 그리고 CCC절점영역 G의 유효압축강도계수 1.00 중에서 제일 작은 값인 0.60으로 취하였다. 표 9.1.2는 스트럿의 필요단면폭을 보여주고 있다. 그림 9.1.4는 표 9.1.2의 필요단면폭을 이용하여 차원화시킨 스트럿-타이 모델을 보인 것으로, 두 스트럿-타이 모델은 스

표 9.1.2 스트럿의 필요단면폭

(a) 하중조합 1

스트럿	요소 종류	β_s or β_n	$\beta_{s,\mathrm{mod}}$	$\phi 0.85\beta_{s,\mathrm{mod}} f_{ck}$	F_u(kN)	w_{req}(mm)
AG	스트럿 AG NZ A-CCT NZ G-CCC	0.60 0.80 1.00	0.60	10.33	1,024	15
BG	스트럿 BG NZ B-CTT NZ G-CCC	0.60 0.60 1.00	0.60	10.33	6,859	102
CG	스트럿 CG NZ C-CTT NZ G-CCC	0.60 0.60 1.00	0.60	10.33	3,856	58
CH	스트럿 CH NZ C-CTT NZ H-CCC	0.60 0.60 1.00	0.60	10.33	5,287	79
DH	스트럿 DH NZ D-CTT NZ H-CCC	0.60 0.60 1.00	0.60	10.33	5,381	80
DI	스트럿 DI NZ D-CTT NZ I-CCC	0.60 0.60 1.00	0.60	10.33	3,748	56
EI	스트럿 EI NZ E-CTT NZ I-CCC	0.60 0.60 1.00	0.60	10.33	6,803	102
FI	스트럿 FI NZ F-CTT NZ I-CCC	0.60 0.80 1.00	0.60	10.33	981	15
GH	스트럿 GH NZ G-CCC NZ H-CCC	1.00 1.00 1.00	1.00	17.21	2,906	26
HI	스트럿 HI NZ H-CCC NZ I-CCC	1.00 1.00 1.00	1.00	17.21	2,873	26

NZ＝절점영역

(b) 하중조합 2

스트럿	요소 종류	β_s or β_n	$\beta_{s,\mathrm{mod}}$	$\phi 0.85\beta_{s,\mathrm{mod}} f_{ck}$	F_u(kN)	w_{req}(mm)
AG	스트럿 AG NZ A-CCT NZ G-CCC	0.60 0.80 1.00	0.60	10.33	6,750	101
BG	스트럿 BG NZ B-CTT NZ G-CCC	0.60 0.60 1.00	0.60	10.33	8,368	125
CG	스트럿 CG NZ C-CTT NZ G-CCC	0.60 0.60 1.00	0.60	10.33	7,832	117
DG	스트럿 DG NZ D-CTT NZ G-CCC	0.60 0.60 1.00	0.60	10.33	7,838	117
DH	스트럿 DH NZ D-CTT NZ H-CCC	0.60 0.60 1.00	0.60	10.33	7,026	105
DE	스트럿 DE NZ D-CTT NZ E-CCT	1.00 0.60 0.80	0.60	10.33	2,312	35
DJ	스트럿 DJ NZ D-CTT NZ J-CTT	0.60 0.60 0.60	0.60	10.33	1,533	23
EK	스트럿 EK NZ E-CCT NZ K-CTT	0.60 0.80 0.60	0.60	10.33	1,621	24
EF	스트럿 EF NZ E-CCT NZ F-CTT	1.00 0.80 0.60	0.60	10.33	1,345	18
GH	스트럿 GH NZ G-CCC NZ H-CCC	1.00 1.00 1.00	1.00	17.21	1,998	13

트럿-타이 모델의 기하학적 적합조건을 만족시킴을 알 수 있다.

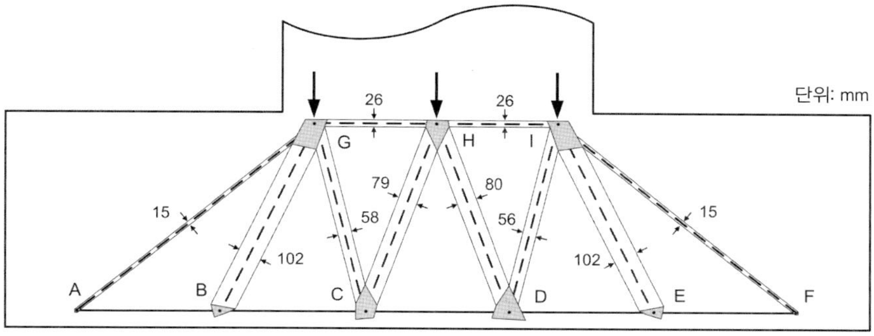

(a) 하중조합 1

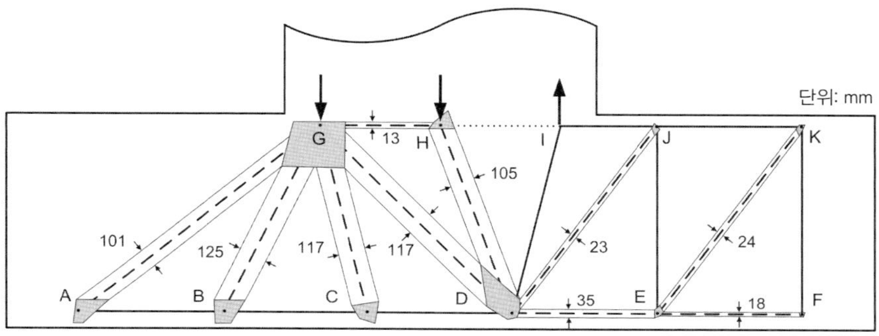

(b) 하중조합 2

그림 9.1.4 스트럿의 필요단면폭

9.1.4 철근의 배치

1) 휨 철근의 결정

각 설계하중에서의 기초 상·하부의 필요철근량을 계산하면 다음과 같다.

하중조합 1

타이 AB : $A_{st}=\dfrac{F_u}{\phi f_y}=\dfrac{796.5\times 10^3}{0.85\times 400}=2,343mm^2$

타이 BC : $A_{st}=\dfrac{F_u}{\phi f_y}=\dfrac{3836\times 10^3}{0.85\times 400}=11,282\mathrm{mm}^2$

타이 CD : $A_{st}=\dfrac{F_u}{\phi f_y}=\dfrac{4746.6\times 10^3}{0.85\times 400}=13,961\mathrm{mm}^2$

타이 DE : $A_{st}=\dfrac{F_u}{\phi f_y}=\dfrac{3777\times 10^3}{0.85\times 400}=11,110\mathrm{mm}^2$

타이 EF : $A_{st}=\dfrac{F_u}{\phi f_y}=\dfrac{762.8\times 10^3}{0.85\times 400}=2,243\mathrm{mm}^2$

하중조합 2

타이 AB : $A_{st}=\dfrac{F_u}{\phi f_y}=\dfrac{5,250\times 10^3}{0.85\times 400}=15,440\mathrm{mm}^2$

타이 BC : $A_{st}=\dfrac{F_u}{\phi f_y}=\dfrac{8,957\times 10^3}{0.85\times 400}=26,345\mathrm{mm}^2$

타이 CD : $A_{st}=\dfrac{F_u}{\phi f_y}=\dfrac{7,068\times 10^3}{0.85\times 400}=20,788\mathrm{mm}^2$

타이 IJ : $A_{st}=\dfrac{F_u}{\phi f_y}=\dfrac{1,881\times 10^3}{0.85\times 400}=5,532\mathrm{mm}^2$

타이 JK : $A_{st}=\dfrac{F_u}{\phi f_y}=\dfrac{967\times 10^3}{0.85\times 400}=2,844\mathrm{mm}^2$

따라서 시공의 효율성을 고려하여 설계하중 하중조합 2 작용 시 타이 BC의 위치에 배치될 34-D32(A_{st}= 27,003mm^2)의 철근을 기초 하부에 배치하며 상부 타이 IJ의 위치에 배치될 5-D32(A_{st}= 5,559mm^2)의 철근을 기초 상부에 배치하였다. 타이 BC 위치에 필요한 휨철근량(A_{st}= 26,345mm^2)은 동일한 설계조건의 기초를 강체라고 간주하여 설계하는 현행의 단면설계법에 의한 철근량(A_{st}= 30,110mm^2)보다 12.5% 감소된 것이며, 또한 동일한 형태의 스트럿-타이 모델로 교축 직각방향에 대한 설계를 수행할 경우 필요한 휨철근량(A_{st}= 35,101mm^2)은 현행 단면설계법에 의한 철근량(A_{st}= 45,040mm^2)보다 22%가 감소됨을 알 수 있다. 이는 현행 설계방법이 말뚝기초를 강성이 매우 큰 강체로 가정함으로써 발생하는 결과이다. 그림 9.1.5는 말뚝기초를 강체로 간주할 경우와 그렇지 않을 경우에 대한 말뚝의 반력을 비교한 것이다.

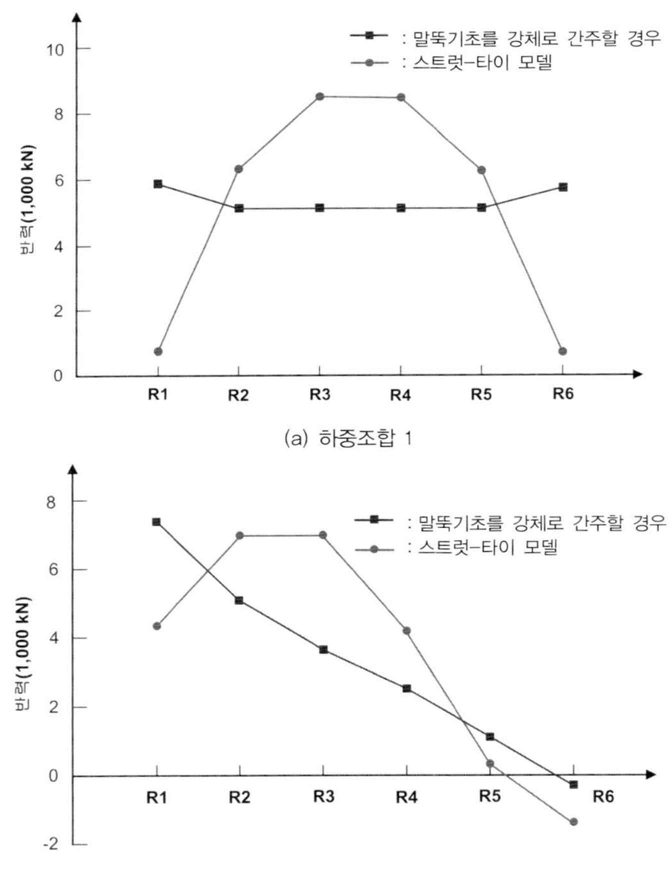

그림 9.1.5 말뚝의 반력 비교

2) 전단철근의 결정

하중조합 2에 의해 타이 EJ와 FK에는 1,231kN과 1,302kN의 인장력이 발생하나, 아래와 같이 이들 타이를 콘크리트 타이로 간주할 경우 전단철근을 배치할 필요가 없다. 그러나 상부와 하부의 휨철근의 배치를 위해 최소량의 수직철근을 배치하였다.

타이 EJ : $0.62\sqrt{27}\times 1{,}083\times 6{,}480 = 22{,}609\text{kN} \gg 1{,}231\text{kN}$

타이 FK : $0.62\sqrt{27}\times 1{,}300\times 6{,}480 = 27{,}139\text{kN} \gg 1{,}302\text{kN}$

9.1.5 철근의 정착

콘크리트 구조기준 부록 I.4.3절에서는 철근타이가 기계적 장치, 포스트텐션 정착장치, 표준갈고리, 또는 철근의 연장에 의해 정착되어야 한다고 규정하고 있다. 타이 AB의 정착을 위해 90° 표준갈고리를 사용하면 이 타이의 정착길이 l_{dh}는 콘크리트 구조기준 8.2.5절에 따라 다음과 같이 구할 수 있다.

$$l_{dh} = \frac{100\,d_b}{\sqrt{f_{ck}}}\times \text{보정계수} = \frac{100\times 31.8}{\sqrt{27}}\times 0.7\times \frac{15{,}440}{27{,}003} \simeq 245\text{mm}$$

타이 AB를 설계영역의 단부까지 연장하여 표준갈고리를 이용하여 정착시키면 유용한 정착길이는 그림 9.1.6과 같이 560mm(=450+150/tan39° −75(피복두께))가 된다. 따라서 필요한 정착길이보다 배근된 정착길이가 크므로 타이 AB는 정착에 관한 조건을 만족한다.

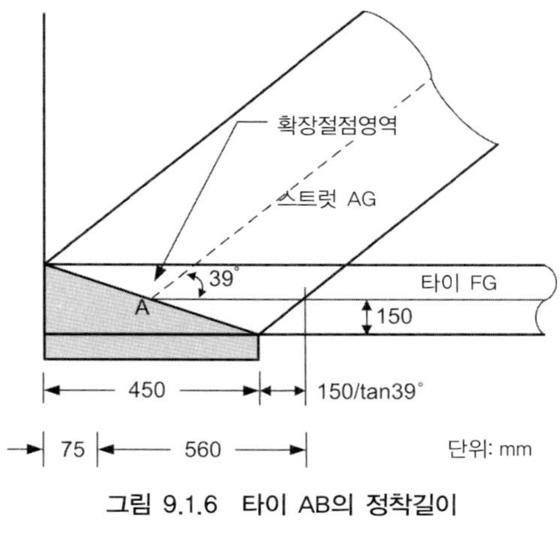

그림 9.1.6 타이 AB의 정착길이

9.1.6 배근상세

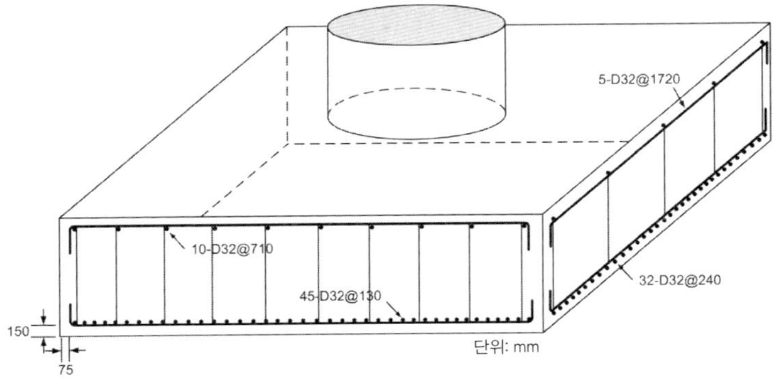

그림 9.1.7 독립기초의 배근상세

9.2 암반지지 독립기초

스트럿-타이 모델 설계를 위해 선정한 구조물은 750×750mm의 정사각형 기둥을 지지하고 있으며, 암반에 의해서 지지되는 2,700×2,700×900mm 크기의 정사각형 독립기초이다. 그림 9.2.1은 설계대상 구조물의 기하학적 형상과 하중조건을 보여주고 있다. 설계하중은 기둥의 자중을 포함한 계수하중이다. 콘크리트의 압축강도 f_{ck}는 27MPa이며, 철근의 항복강도는 400MPa이다. 이 독립기초의 하중작용점과 반력점이 동일선상이 있지 않기 때문에 3차원 스트럿-타이 모델을 통한 설계를 수행해야 하나, 편의상 2차원 설계를 수행하였다.

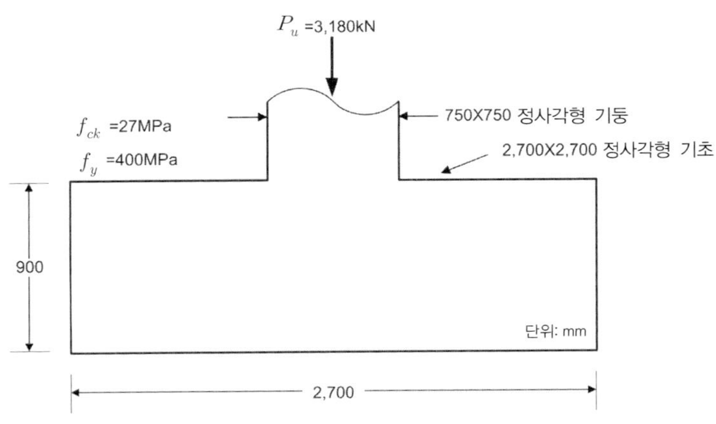

그림 9.2.1 독립기초의 기하학적 형상 및 설계하중

9.2.1 스트럿-타이 모델의 선정

독립기초의 설계를 위하여 그림 9.2.2(a)의 압축주응력 흐름, 피복두께, 그리고 철근의 배치형태 등을 고려하여 그림 9.2.2(b)와 같은 스트럿-타이 모델을 선정하였다. 기초의 하부 타이의 위치는 철근의 1단 배치를 고려하여 설계영역 하단부에서 100mm 떨어진 곳으로 결정하였으며, 상부 스트럿의 위치는 설계단면력을 전달할 수 있는 적절한 콘크리트 스트럿 영역을 확보하기 위하여 상단부에서 50mm 떨어진 곳으로 결정하였다. 기둥의 계수하중은 스트럿-타이 모델의 상부 3절점에 등분하여 작용시켰다.

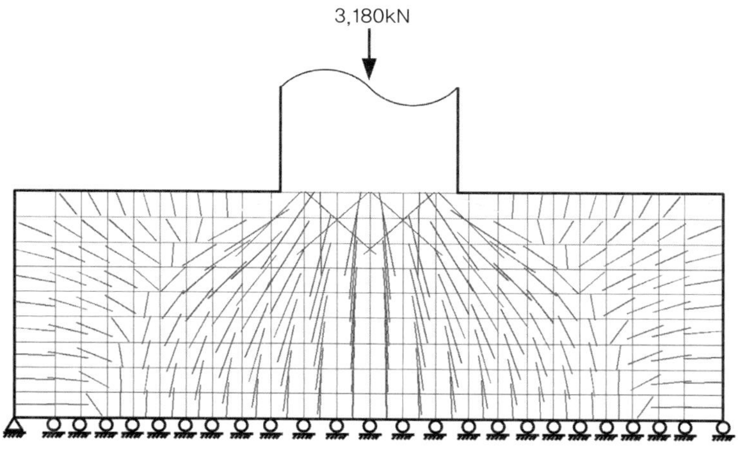

(a) 압축주응력 흐름

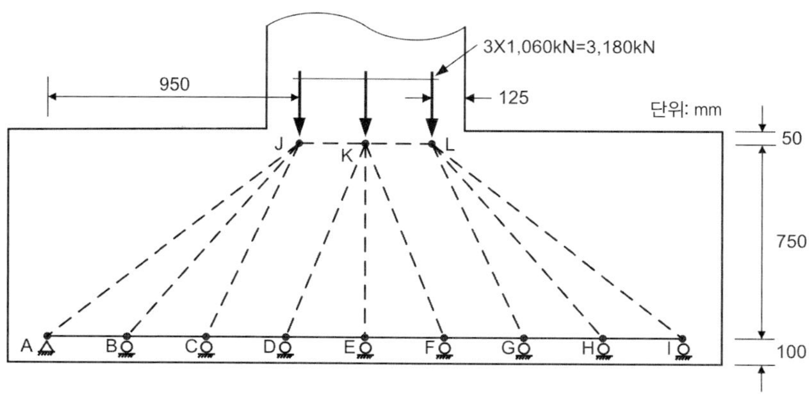

(b) 스트럿-타이 모델

그림 9.2.2 독립기초의 스트럿-타이 모델

9.2.2 스트럿과 타이의 설계단면력 산정

독립기초가 놓인 지반의 반력은 등분포 하중으로 간주하여 설계하중을 스트럿-타이 모델의 하부 절점수로 등분하여 각 절점에 작용시켰다. 각 절점에서의 힘 평형조건을 사용하여 그림 9.2.3과 같은 스트럿과 타이의 설계단면력을 결정하였다.

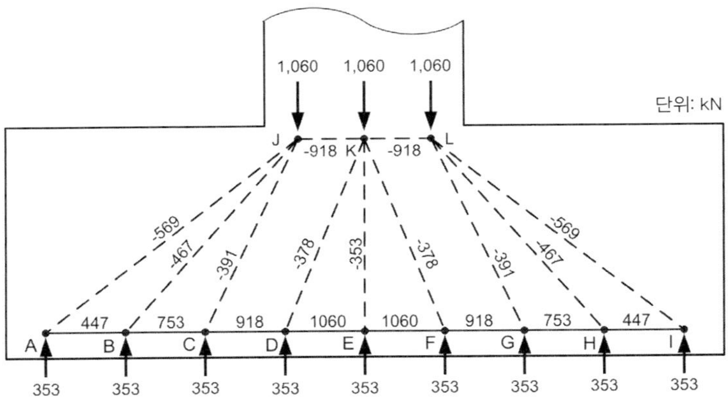

그림 9.2.3 스트럿과 타이의 설계단면력

9.2.3 스트럿과 절점영역의 강도 검토

스트럿-타이 모델 설계 시 스트럿-타이 모델의 구성요소(스트럿, 타이, 절점영역)가 설계단면력을 전달하는 데 소요되는 충분한 강도를 보유하고 있는지 확인해야 한다. 일반적으로 스트럿의 강도는 스트럿 최대 단면적과 필요단면적을, 절점영역의 강도는 절점영역 수직경계면의 최대 단면적과 필요단면적을 비교하여 검토한다. 설계대상 구조 부재 또는 D영역의 두께가 일정할 경우는 최대 단면폭과 필요단면폭을 비교하여 검토한다.

1) 스트럿과 절점영역 수직경계면의 최대 단면폭 결정

그림 9.2.4와 같이 설계대상 영역의 기하학적 형상과 지압판 또는 하중판의 크기를 이용하여 절점영역 각 수직경계면의 최대 단면폭을 결정하였다. 그림 9.2.5의 스트럿의 최대 단면폭은 그림 9.2.4에서 결정한 절점영역 경계면의 폭을 근거로 하여 스트럿 양단부 절점영역 경계면의 폭 중 작은 값으로 정의하였다.

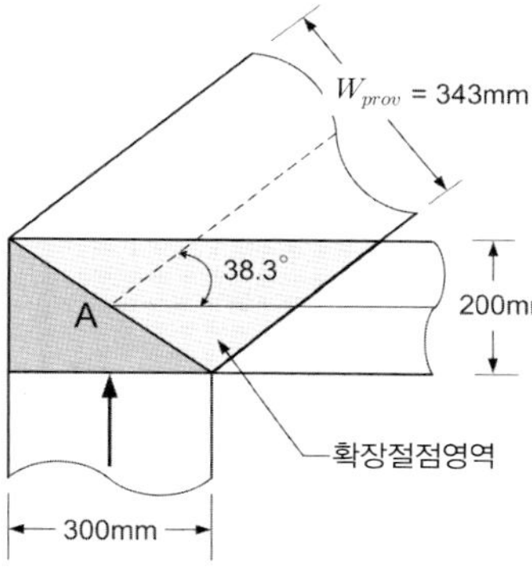

절점 A 지반의 유효폭 : 300mm
타이 AB 경계면의 폭 : 200mm
(=피복두께× 2)
스트럿 AJ 경계면의 폭: 343mm
$(=300\sin 38.3+200\cos 38.3)$

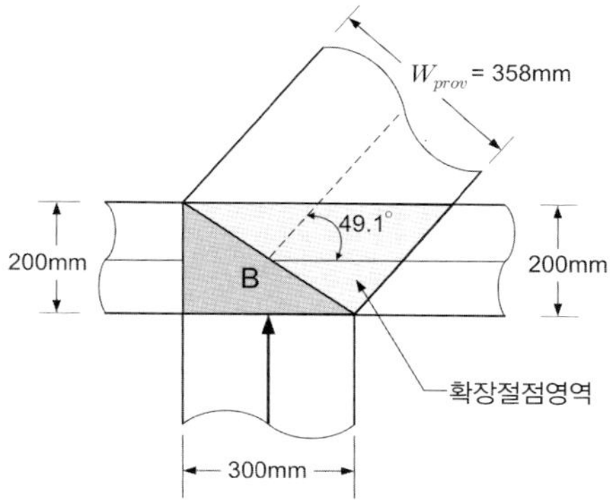

절점 B 지반의 유효폭 : 300mm
타이 AB 경계면의 폭 : 200mm
(=피복두께×2)
타이 BC 경계면의 폭 : 200mm
(=피복두께×2)
스트럿 BJ 경계면의 폭 : 358mm
$(=300\sin 49.1+200\cos 49.1)$

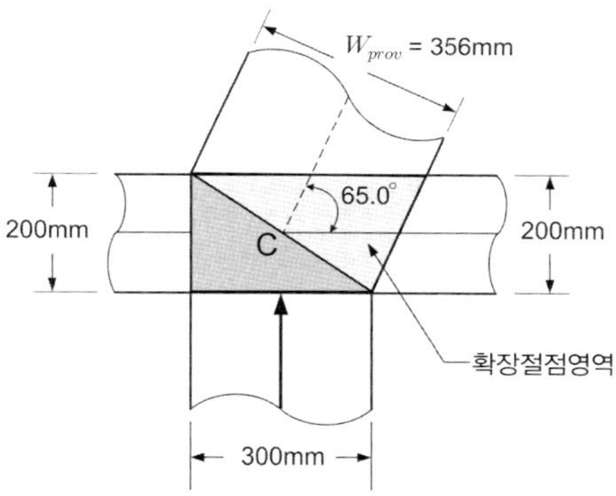

절점 C 지반의 유효폭 : 300mm
타이 BC 경계면의 폭 : 200mm
(=피복두께×2)
타이 CD 경계면의 폭 : 200mm
(=피복두께×2)
스트럿 CJ 경계면의 폭 : 356mm
$(=300\sin 65.0+200\cos 65.0)$

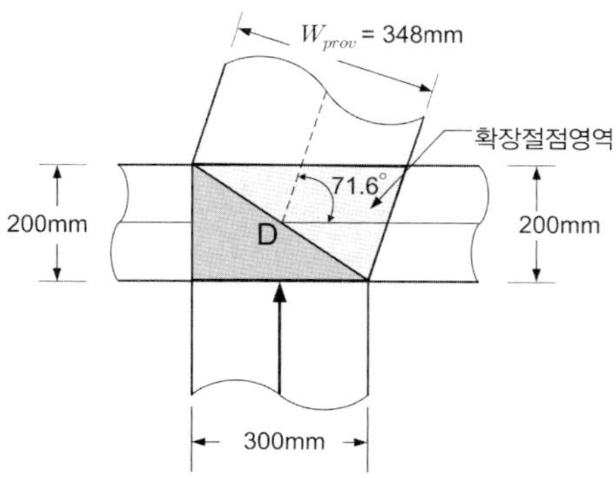

절점 D 지반의 유효폭 : 300mm
타이 CD 경계면의 폭 : 200mm
(=피복두께×2)
타이 DE 경계면의 폭: 200mm
(=피복두께×2)
스트럿 DK 경계면의 폭 : 348mm
$(=300\sin 71.6+200\cos 71.6)$

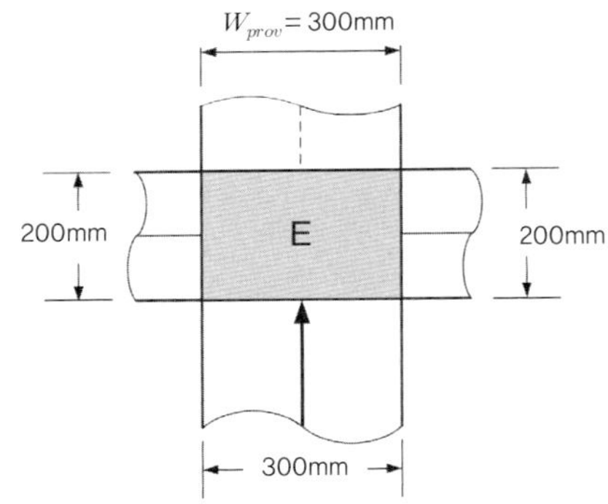

절점 E 지반의 유효폭 : 300mm
타이 DE 경계면의 폭 : 200mm
(=피복두께×2)
타이 EF 경계면의 폭 : 200mm
(=피복두께×2)
스트럿 EK 경계면의 폭: 300mm
$(=300\sin 90.0+200\cos 90.0)$

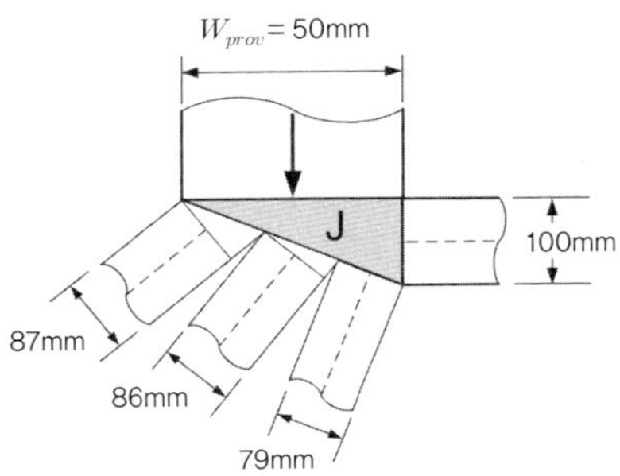

하중판의 폭 : 250mm(하중판의 크기)
스트럿 JK의 최대 단면폭 : 100mm
(=설계영역 외단부의 거리×2)

$$\theta=\tan^{-1}\frac{250}{100}=68.2°$$

$$w_D'=\sqrt{250^2+100^2}=269\text{mm}$$

$$F_{AJ}'=569\cos(68.2°-39°)=497\text{kN}$$

$$F_{BJ}'=467\cos(68.2°-51.3°)=447\text{kN}$$

$$F_{CJ}'=391\cos(68.2°-68.2°)=391\text{kN}$$

$$\Sigma F'=497+447+391=1,335\text{kN}$$

$$w_{AJ}'=\frac{497}{1,335}\times 269=100\text{mm}$$

$$w_{BJ}'=\frac{447}{1,335}\times 269=90\text{mm}$$

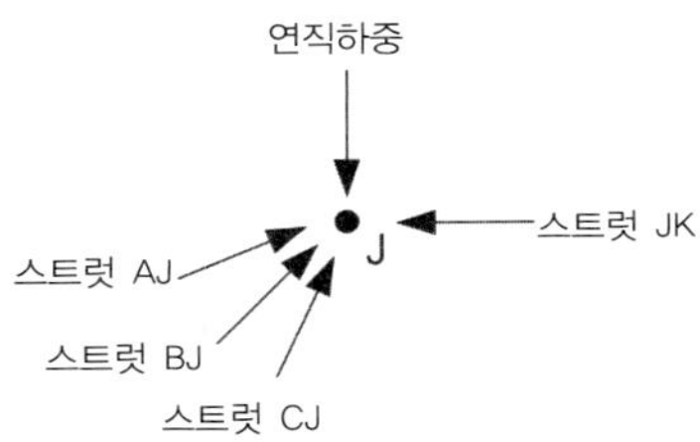

$$w_{CJ}'=\frac{391}{1,335}\times 269=79\text{mm}$$

스트럿 AJ의 최대 단면폭 : 87mm
$(=100\cos(68.2°-39°))$
스트럿 BJ의 최대 단면폭: 86mm
$(=90\cos(68.2°-51.3°))$
스트럿 CJ의 최대 단면폭 : 79mm
$(=79\cos(68.2°-68.2°))$

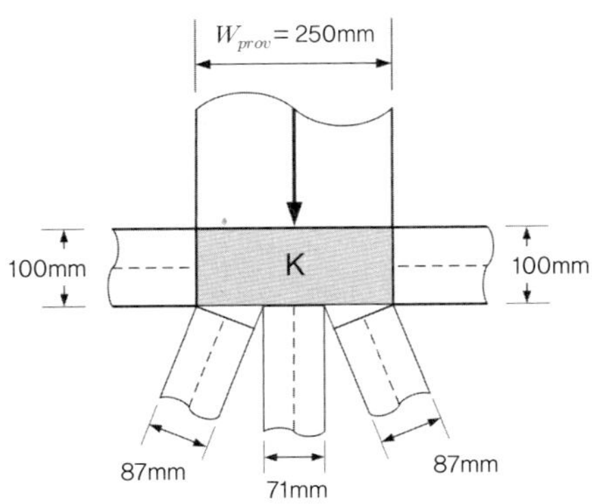

하중판의 폭 : 250mm(하중판의 크기)
스트럿 JK의 최대 단면폭 : 100mm
(=설계영역 외단부의 거리×2)

$$\theta=\tan^{-1}\frac{250}{100}=68.2°$$

$$w_D'=250\text{mm}$$

$$F_{DK}'=378\cos(68.2°-68.2°)=378\text{kN}$$

$$F_{EK}'=353\cos(68.2°-90°)=328\text{kN}$$

$$F_{FK}'=378\cos(68.2°-68.2°)=378\text{kN}$$

$$\Sigma F'=378+328+378=1,084\text{kN}$$

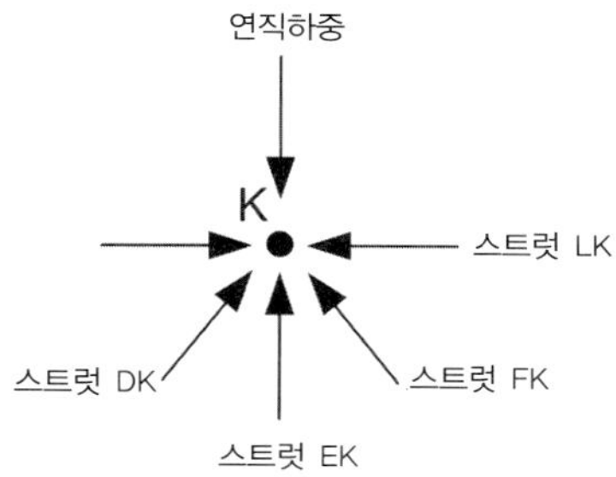

$w_{DK}' = \frac{378}{1,084} \times 250 = 87\text{mm}$

$w_{EK}' = \frac{328}{1,084} \times 250 = 76\text{mm}$

$w_{FK}' = \frac{378}{1,084} \times 250 = 87\text{mm}$

스트럿 DK의 최대 단면폭: 87mm
($=87\cos(68.2° - 68.2°)$)
스트럿 EK의 최대 단면폭 : 71mm
($=76\cos(68.2° - 90°)$)
스트럿 FK의 최대 단면폭 : 87mm
($=87\cos(68.2° - 68.2°)$)

그림 9.2.4 절점영역 수직경계면의 최대 단면폭

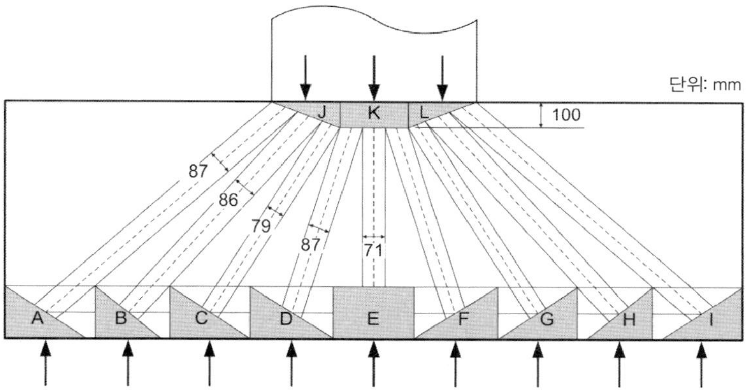

그림 9.2.5 스트럿의 최대 단면폭

2) 스트럿의 강도 검토

스트럿의 강도 검토를 위한 필요단면폭 w_{req}은 스트럿의 설계단면력 F_u를 스트럿의 유효압축강도 $0.85\beta_s f_{ck}$, 스트럿의 강도감소계수 ϕ, 그리고 스트럿의 두께 b 등으로 나누어 계산하였다.

$$w_{req} = \frac{F_u}{\phi(0.85)\beta_s f_{ck} b}$$ (구조기준 부록 I.3.1과 I.3.2)

한 예로, 위 식을 이용하여 수직 트러스 메커니즘 스트럿-타이 모델의 스트럿 AJ의 필요단면폭을 계산하면 다음과 같다.

$$w_{req} = \frac{F_u}{\phi(0.85)\beta_s f_{ck} b} = \frac{569 \times 10^3}{0.75 \times 0.85 \times 0.60 \times 27 \times 2{,}700} = 20\text{mm}$$

여기서, 스트럿 AB의 유효압축강도계수 β_s는 구조기준 부록 I.3.3(2)의 최소 철근량 규정을 만족하지 못한다고 가정하여 0.60으로 취하였다. 표 9.2.1은 각 스트럿의 강도 검토 결과를 보여주고 있다. 스트럿의 강도 검토 결과, 각 스트럿의 필요단면폭이 최대 단면폭을 초과하지 않는 것을 확인할 수 있다. 이는 스트럿이 설계하중을 전달함에 있어 충분한 압축강도를 확보하고 있음을 나타내는 것이다.

표 9.2.1 스트럿의 강도 검토

스트럿	β_s	$\phi 0.85\beta_s f_{ck}$	F_u(kN)	w_{req}(mm)	w_{prov}(mm)	안전 여부
AJ	0.60	10.33	569	20	87	만족
BJ	0.60	10.33	467	17	86	만족
CJ	0.60	10.33	391	14	79	만족
DK	0.60	10.33	378	14	87	만족
EK	1.00	17.21	353	8	71	만족
JK	1.00	17.21	918	20	100	만족

3) 절점영역의 강도 검토

절점영역의 강도 검토를 위한 절점영역 수직경계면의 필요단면폭의 계산은 각 절점영역 경계면에 작용하는 설계단면력 F_u을 절점영역의 응력상태에 따라 결정한 유효강도 $0.85\beta_n f_{ck}$와 두께 b로 나누어 계산하였다.

$$w_{req} = \frac{F_u}{\phi(0.85)\beta_n f_{ck} b}$$ (구조기준 부록 I.5.1과 I.5.2)

한 예로, 위 식을 이용하여 스트럿-타이 모델 절점영역 A를 구성하는 절점영역 수직경계면의 필요단면폭을 계산하면 다음과 같다.

지지점의 수직경계면 : $w_{req} = \frac{353 \times 10^3}{0.75 \times 0.85 \times 0.8 \times 27 \times 2{,}700} = 9\text{mm}$

타이 AB의 수직경계면 : $w_{req} = \frac{447 \times 10^3}{0.75 \times 0.85 \times 0.8 \times 27 \times 2{,}700} = 12\text{mm}$

스트럿 AJ의 수직경계면 : $w_{req} = \frac{569 \times 10^3}{0.75 \times 0.85 \times 0.8 \times 27 \times 2{,}700} = 15\text{mm}$

여기서, 절점영역 A는 CCT절점영역에 해당하므로 이 절점영역의 유효강도계수 β_n을 0.80로 취하였다. 표 9.2.2는 각 절점영역의 강도 검토 결과를 보여주고 있다. 절점영역의 강도 검토 결과, 각 절점영역 수직경계면의 필요단면폭이 최대 단면폭을 초과하지 않아 각 절점영역은 스트럿 및 타이의 설계단면력을 다른 스트럿 또는 타이로 전달할 수 있는 충분한 강도를 확보하고 있음을 알 수 있다.

표 9.2.2 절점영역의 강도 검토

절점번호	경계면 요소	β_n	$\phi 0.85\beta_n f_{ck}$	F_u(kN)	w_{req}(mm)	w_{prov}(mm)	안전 여부
A	지지점	0.80	13.77	353	9	300	만족
	타이 AB			447	12	200	만족
	스트럿 AJ			569	15	343	만족
B	지지점	0.60	10.33	353	13	300	만족
	타이 BA			447	16	200	만족
	타이 BC			753	27	200	만족
	스트럿 BJ			467	17	358	만족
C	지지점	0.60	10.33	353	13	300	만족
	타이 CB			753	27	200	만족
	타이 CD			918	33	200	만족
	스트럿 CJ			391	14	356	만족
D	지지점	0.60	10.33	353	13	300	만족
	타이 DC			918	33	200	만족
	타이 DE			1,060	38	200	만족
	스트럿 DK			378	14	348	만족
E	지지점	0.60	10.33	353	13	300	만족
	타이 ED			1,060	38	200	만족
	타이 EF			1,060	38	200	만족
	스트럿 EK			353	13	300	만족
J	하중점	1.00	17.21	1,060	23	250	만족
	스트럿 JK			918	20	100	만족
	스트럿 JA			569	12	87	만족
	스트럿 JB			467	10	86	만족
	스트럿 JC			391	8	79	만족
K	하중점	1.00	17.21	1,060	23	250	만족
	스트럿 KJ			918	20	100	만족
	스트럿 KL			918	20	100	만족
	스트럿 KD			378	8	87	만족
	스트럿 KE			353	8	71	만족
	스트럿 KF			378	8	87	만족

9.2.4 철근의 배치

기초의 하부에는 타이 AB, BC, CD, DE가 위치하고 있다. 각 타이의 필요철근량을 계산하면 다음과 같다.

$$\text{타이 AB} : A_{st} = \frac{F_u}{\phi f_y} = \frac{447 \times 10^3}{0.85 \times 400} = 1,315\text{mm}^2$$

$$\text{타이 BC} : A_{st} = \frac{F_u}{\phi f_y} = \frac{753 \times 10^3}{0.85 \times 400} = 2,215\text{mm}^2$$

$$\text{타이 CD} : A_{st} = \frac{F_u}{\phi f_y} = \frac{918 \times 10^3}{0.85 \times 400} = 2,700\text{mm}^2$$

$$\text{타이 DE} : A_{st} = \frac{F_u}{\phi f_y} = \frac{1,060 \times 10^3}{0.85 \times 400} = 3,118\text{mm}^2$$

따라서 시공의 효율성을 고려하여 타이 DE의 위치에 배치될 9-D22($A_{st} = 3,484\text{mm}^2$)의 철근을 타이 AB, BC, CD, DE의 위치에 동일하게 배치하였다.

9.2.5 철근의 정착

콘크리트 구조기준 부록 I.4.3절에서는 철근타이가 기계적 장치, 포스트텐션 정착장치, 표준갈고리, 또는 철근의 연장에 의해 정착되어야 한다고 규정하고 있다. 타이 AB의 정착을 위해 90° 표준갈고리를 사용하면 이 타이의 정착길이 l_{dh}는 콘크리트 구조기준 8.2.5절에 따라 다음과 같이 구할 수 있다.

$$l_{dh} = \frac{100\,d_b}{\sqrt{f_{ck}}} \times \text{보정계수}$$

$$= \frac{100 \times 22.2}{\sqrt{27}} \times 0.7 \times \frac{3,118}{3,484} \simeq 268\text{mm}$$

타이 AB를 설계영역의 단부까지 연장하여 표준갈고리를 이용하여 정착시키면 유용한 정착길이는 그림 9.2.6과 같이 351mm(=300+100/tan38.3° −75(피복두께))가 된다. 따라서 필요한 정착길이보다 배근된 정착길이가 크므로 타이 AB는 정착에 관한 조건을 만족한다.

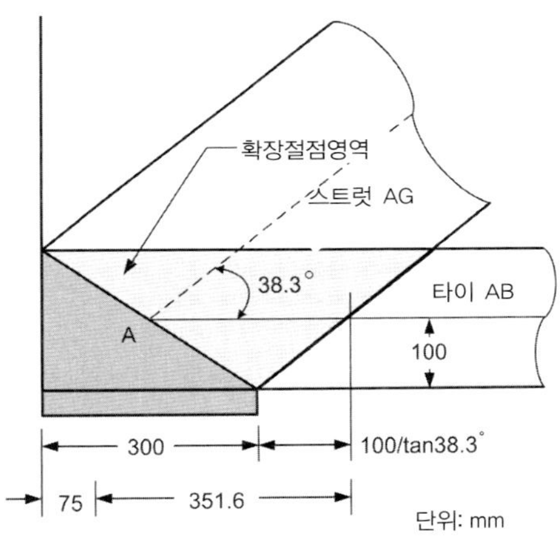

그림 9.2.6 타이 AB의 정착길이

9.2.6 배근상세

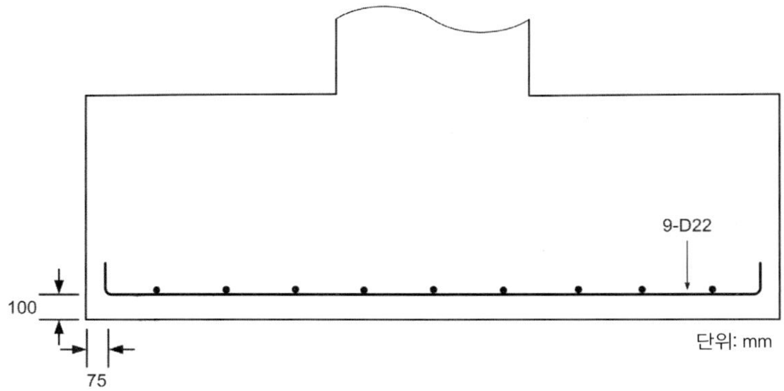

그림 9.2.7 독립기초의 배근 상세

예제 10 : 철근콘크리트 연결보의 설계

철근콘크리트 연결보(Link Beam)는 벽체들을 서로 연결시켜주는 부재이며, 지진하중이나 풍하중이 건물에 작용하였을 때 휨모멘트를 상당량 감소시키며, 벽체 간의 연결작용(coupled action)을 통하여 에너지 소산능력을 증대시킬 수 있는 중요한 전단부재이다. 연결보는 대개 개구부로 단속된 양측 벽체 간에 배치되며, 보의 길이가 일반 보 부재에 비하여 짧고 높이는 크기 때문에 전단경간비(a/d)가 작은 부재이다. 따라서 연결보를 설계할 때 일반적인 휨부재로 설계하는 것은 부적절하므로 스트럿-타이 모델을 토대로 연결보를 설계하여 비교적 정확한 설계결과를 얻을 수 있다.

이 장에서는 그림 10.1.1과 같이 개구부를 가지는 전단벽에 위치한 철근콘크리트 연결보 부재에서 계수전단력이 비교적 적은 지붕층 연결보와 계수전단력이 큰 3층 연결보를 예제로 선정하였다.

• 지붕층 연결보

콘크리트 구조기준에 제시된 바와 같이 연결보 부재의 계수전단력 V_u 가 $(\sqrt{f_{ck}}/3)A_{cp}$를 초과하고, 세장비(l_n/h)가 2보다 작으면 연결보의 경간 중앙에 대칭의 대각선 다발철근을 배근하여야 한다. 그림 10.1.2에서 확인할 수 있듯이 지붕층 연결보의 세장비는 0.83으로 2보다 작으나, $(\sqrt{f_{ck}}/3)A_{cp}$가 약 1064.9kN으로 계수전단력 V_u(840kN)보다 크므로 대각선 다발철근을 필수적으로 배근할 필요는 없다. 지붕층 연결보에 작용하는 계수모멘트 M_u는 690kNm, 계수전단력 V_u는 840kN, 단면의 폭(b)은 300mm, 단면의 높이(h)는 1,800mm, 순경간(l_n)은 1,500mm이다. 콘크리트 설계기준압축강도 f_{ck}는 35MPa이고 철근의 항복강도 f_y 는 400MPa이며 보의 자중은 무시한다.

• 3층 연결보

그림 10.1.3에 나타낸 바와 같이 3층 연결보에 작용하는 계수모멘트 M_u 는 2,025kNm이고 계수전단력 V_u 는 2,700kN이다. 3층 연결보의 단면의 폭(b)은 300mm, 단면의 높이(h)는 2,670mm, 순경간(l_n)은 1,500mm이다. 세장비(l_n/h)는 약 0.56으로 2보다 작고 V_u(2,700kN)는 $(\sqrt{f_{ck}}/3)A_{cp}$(약 1,580kN)를 초과하므로 연결보의 경간 중앙에 대각선 다발철근을 배근해야 한다. 콘크리트 설계기준압축강도 f_{ck}는 35MPa이고, 철근의 항복강도 f_y는 400MPa이며, 보의 자중은 지붕층 연결보의 경우와 마찬가지로 무시한다.

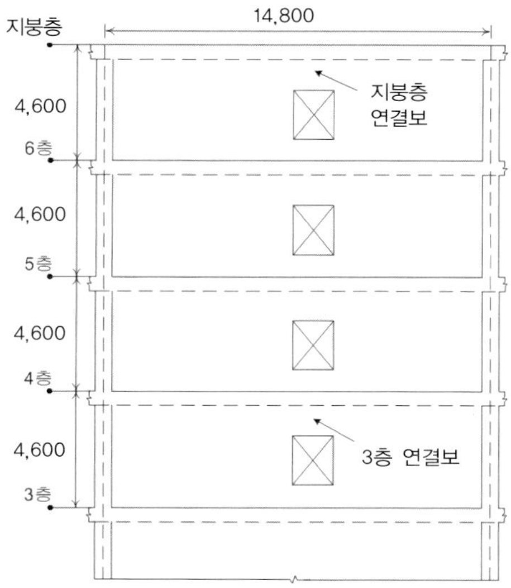

그림 10.1.1 개구부를 가지는 철근콘크리트 전단벽의 입면도

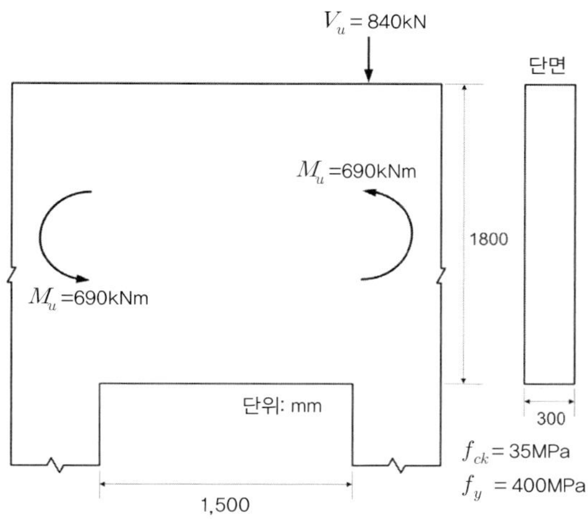

그림 10.1.2 지붕층 연결보의 기하학적 형상 및 설계하중

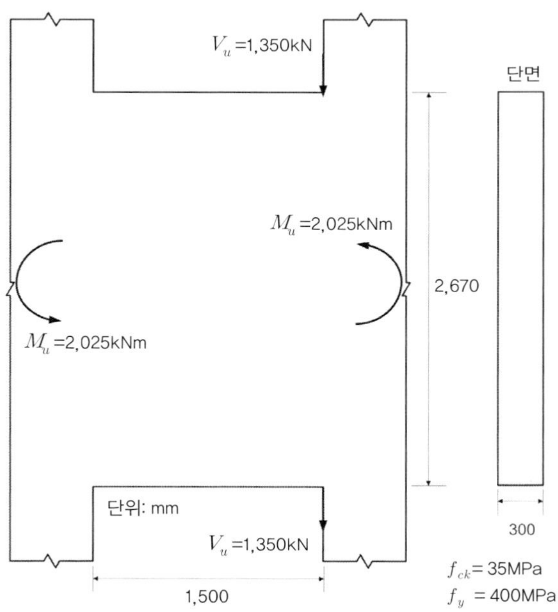

그림 10.1.3 3층 연결보의 기하학적 형상 및 설계하중

10.1.1 스트럿-타이 모델의 선정

• 지붕층 연결보

연결보의 스트럿-타이 모델 선정과정은 깊은보의 스트럿-타이 모델 결정과정과 유사하다. 지붕층 연결보의 경우 전단지간 대 트러스 상하현재 간의 길이의 비(a/z)는 1.01이며, 이는 0.5와 2.0 사이에 해당하는 수치이다. FIB(2010)의 설계기준에 의하면, 지붕층 연결보의 설계는 아치 메커니즘과 수직 트러스 메커니즘을 조합한 복합 트러스 메커니즘의 스트럿-타이 모델을 바탕으로 설계를 수행하여야 하지만, 이 예제에서는 수직 트러스 메커니즘의 스트럿-타이 모델로도 연결보를 설계하여 두 가지의 스트럿-타이 모델을 적용한 연결보의 설계결과를 서로 비교하고자 한다.

수직 트러스 메커니즘의 스트럿-타이 모델은 그림 10.1.4와 같으며, 스트럿-타이 모델의 위치를 결정하기 위하여 수직 타이는 경간 중앙에 배치하였다. 상부 및 하부 수평 타이는 D22 철근을 2단으로 배치한다고 가정하고, 피복두께 40mm를 고려하여 상·하부로부터 각각 90mm 떨어진 곳에 위치시켰다.

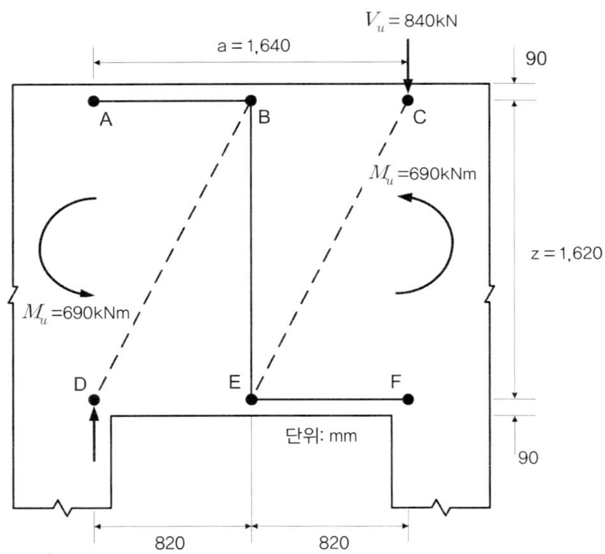

그림 10.1.4 수직 트러스 메커니즘의 스트럿-타이 모델

복합 트러스 메커니즘의 스트럿-타이 모델은 그림 10.1.5와 같으며, 아치작용(arch action)을 고려하므로 수직 트러스 메커니즘의 스트럿-타이 모델에 스트럿 CD가 추가되어 구성된다.

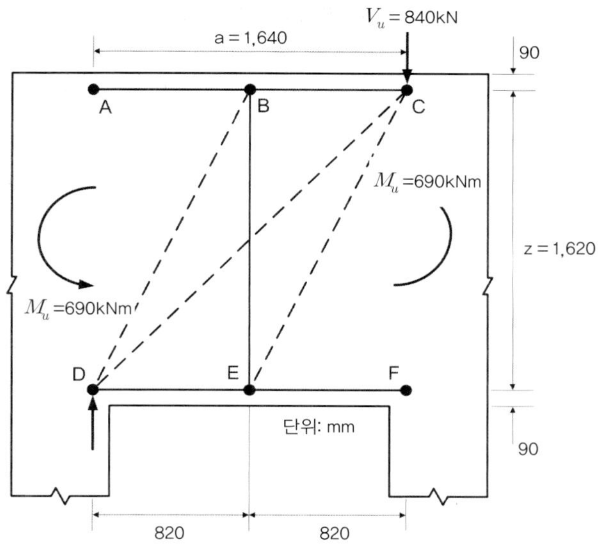

그림 10.1.5 복합 트러스 메커니즘의 스트럿-타이 모델

- **3층 연결보**

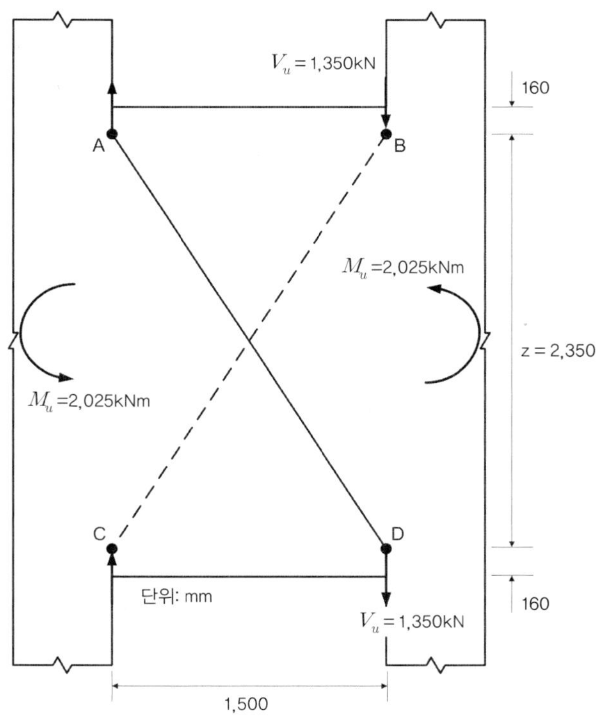

그림 10.1.6 3층 연결보의 스트럿-타이 모델

3층 연결보의 경우 대각선 다발 철근을 배근하여야 하므로 그림 10.1.6과 같이 계수전단력 V_u가 작용하는 절점으로부터 대각방향의 지점까지 스트럿을 배치하였으며, 스트럿 BC에 대칭으로 대각 인장 타이가 위치한다. 트러스 상·하현재 간의 길이인 z는 힘의 평형 조건을 만족할 때까지 계산한 결과 2,350mm로 산정되었다.

10.1.2 스트럿과 타이의 설계단면력 산정

• **지붕층 연결보**

수직 트러스 메커니즘의 스트럿-타이 모델은 정정 트러스 구조이므로, 트러스 해법을 바탕으로 단면력을 산정하였으며, 그 결과를 그림 10.1.7에 나타내었다. 이에 반하여 복합 트러스 메커니즘의 스트럿-타이 모델은 그림 10.1.8과 같이 부정정 트러스 구조이므로 FIB(2010)에서 제안한 하중분배율을 적용하여 수직 타이 BE의 단면력을 결정한 다음 정정 트러스 구조로 변환할 수 있다. FIB(2010)에서 제안한 하중분배율(α)은 다음과 같이 계산된다.

$$\alpha = \frac{P_w}{P} = \frac{2a/z-1}{3-N_{sd}/P} = \frac{2\times 1,640/1,620-1}{3-426/840} = 0.41$$

여기서, N_{sd}는 부재에 작용하는 축력을 나타내며 P는 작용하중을 뜻한다. 따라서 $\alpha =$ 0.41이므로 수직 타이 BE의 단면력은 다음과 같이 계산된다.

$$F_u = P\alpha = 840 \times 0.41 = 344\text{kN}$$

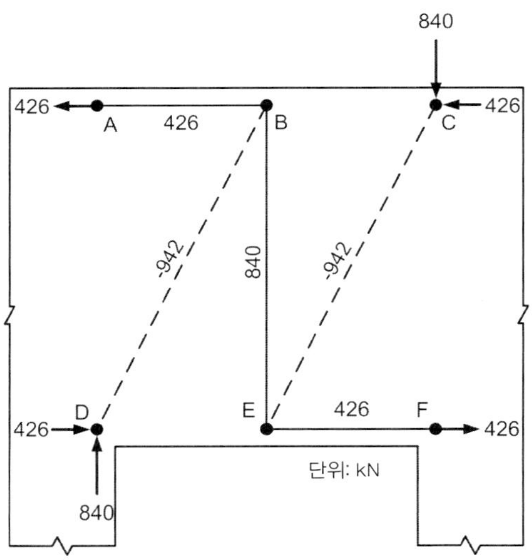

그림 10.1.7 수직 트러스 메커니즘의 스트럿-타이 모델 단면력

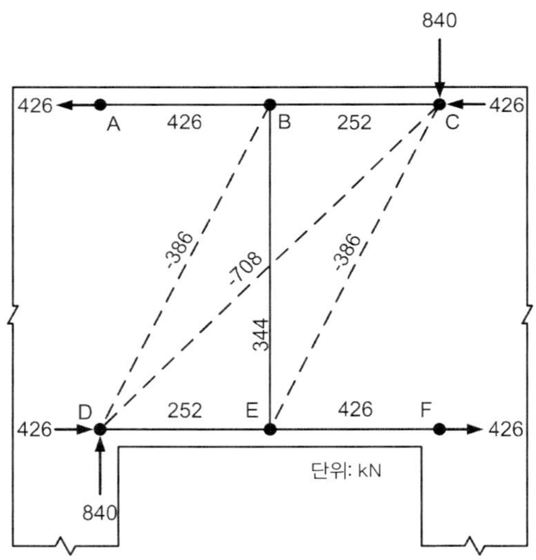

그림 10.1.8 복합 트러스 메커니즘의 스트럿-타이 모델 단면력

산정된 BE의 단면력을 토대로 부정정 스트럿-타이 모델은 정정 스트럿-타이 모델로 변환시켰으며, 복합 메커니즘 스트럿-타이 모델의 단면력을 최종 산정하였다.

• 3층 연결보

3층 연결보의 스트럿-타이 모델은 정정 트러스 구조이며, 단면력을 산정한 결과 그림 10.1.9와 같다.

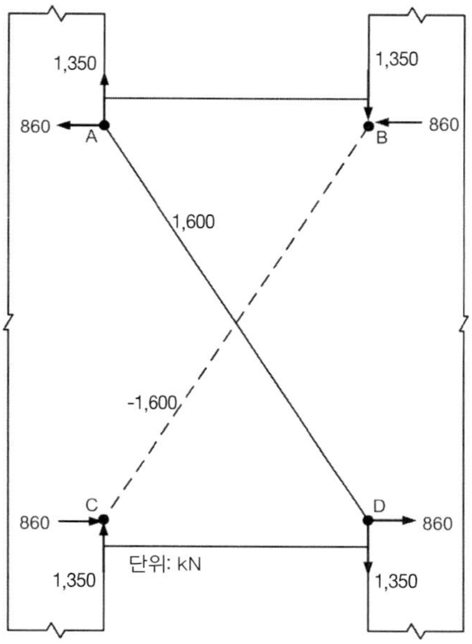

그림 10.1.9 3층 연결보의 스트럿-타이 모델 단면력

10.1.3 스트럿과 절점영역의 강도 검토

• 지붕층 연결보

1) 스트럿 및 절점영역의 최대 단면폭 결정

수직 트러스 메커니즘의 스트럿-타이 모델의 경우, 스트럿 BD(CE)의 최대 단면폭은 다음과 같이 계산된다.

$$w_{prov} = l_b \sin\theta + w_t \cos\theta = 200\sin 63° + 180\cos 63° = 260\text{mm}$$

여기서, w_t는 타이의 유효폭으로 콘크리트 표면에서 타이 중심까지 거리의 2배인 180mm이며, l_b는 절점 D(C)의 최대 단면폭으로 다음과 같이 산정된다.

$$l_b = F_u / (\phi 0.85 \beta_n f_{ck} b) = 840{,}000 / (0.75 \times 0.85 \times 1.0 \times 35 \times 300)$$

$= 125\text{mm} \rightarrow 200\text{mm}$

여기서, ϕ는 강도감소계수로 스트럿인 경우 0.75, 타이인 경우 0.85를 적용한다.

최종적으로 수직 트러스 메커니즘의 스트럿-타이 모델을 치수화 하면 그림 10.1.10과 같다.

복합 트러스 메커니즘의 스트럿-타이 모델의 경우, 스트럿 BD(CE)는 팬 형상(fan-shaped)의 스트럿으로 최대 단면폭은 100mm이며, 스트럿 CD는 프리즘 형상(prizm-shaped)의 스트럿으로 최대 단면폭은 120mm이다. 그림 10.1.8의 스트럿-타이 모델을 치수화 하면 그림 10.1.11과 같다.

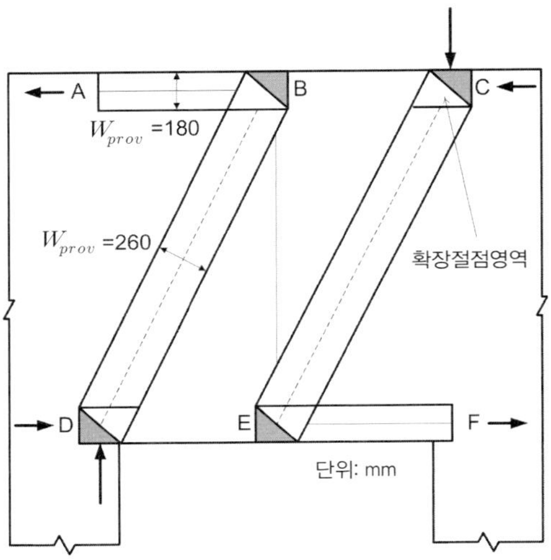

그림 10.1.10 치수화된 수직 트러스 메커니즘의 스트럿-타이 모델

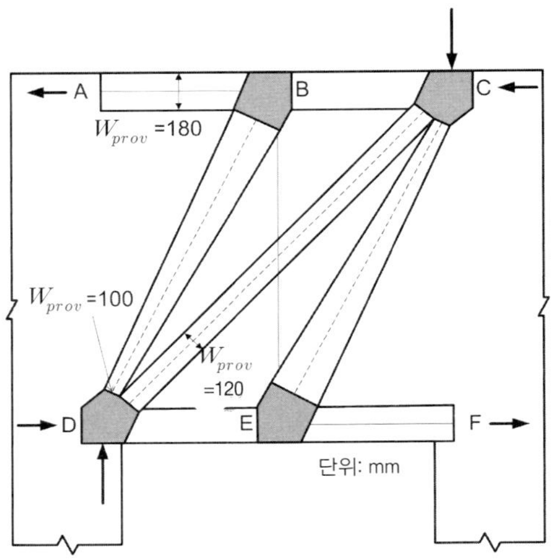

그림 10.1.11 치수화된 복합 트러스 메커니즘의 스트럿-타이 모델

2) 스트럿의 강도 검토

스트럿의 강도를 검토하기 위하여 스트럿의 필요단면폭 w_{req}를 산정한 후, w_{req}가 최대 유효폭 w_{prov}보다 낮은지를 검토한다. 스트럿의 필요단면폭 w_{req}를 산정하는 식은 다음과 같다.

$$w_{req} = \frac{F_u}{\phi(0.85)\beta_s f_{ck} b}$$

여기서, $0.85\beta_s f_{ck}$는 유효강도, b는 단면의 폭이다. 수직 트러스 메커니즘의 스트럿-타이 모델에서 스트럿 BD의 필요단면폭을 계산하면 다음과 같다.

$$w_{req} = \frac{942 \times 10^3}{0.75 \times 0.85 \times 1.0 \times 35 \times 300} = 141\,\text{mm}$$

표 10.1.1은 수직 트러스 메커니즘 및 복합 트러스 메커니즘의 스트럿-타이 모델에서 스트럿의 강도를 검토한 결과이다.

표 10.1.1

(a) 수직 트러스 메커니즘의 스트럿-타이 모델

요소번호	β_s	$\phi 0.85\beta_s f_{ck}$	F_u(kN)	w_{req}(mm)	w_{prov}(mm)	안전 여부
BD	1.0	22.3	942	141	260	만족
CE	1.0	22.3	942	141	260	만족

(b) 복합 트러스 메커니즘의 스트럿-타이 모델

요소번호	β_s	$\phi 0.85\beta_s f_{ck}$	F_u(kN)	w_{req}(mm)	w_{prov}(mm)	안전 여부
BD	0.6	13.4	386	96	100	만족
CD	1.0	22.3	708	106	120	만족
CE	0.6	13.4	386	96	100	만족

3) 절점영역의 강도 검토

절점영역 경계면의 필요단면폭 w_{req}를 산정하는 식은 다음과 같다.

$$w_{req} = \frac{F_u}{\phi(0.85)\beta_n f_{ck} b}$$

여기서, $0.85\beta_n f_{ck}$는 유효강도를 뜻한다. 절점영역에서 강도 검토 시 필요단면폭이 최대 단면폭을 초과하지 않을 때 안전한 상태이다. 수직 트러스 메커니즘의 스트럿-타이 모델에서 절점 B를 구성하는 절점영역 수직경계면의 필요단면폭을 계산하면 다음과 같다.

타이 BE의 경계면 : $w_{req} = \dfrac{840 \times 10^3}{0.75 \times 0.85 \times 0.6 \times 35 \times 300} = 209\text{mm}$

타이 BA의 경계면 : $w_{req} = \dfrac{426 \times 10^3}{0.75 \times 0.85 \times 0.6 \times 35 \times 300} = 106\text{mm}$

스트럿 BD의 경계면 : $w_{req} = \dfrac{942 \times 10^3}{0.75 \times 0.85 \times 0.6 \times 35 \times 300} = 235\text{mm}$

표 10.1.2

(a) 수직 트러스 메커니즘의 스트럿-타이 모델

절점번호	경계면 요소	β_n	$\phi 0.85\beta_n f_{ck}$	F_u(kN)	w_{req}(mm)	w_{prov}(mm)	안전 여부
A	지지점	0.6	13.4	426	106	180	만족
	타이 AB			426	106	180	만족
B	타이 BE	0.6	13.4	840	209	820	만족
	스트럿 BD			942	235	260	만족
	타이 BA			426	106	180	만족
C	하중점	1.0	22.3	840	125	200	만족
	스트럿 CE			942	141	260	만족
D	하중점	1.0	22.3	840	125	200	만족
	스트럿 DB			942	141	260	만족
E	타이 EB	0.6	13.4	840	209	820	만족
	스트럿 EC			942	235	260	만족
	타이 EF			426	106	180	만족
F	지지점	0.6	13.4	426	106	180	만족
	타이 FE			426	106	180	만족

(b) 복합 트러스 메커니즘의 스트럿-타이 모델

절점번호	경계면 요소	β_n	$\phi 0.85\beta_n f_{ck}$	F_u(kN)	w_{req}(mm)	w_{prov}(mm)	안전 여부
A	지지점	0.6	13.4	426	106	180	만족
	타이 AB			426	106	180	만족
B	타이 BE	0.6	13.4	344	86	820	만족
	스트럿 BD			386	96	100	만족
	타이 BA			426	106	180	만족
	타이 BC			252	63	180	만족
C	하중점	1.0	22.3	840	126	200	만족
	스트럿 CE			386	58	100	만족
	타이 CB			250	37	180	만족
	스트럿 CD			708	106	120	만족
D	하중점	1.0	22.3	840	126	200	만족
	스트럿 DB			386	58	100	만족
	스트럿 DC			708	106	120	만족
	타이 DE			252	37	180	만족
E	타이 EB	0.6	13.4	344	86	820	만족
	스트럿 EC			386	96	100	만족
	타이 EF			426	106	180	만족
	타이 ED			252	63	180	만족
F	지지점	0.6	13.4	426	106	180	만족
	타이 FE			426	106	180	만족

표 10.1.2는 수직 트러스 메커니즘 및 복합 트러스 메커니즘의 스트럿-타이 모델에서 절점영역의 강도를 검토한 결과이다.

절점영역에서 강도를 검토한 결과 모두 안전한 상태로 판별되었다.

• 3층 연결보

1) 스트럿의 필요단면폭 결정

스트럿 BC의 필요단면폭은 아래와 같이 계산된다.

$$\text{스트럿 BC} : w_{req} = \frac{F_u}{\phi(0.85)\beta_s f_{ck} b} = \frac{1,600 \times 10^3}{0.75 \times 0.85 \times 1.0 \times 35 \times 300} = 239\text{mm}$$

2) 스트럿의 강도 검토

3층 연결보에서는 대각의 다발철근이 배근된다. 필요철근량은

$$\text{타이 AD} : A_s = \frac{F_u}{\phi f_y} = \frac{1,600 \times 10^3}{0.85 \times 400} = 4,705\text{mm}^2$$

$4,705\text{mm}^2$이다. 따라서 스트럿 BC 및 타이 AD에 6−D32($4,765.2\text{mm}^2$)의 대각철근이 배근된다고 가정하면, 스트럿 BC의 강도는

$$\begin{aligned}\text{스트럿 BC} : \phi F_n &= \phi_s 0.85 \beta_n f_{ck} b w_{req} + \phi_t A_s f_y \\ &= 0.75 \times 0.85 \times 1.0 \times 35 \times 300 \times 240 + 0.75 \times 4,765.2 \times 400 \\ &= 3,036,060\text{N} \\ &= 3,036.1\text{kN} > 1,600\text{kN}\end{aligned}$$

3,036.1kN이며, 스트럿 BC의 단면력인 1,600kN을 초과하므로, 설계하중을 전달하는 데 있어 충분한 압축강도를 확보하고 있다.

10.1.4 철근의 배치

• 지붕층 연결보

1) 종방향 철근의 결정

수직 트러스 메커니즘의 스트럿−타이 모델에서 타이 AB(EF)의 중심에 종방향 철근이 배치되어야 한다. 타이 AB 및 EF의 필요한 철근량은

$$\text{타이 AB} : A_{st} = \frac{F_u}{\phi f_y} = \frac{426 \times 10^3}{0.85 \times 400} = 1,253\text{mm}^2$$

$$\text{타이 EF} : A_{st} = \frac{F_u}{\phi f_y} = \frac{426 \times 10^3}{0.85 \times 400} = 1,253\text{mm}^2$$

동일하게 1,253mm^{2}가 요구된다. 따라서 타이 AB 및 EF의 위치에 필요철근량(1,253mm^2)을 만족하도록 4-D22(A_{st}= 1,548mm^2) 철근을 배치하였다. 복합 트러스 메커니즘의 스트럿-타이 모델에서 타이 AB 및 EF의 단면력은 수직 트러스 메커니즘 모델의 타이 AB 및 EF의 단면력과 동일하므로 필요철근량 역시 동일하다.

2) 전단철근의 결정

a) 수직 트러스 메커니즘의 스트럿-타이 모델

수직 트러스 메커니즘의 스트럿-타이 모델에서 타이 BE의 위치에 전단철근이 배근되어야 한다. 필요한 철근량은

$$\text{타이 BE} : A_{st} = \frac{F_u}{\phi f_y} = \frac{840 \times 10^3}{0.85 \times 400} = 2,471\text{mm}^2$$

D16 폐쇄스터럽을 사용하여 필요한 스터럽의 수를 계산하면 다음과 같다.

$$\text{타이 BE} : n = \frac{A_{st}}{2A_b} = \frac{2,471}{400} = 6.2 \fallingdotseq 7\text{개}$$

7개의 스터럽을 타이 BE의 유효폭인 820mm에 걸쳐 배치하게 되면, 스터럽의 간격(s)은 다음과 같이 산정될 수 있다.

$$\text{타이 BE} : s = \frac{820}{7} = 117\text{mm}$$

따라서 시공성을 고려하여 타이 BE의 위치에 D16의 폐쇄스터럽을 100mm 간격으로 배치하였다.

b) 복합 트러스 메커니즘의 스트럿-타이 모델

복합 트러스 메커니즘의 스트럿-타이 모델에서 타이 BE의 필요철근량은

$$\text{타이 BE} : A_{st} = \frac{F_u}{\phi f_y} = \frac{344 \times 10^3}{0.85 \times 400} = 1,012\text{mm}^2$$

D16의 폐쇄스터럽을 사용하여 필요한 스터럽의 수를 계산하면 다음과 같다.

$$\text{타이 BE : } n = \frac{A_{st}}{2A_b} = \frac{1{,}012}{400} = 2.5 \fallingdotseq 3\text{개}$$

3개의 스터럽을 타이 BE의 유효폭인 820mm에 걸쳐 배치하게 되면 스터럽의 간격(s)은 다음과 같이 산정될 수 있다.

$$\text{타이 BE : } s = \frac{820}{3} = 273\text{mm}$$

전단철근의 최대 간격은 300mm 또는 $d/2(=825\text{mm})$ 중 작은 값 이하이므로 시공성을 고려하여 타이 BE의 위치에 D16의 폐쇄스터럽을 250mm 간격으로 배치하였다.

수직 트러스 메커니즘의 스트럿-타이 모델에서 필요한 전단철근량은 복합 트러스 메커니즘의 스트럿-타이 모델에서 필요한 전단철근량에 비하여 약 2.5배 많은 것을 확인할 수 있다. 이는 전단지간 대 트러스 상하현재 간의 길이의 비(a/z)가 0.5 이상 2.0 이하일 때 수직 트러스 메커니즘의 스트럿-타이 모델을 적용할 경우 과도하게 안전측으로 전단철근이 설계될 수 있음을 확인할 수 있는 결과이다.

• 3층 연결보

1) 대각선 다발철근의 결정

3층 연결보에서는 앞에서 언급하였듯이 대각선 다발철근이 필요하다. 필요철근량은

$$\text{타이 AD : } A_s = \frac{F_u}{\phi f_y} = \frac{1{,}600 \times 10^3}{0.85 \times 400} = 4{,}706\text{mm}^2$$

로 산정된다. 따라서 스트럿 BC 및 타이 AD에 6-D32(4,765.2mm^2)의 대각철근을 배근한다.

10.1.5 균열제어를 위한 최소 철근량의 배근 및 철근정착

• 지붕층 연결보

1) 최소 철근량의 배치

a) 수직 트러스 메커니즘의 스트럿-타이 모델

스트럿 BD 및 CE를 가로지르는 철근은 수직방향으로 D16의 폐쇄스터럽이 타이 BE의 유효폭에 100mm 간격으로 배치되어 있다. 따라서 수평방향으로 2-D13 철근을 전 영역에 걸쳐 300mm 간격으로 배치되는 것으로 가정하고, 수직방향으로는 2-D16 철근이 전 영역에 걸쳐 100mm 간격으로 배치되는 것으로 가정하여 각 스트럿에 대한 최소 철근량 구조기준 만족 여부를 검토하였다.

$$\text{스트럿 BD, CE : } \Sigma\frac{A_{si}}{bs_i}\sin^2\gamma_i = \frac{129\times 2}{300\times 300}\sin^2 63.2 + \frac{200\times 2}{300\times 100}\sin^2 26.8$$

$$= 0.005 > 0.003$$

검토한 결과, 모든 스트럿이 최소 철근량 규정을 만족하므로 수직방향은 D16의 폐쇄스터럽을 100mm 간격으로, 수평방향은 2-D13 철근을 300mm 간격으로 배치하였다.

b) 복합 트러스 메커니즘의 스트럿-타이 모델

복합 트러스 메커니즘의 스트럿-타이 모델에서는 스트럿 BD, CD 및 CE가 최소 철근량 규정을 만족하는지를 판별하여야 한다. 모든 스트럿을 가로지르는 철근은 수직방향으로 D16의 폐쇄스터럽이 타이 BE의 유효폭에 250mm 간격으로 배치되어 있다. 수평방향으로 2-D13 철근을 전 영역에 걸쳐 300mm 간격으로 배치되는 것으로 가정하여 최소 철근량 구조기준을 검토하였다.

$$\text{스트럿 BD, CE : } \Sigma\frac{A_{si}}{bs_i}\sin^2\gamma_i = \frac{129\times 2}{300\times 300}\sin^2 63.2 + \frac{200\times 2}{300\times 250}\sin^2 26.8$$

$$= 0.00337 > 0.003$$

$$\text{스트럿 CD : } \Sigma\frac{A_{si}}{bs_i}\sin^2\gamma_i = \frac{129\times 2}{300\times 300}\sin^2 44.7 + \frac{200\times 2}{300\times 250}\sin^2 45.3$$

$$= 0.00411 > 0.003$$

검토 결과 모든 스트럿이 최소 철근량 규정을 만족하였다.

2) 철근의 정착

수직 트러스 메커니즘의 스트럿-타이 모델에서 타이 AB(EF)의 위치에 배근된 종방향 철근의 정착길이는 콘크리트 구조기준 8.2.2절에 따라 다음과 같이 산정할 수 있다.

$$l_{db}=\frac{0.6d_bf_y}{\sqrt{f_{ck}}}\frac{\alpha\beta}{\lambda}=\frac{0.6\times22.2\times400}{\sqrt{35}}\times1\fallingdotseq900\mathrm{mm}$$

계산 결과 종방향 철근은 900mm의 정착길이를 확보하여야 하므로 900mm를 정착시키고자 한다. 복합 트러스 메커니즘의 스트럿-타이 모델에서 배근된 종방향 철근의 정착길이는 900mm로 동일하다.

• 3층 연결보

1) 최소 철근량의 배치

수직방향으로는 2-D13 철근을 150mm 간격으로 배치한다고 가정하며 수평방향으로는 2-D13 철근을 200mm 간격으로 배근한다고 가정하여, 각 스트럿에 대한 최소 철근량 구조기준 만족 여부를 검토하였다.

$$\text{스트럿 BC}:\Sigma\frac{A_{si}}{bs_i}\sin^2\gamma_i=\frac{126.7\times2}{300\times200}\sin^2 57.5+\frac{126.7\times2}{300\times150}\sin^2 32.5$$

$$=0.003+0.0016=0.0046>0.003$$

검토한 결과 최소 철근량 기준을 만족하였다.

2) 철근의 정착

a) 대각선 다발철근

대각선 다발철근의 정착길이는 콘크리트 구조기준 8.2.2절에 따라 산정하였다. 다만, 연결보에서 대각선 다발철근을 배근할 경우 콘크리트 구조기준 21.6.7절에 의거하여, 철근의 항복강도를 1.25배하여 정착길이를 계산하였다.

$$l_{db}=\frac{0.6d_bf_y}{\sqrt{f_{ck}}}\frac{\alpha\beta}{\lambda}=\frac{0.6\times31.8\times400}{\sqrt{35}}\times1.25=1{,}612\mathrm{mm}\fallingdotseq1{,}620\mathrm{mm}$$

계산한 결과 대각선 다발철근에 1,620mm의 정착길이를 확보하여야 한다.

b) 수평 철근

수평 철근의 정착길이 역시 콘크리트 구조기준 8.2.2절에 따라 산정하였다.

$$l_{db}=\frac{0.6d_bf_y}{\sqrt{f_{ck}}}\frac{\alpha\beta}{\lambda}=\frac{0.6\times 12.3\times 400}{\sqrt{35}}\times 1=498\text{mm}\fallingdotseq 500\text{mm}$$

계산한 결과 500mm의 정착길이를 확보하여야 한다.

10.1.6 배근 상세

이상의 결과를 조합하여 그림 10.1.12~14에 지붕층 및 3층 연결보의 배근 상세를 각각 나타내었다.

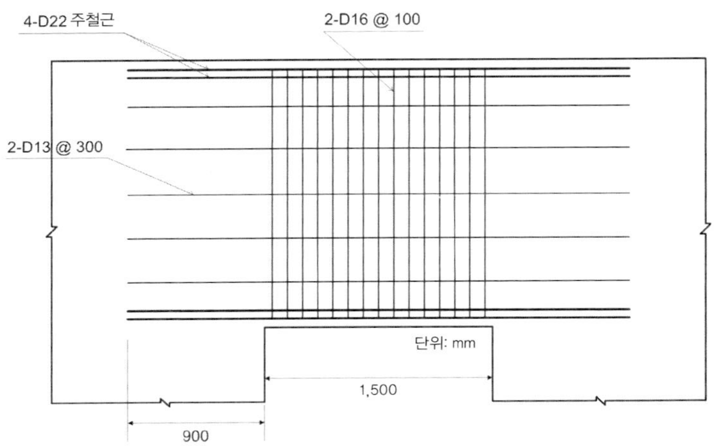

그림 10.1.12 수직 트러스 메커니즘의 스트럿-타이 모델을 적용한 지붕층 연결보의 배근상세

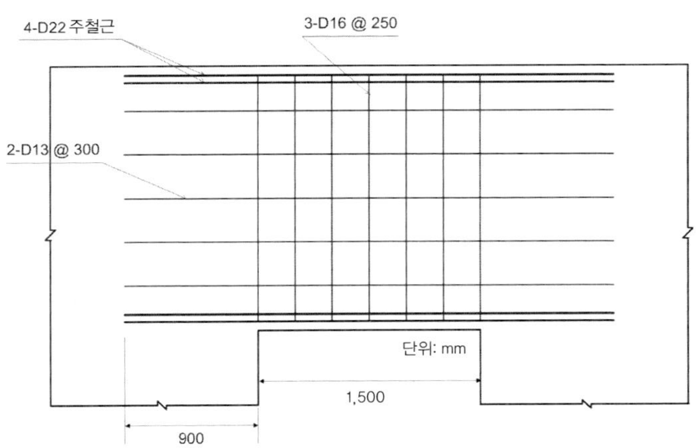

그림 10.1.13 복합 트러스 메커니즘의 스트럿-타이 모델을 적용한 지붕층 연결보의 배근상세

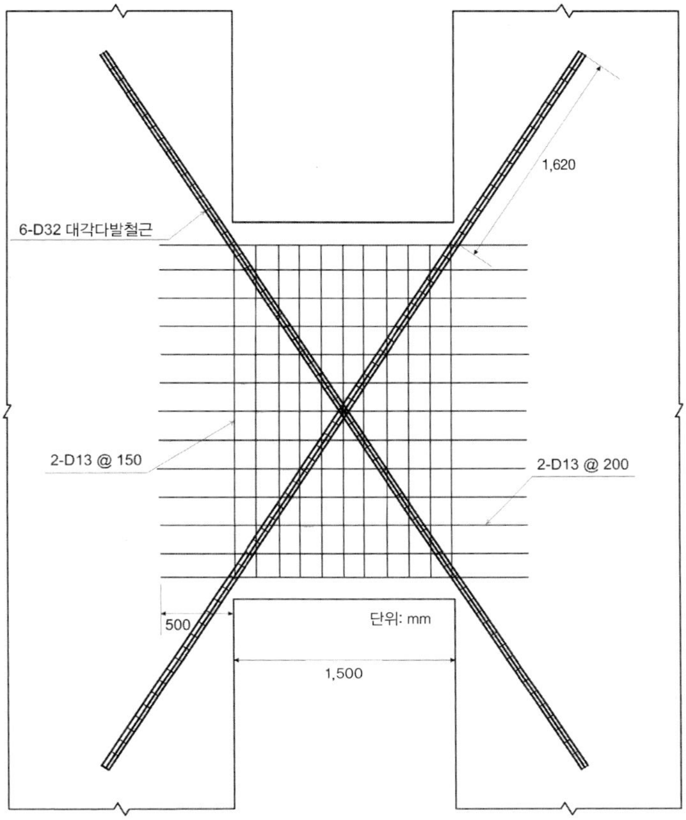

그림 10.1.14 3층 연결보의 배근 상세

예제 11 : 교대기초의 설계

교대는 교량의 시종점부에 설치되는 구조물로서 상부에 작용하는 수직하중(상부 고정하중, 활하중 등)과 벽체에 작용하는 수평토압을 주하중으로 한다. 일반적으로 교대기초는 직접기초 또는 말뚝기초로 설계한다. 스트럿-타이 모델 설계를 위해 선정한 교대기초는 그림 11.1.1과 같은 말뚝기초이다. 이 기초의 단위 폭 1m에 대하여 상부구조에 의한 수직하중 1,189.2kN과 벽체 배면의 토압에 의한 휨모멘트 1,085.5kN·m가 벽체-기둥 연결부에 작용하며, 상재토사에 의한 등분포 수직하중 $w_s = 182.8\text{kN/m}$이 기초의 뒷굽에 작용한다. 말뚝의 직경은 508mm, 두께는 12mm이다. 말뚝 하나의 수직 강성은 55,926kN/m이며 1.3m당 3개의 말뚝이 지지되어 있다. 콘크리트의 압축강도 f_{ck}는 24MPa이며, 철근의 항복강도 f_y는 300MPa이다. 설계 시 교대기초의 자중은 무시하였다.

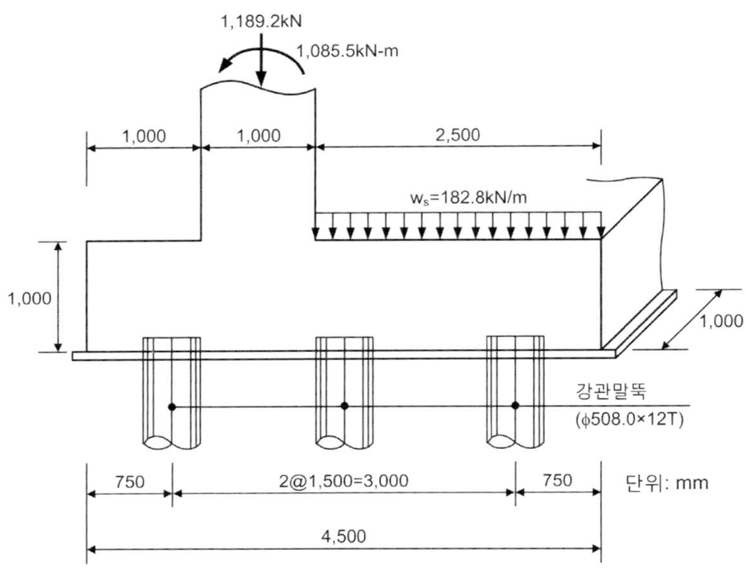

그림 11.1.1 교대기초의 기하학적 형상 및 설계하중

11.1.1 스트럿-타이 모델의 선정

교대기초의 설계를 위하여 그림 11.1.2(a)의 압축주응력 흐름, 피복두께, 철근의 배치형태 등을 고려하여 그림 11.1.2(b)와 같은 스트럿-타이 모델을 선정하였다. 절점 K와 L을

연결하는 요소를 배치할 경우 요소 HI 및 JK가 인장으로 되어 압축주응력 흐름에 반하는 모델이 된다. 따라서 트러스의 안정을 위하여 요소 KL을 배치하였으나, 이 요소의 영향을 최소화하기 위해 이 요소의 강성을 매우 작은 값으로 취하였다.

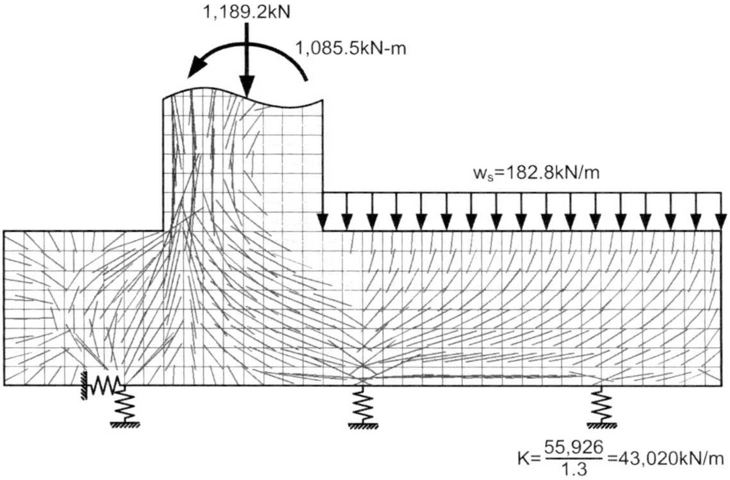

(a) 압축주응력 흐름

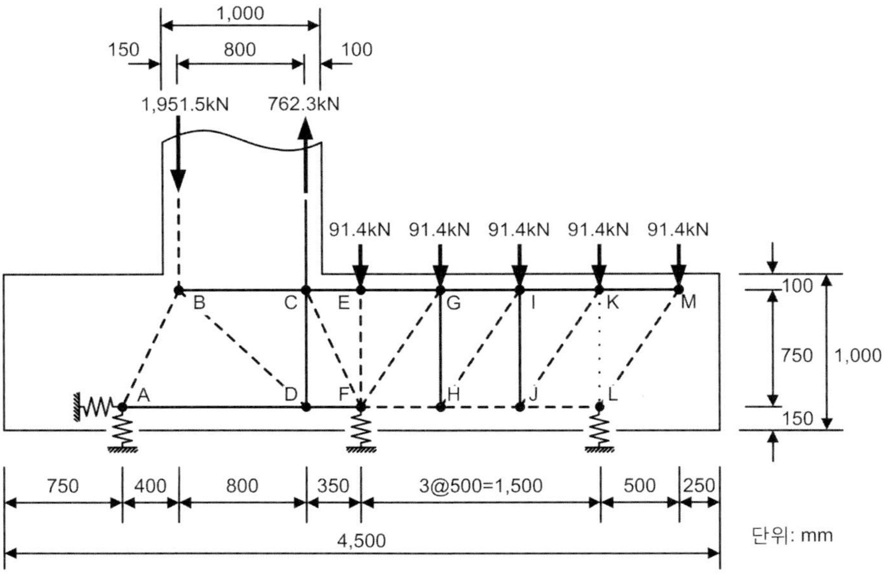

(b) 스트럿-타이 모델

그림 11.1.2 교대기초의 스트럿-타이 모델

11.1.2 스트럿과 타이의 설계단면력 산정

선정한 스트럿-타이 모델은 부정정 트러스 구조이다. 따라서 스트럿-타이 모델의 스트럿과 타이의 설계단면력은 각 스트럿 및 타이의 축강성 값을 가정한 후 가정한 축강성 값에 근접한 값이 얻어질 때까지 반복적인 수치해석을 수행하는 방법을 이용하여 구하였다. 스트럿과 타이의 설계단면력은 그림 11.1.3에 도시한 것과 같다.

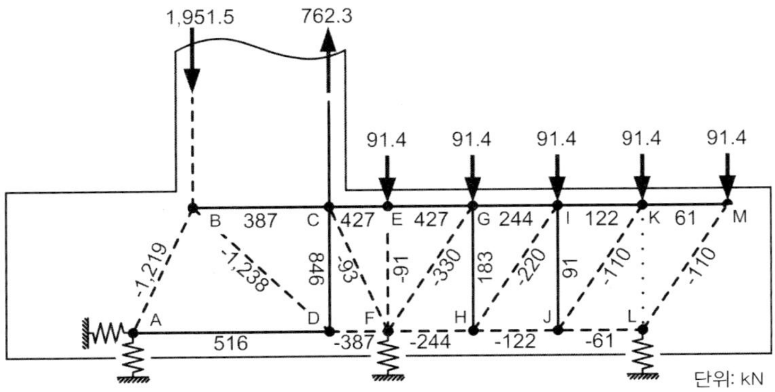

그림 11.1.3 스트럿과 타이의 설계단면력

11.1.3 스트럿과 절점영역의 강도 검토

스트럿-타이 모델 설계 시 스트럿-타이 모델의 구성요소(스트럿, 타이, 절점영역)가 설계단면력을 전달하는 데 소요되는 충분한 강도를 보유하고 있는지 확인해야 한다. 일반적으로 스트럿의 강도는 스트럿 최대 단면적과 필요단면적을, 절점영역의 강도는 절점영역 수직경계면의 최대 단면적과 필요단면적을 비교하여 검토한다. 그러나 이 예제에서는 1) 스트럿의 유효강도와 스트럿이 만나는 절점영역의 유효강도를 비교하여 그중 작은 값을 스트럿의 유효강도로 취하고, 2) 이를 이용하여 결정한 스트럿의 필요단면폭, 하중판 및 지지판의 크기, 그리고 철근배근 형태 및 피복두께를 고려하여 결정한 타이의 유효폭 등을 이용하여 스트럿-타이 모델을 차원화시킨 후, 3) 스트럿-타이 모델의 기하학적 적합조건의 만족 여부를 검토하는 방법으로 스트럿과 절점영역의 강도를 검토하였다.

스트럿의 필요단면폭 w_{req}은 스트럿의 단면력 F_u를 스트럿의 강도감소계수 ϕ, 스트럿의 유효강도 $0.85\beta_{s,\mathrm{mod}}f_{ck}$, 그리고 스트럿의 두께 b로 나누어 계산하였다. 여기서, $\beta_{s,\mathrm{mod}}$는 스트럿의 유효강도계수 β_s와 절점의 유효강도계수 β_n 중 작은 값이다.

표 11.1.1 스트럿의 필요단면폭

스트럿	요소 종류	β_s or β_n	$\beta_{s,\mathrm{mod}}$	$\phi 0.85\beta_{s,\mathrm{mod}} f_{ck}$	F_u(kN)	w_{req}(mm)
AB	스트럿	0.60	0.60	9.18	1,219	133
	NZ A-CCT	0.80				
	NZ B-CCT	0.80				
BD	스트럿	0.60	0.60	9.18	1,238	135
	NZ B-CCT	0.80				
	NZ D-CTT	0.60				
CF	스트럿	0.60	0.60	9.18	93	10
	NZ C-CTT	0.60				
	NZ F-CCC	1.00				
DF	스트럿	1.00	0.60	9.18	387	42
	NZ D-CTT	0.60				
	NZ F-CCC	1.00				
EF	스트럿	1.00	0.60	9.18	91	10
	NZ E-CTT	0.60				
	NZ F-CCC	1.00				
FG	스트럿	0.60	0.60	9.18	330	36
	NZ F-CCC	1.00				
	NZ G-CTT	0.60				
FH	스트럿	1.00	0.80	12.24	244	20
	NZ F-CCC	1.00				
	NZ H-CCT	0.80				
HI	스트럿	0.60	0.60	9.18	220	24
	NZ H-CCT	0.80				
	NZ I-CTT	0.60				
HJ	스트럿	1.00	0.80	12.24	122	10
	NZ H-CCT	0.80				
	NZ J-CCT	0.80				
JK	스트럿	0.60	0.60	9.18	110	12
	NZ J-CCT	0.80				
	NZ K-CTT	0.60				
JL	스트럿	1.00	0.80	12.24	61	5
	NZ J-CCT	0.80				
	NZ L-CCC	1.00				
LM	스트럿	0.60	0.60	9.18	110	12
	NZ L-CCC	1.00				
	NZ M-CCT	0.80				

* : NZ=절점영역

$$w_{req} = \frac{F_u}{\phi(0.85)\beta_{s,\mathrm{mod}} f_{ck} b}$$

한 예로, 위 식을 이용하여 스트럿 AB의 필요단면폭을 계산하면 다음과 같다.

$$w_{req} = \frac{F_u}{\phi(0.85)\beta_{s,\mathrm{mod}} f_{ck} b} = \frac{1,219 \times 10^3}{0.75 \times 0.85 \times 0.60 \times 24 \times 1,000} = 133\mathrm{mm}$$

여기서, $\beta_{s,\mathrm{mod}}$로는 스트럿 AB의 유효압축강도계수 0.60 (구조기준 부록 I.3.3(2)의 최소 철근량 규정을 만족하지 않는 것으로 가정함), CCT절점영역 A의 유효압축강도계수 0.80, 그리고 CCT절점영역 B의 유효압축강도계수 0.80 중에서 제일 작은 값인 0.60으로 취하였다. 표 11.1.1은 스트럿의 필요단면폭을 보여주고 있다. 그림 11.1.4는 표 11.1.1의 필요단면폭을 이용하여 차원화시킨 스트럿-타이 모델을 보인 것으로, 선정한 스트럿-타이 모델은 스트럿-타이 모델의 기하학적 적합조건을 만족시킴을 알 수 있다.

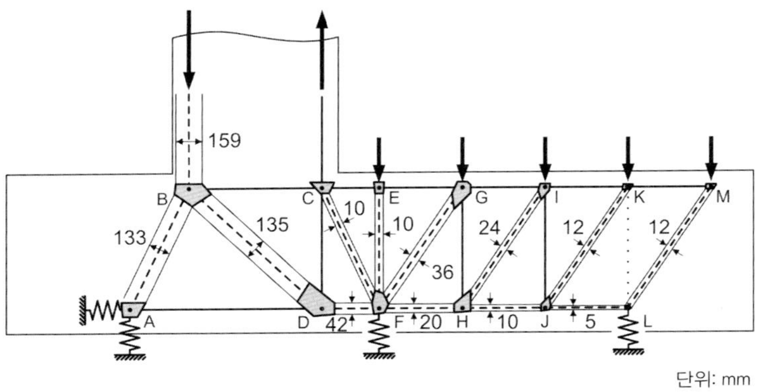

그림 11.1.4 스트럿의 필요단면폭

11.1.4 철근의 배치

1) 휨철근의 결정

기초의 앞굽 하면에는 타이 AD가, 상면에는 타이 BC, CE가 위치하고 있다. 이들 타이의 필요철근량을 계산하면 다음과 같다.

$$\text{타이 AD : } A_{st} = \frac{F_u}{\phi f_y} = \frac{516 \times 10^3}{0.85 \times 300} = 2,024\mathrm{mm}^2/\mathrm{m}$$

타이 BC : $A_{st} = \dfrac{F_u}{\phi f_y} = \dfrac{387 \times 10^3}{0.85 \times 300} = 1{,}518\text{mm}^2/\text{m}$

타이 CE : $A_{st} = \dfrac{F_u}{\phi f_y} = \dfrac{427 \times 10^3}{0.85 \times 300} = 1{,}675\text{mm}^2/\text{m}$

타이 AD의 위치에는 필요철근량을 만족하도록 4-D25(A_{st}= 2,027mm^2/m) 철근을 배치하였다. 또한 타이 BC, CE의 위치에는 5-D22(A_{st}= 1,935mm^2/m) 철근을 배치하였다. 기초의 뒷굽 상면에는 타이 EG, GI, IK, KM가 위치하고 있다. 각 타이의 필요철근량을 계산하면 다음과 같다.

타이 EG : $A_{st} = \dfrac{F_u}{\phi f_y} = \dfrac{427 \times 10^3}{0.85 \times 300} = 1{,}675\text{mm}^2/\text{m}$

타이 GI : $A_{st} = \dfrac{F_u}{\phi f_y} = \dfrac{244 \times 10^3}{0.85 \times 300} = 957\text{mm}^2/\text{m}$

타이 IK : $A_{st} = \dfrac{F_u}{\phi f_y} = \dfrac{122 \times 10^3}{0.85 \times 300} = 478\text{mm}^2/\text{m}$

타이 KM : $A_{st} = \dfrac{F_u}{\phi f_y} = \dfrac{61 \times 10^3}{0.85 \times 300} = 239\text{mm}^2/\text{m}$

타이 EG, GI의 위치에는 5-D22(A_{st}= 1,935mm^2/m) 철근을 배치하였고 타이 IK, KM의 위치에는 2-D22(A_{st}= 774mm^2/m) 철근을 배치하였다.

2) 전단철근의 결정

교대기초 단면의 복부에 타이 CD, GH, IJ가 위치하고 있다. 이 타이의 유효폭에 필요한 철근량을 D19의 폐쇄스터럽을 사용한다면 이 타이의 유효폭 내에 필요한 스터럽의 수(n)는 다음과 같다.

타이 CD : $n = \dfrac{F_u}{\phi A_{st} f_y} = \dfrac{(846 - 762.3) \times 10^3}{0.85 \times 573.0 \times 300} = .57 \fallingdotseq 1$(기둥부 인장력 제외)

타이 GH : $n = \dfrac{F_u}{\phi A_{st} f_y} = \dfrac{183 \times 10^3}{0.85 \times 573.0 \times 300} = 1.25 \fallingdotseq 1$

타이 IJ : $n = \dfrac{F_u}{\phi A_{st} f_y} = \dfrac{91 \times 10^3}{0.85 \times 573.0 \times 300} = 0.62 \fallingdotseq 1$

필요 전단철근량은 매우 적으나 시공성과 상부 휨철근의 배치를 위해 전 구간에 500mm

간격으로 폐쇄스터럽을 배근하였다.

11.1.5 균열제어를 위한 최소 철근량의 배근 및 철근정착

1) 최소 철근량의 배치

이 예제에서는 스트럿의 강도 검토 시 스트럿의 유효강도계수 β_s를 0.6λ로 취하였으므로 콘크리트 구조기준 부록 I.3.3(2)의 최소 철근량 기준은 적용되지 않는다.

2) 철근의 정착

콘크리트 구조기준에서는 철근타이가 기계적 장치, 포스트텐션 정착장치, 표준갈고리, 또는 철근의 연장에 의해 정착되어야 한다고 규정하고 있다. 콘크리트 구조기준에 따라 타이 AE, BC, KM의 정착길이 l_{dh}는 다음과 같이 구할 수 있다.

$$\text{타이 BC} : l_{dh} = \frac{0.6\, d_b f_y}{\sqrt{f_{ck}}} \times \text{보정계수} = \frac{0.6 \times 22.2 \times 300}{\sqrt{24}} \times \frac{1,518}{1,935} = 640\text{mm}$$

따라서 타이 BC는 앞굽에서 단부까지 1,150mm로 충분한 길이를 확보하고 있어 배치된 철근을 단부까지 연장하여 필요한 정착길이를 확보할 수 있도록 하였다. 타이 AD, KM은 충분한 정착길이를 확보하지 못하므로 콘크리트 구조기준에 따라 90° 표준갈고리를 사용하여 정착길이 l_{dh}를 다음과 같이 구할 수 있다.

$$\text{타이 AD} : l_{dh} = \frac{100\, d_b}{\sqrt{f_{ck}}} \times \text{보정계수} = \frac{100 \times 25.4}{\sqrt{24}} \times 0.7 \times \frac{2,024}{2,027} = 362\text{mm}$$

$$\text{타이 KM} : l_{dh} = \frac{100\, d_b}{\sqrt{f_{ck}}} \times \text{보정계수} = \frac{100 \times 22.2}{\sqrt{24}} \times 0.7 \times \frac{239}{774} = 98\text{mm}$$

타이 AD는 절점 A를 지나 앞굽까지 750mm의 정착길이를 확보하고 있으므로 필요한 정착길이 362mm를 만족한다. 타이 KM 또한 절점 M을 지나 250mm의 정착길이를 확보하고 있으므로 정착길이 98mm를 수용할 수 있다.

11.1.6 배근상세

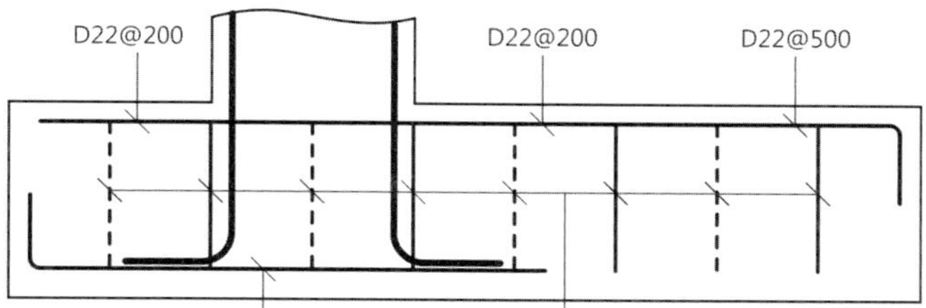

그림 11.1.5 교대기초의 배근 상세

12. 참고문헌

1. Reineck, K. H., "Examples for the Design of Structural Concrete with Strut-and-Tie Models," ACI SP-208, 2002, p.242
2. Reineck, K. H. and Novak, L. C., "Further Examples for the Design of Structural Concrete with Strut-and-Tie Models," ACI SP-273, 2011.

콘크리트 구조 부재의

스트럿-타이 모델 설계 예제집

2007년 1월 30일 1판 1쇄 발행
2008년 1월 30일 1판 2쇄 발행
2013년 4월 30일 2판 1쇄 발행

管理主體 사단법인 한국콘크리트학회
서울특별시 강남구 역삼동 635-4
한국과학기술회관 신관 1009호
TEL. 568-5984~7
FAX. 568-1918

出版普及處 기 문 당
서울시 성동구 무학봉 28길 4-1
(왕십리동 966-22)
TEL. 2295-6171(代)~5
FAX. 2296-8188

출판등록 1976. 10. 7 (1-44)

홈페이지 http : // 기문당
http : // www.kimoondang.com

I S B N 978-89-6225-496-9 93530

정 가 16,000원